铝锻造生产技术问答

主　编　张宏伟
副主编　由　琇　唐秀梅
参　编　付宇明　朱自华　由文博

图书在版编目(CIP)数据

铝锻造生产技术问答/张宏伟主编. —长沙:中南大学出版社,2013.4

ISBN 978-7-5487-0802-5

Ⅰ.铝...　Ⅱ.张...　Ⅲ.铝合金-锻造-生产工艺-问题解答
Ⅳ.TG319-44

中国版本图书馆 CIP 数据核字(2013)第 029038 号

铝锻造生产技术问答

主　编　张宏伟

□**责任编辑**　刘颖维
□**责任印制**　文桂武
□**出版发行**　中南大学出版社
社址:长沙市麓山南路　　邮编:410083
发行科电话:0731-88876770　　传真:0731-88710482
□**印　　装**　长沙国防科大印刷厂

□**开　　本**　880×1230　1/32　□**印张** 11.75　□**字数** 360 千字　□**插页**
□**版　　次**　2013 年 4 月第 1 版　　□2013 年 4 月第 1 次印刷
□**书　　号**　ISBN 978-7-5487-0802-5
□**定　　价**　42.00 元

前　言

铝合金锻件是航空航天、交通运输、动力能源、机械制造等部门制作关键受力部件不可缺少的材料，在国民生产和国防军工中占有重要的特殊地位。随着航空航天、现代交通运输(特别是现代汽车和高速轨道等)、新型能源等工业的发展，近几年来节能、环保、安全等对轻量化要求的剧增，以铝代钢，以铝代铜、以锻代铸已成为发展趋势。铝合金锻件具有密度低、比强度和比刚度高、耐腐蚀、抗疲劳、加工性能和使用性能良好的特性，已得到越来越广泛的应用。

随着我国铝合金锻造加工工业的迅猛发展，中、高级技术工人短缺的形势越来越严重，为了培养中高级技术工人，一套适合于他们的书籍十分必要，但是目前这方面的专门书籍很难见到，为此编写了《铝锻造生产技术问答》一书。

书中内容分热加工理论基础、锻造设备，锻造工艺和锻造检验四个方面。本书全面论述了铝合金锻造原理、工艺、技术与设备等，全书共分 7 章，内容包括：基础知识、自由锻造、模锻生产、锻件热处理、质量检查及控制、锻压设备和新工艺新技术等。在内容组织和结构安排上，力求理论联系实际，切合生产实际需求，突出实用性、先进性和行业特色，深入浅出地讨论了解决关键锻造技术难题的途径和方法，对解决生产中遇到的技术质量问题会有所帮助。

本书是铝合金锻造生产技术人员及中、高级技术工人的参考用书，同时也可供铝合金材料加工企业、使用单位及相关部门的科技工作者、管理人员等参考资料使用。由于本书重点突出，可操作性强，可作为初、中级锻工进行自学和培训的辅助教材，是锻工提高理论知识和操作技能的综合性技术书籍。

本书的第1、2、5章由张宏伟编写，第3章由张宏伟、付宇明编写，第4章热处理部分由由琇、张宏伟和由文博编写，第6章锻造设备部分由唐秀梅、张宏伟编写，第7章由由琇、朱自华编写。

本书编写过程中，参阅了国内外有关专家、学者的一些文献资料，同时得到李念奎教授的指导，以及任伟才、康春岩、刘科研、王庆亮的帮助，在此一并表示衷心的感谢。

由于作者水平有限，时间仓促，书中不妥之处在所难免，敬请广大读者批评指正。

编者

2013年3月

目　录

第 6 章　铝合金锻造常用设备

第 1 章　铝合金锻造生产技术基础知识

1. 什么是锻造?

锻造是诸多材料塑性加工方法中的一类，属于体积成形，是金属处于塑性状态下，在锻造设备上通过工、模具施加压力迫使金属按预想的方式流动，通过金属体积的转移和分配，获得预定的几何形状尺寸和一定组织性能锻件的材料加工方法。

2. 锻造有什么特点?

锻造生产有如下特点：

①与其他压力加工方法相比，锻件的形状可以最接近零件的形状，并且随着锻造生产技术的发展，锻件的加工正朝着近、净成形方向发展。

②与铸造方法相比，锻造工艺可以细化晶粒，锻合空洞，压实疏松，打碎碳化物与非金属夹杂并使之沿变形方向分布，改善或消除成分偏析等，从而优化材料内部组织，使其结构致密，提高其综合力学性能。锻造生产的锻件比铸造件质量高，能承受大的冲击力作用，其塑性、韧性和强度等力学性能都是铸造件无法比拟的。采用锻件可以在保证零件设计强度的前提下，减轻机器自身重量，这对交通运输工具，如车辆、飞机和航天器等具有重要意义。

③与机械加工方法相比，锻造是一种体积成形工艺，即在整体性保持不变的情况下依靠塑性变形发生物质转移来实现工件形状和尺寸变化，不产生切屑，可以节约大量金属材料，材料的利用率高；而且能够得到合理的流线分布，避免了因机械加工而导致金属内部流线被切断，造成的应力腐蚀和承载拉压交变应力能力较差的缺陷，充分发挥了金属材料的性能。

④锻造生产便于实现生产过程的连续化、自动化，便于大批量生产，劳动生产效率高。

⑤采用锻造工艺生产的产品，质量比较稳定。

⑥锻造是使金属在固态下发生流动变形，因此变形量不能太大，与铸造件相比锻件形状不能过于复杂；而且一般锻造生产用的设备和模具投资都比较大，能耗比较高。

⑦锻造生产过程存在高温、烟尘、振动和噪声、热辐射等危害因素，应该加强操作者的劳动保护。

3. 锻造怎样分类?

锻造通常分自由锻造和模锻两大类。

自由锻造是在自由锻造设备上，利用简单的工具将金属坯料锻造成特定形状和尺寸。自由锻造主要用于单件、小批量生产。随着批量需求的增大，使用的工具逐渐复杂，产生了胎模锻。

模锻是适合于大批量生产锻件的锻造方法。模锻时，使用特制的、开设有与锻件形状一致或相近的型腔的锻模，将锻模安装在锻造机器上，毛坯置于锻模的模膛中，锻造机器通过锻模对毛坯施加载荷，使毛坯产生塑性变形，同时变形流动又受到模膛空间的控制。模锻中也经常引入多种体积成形方式来生产锻件，例如挤压、辊锻、横轧等都可以纳入模锻的范畴。

模锻除了具有很高的生产率，还具有锻件形状尺寸精确、材料利用率较高、流线分布更为合理、零件使用寿命高、生产操作简便等优点。

4. 锻造生产工艺过程一般是怎样的?

锻造生产工艺过程以锻件塑性变形为核心，由一系列加工工序组成。

(1)锻造变形前工序

主要有下料和加热工序。下料工序按照锻造所需要的规格尺寸制备原坯料。必要时还要对原坯料进行除表面缺陷等处理；加热工序按照锻造变形所要求的加热温度和生产节奏对原坯料进行加热。

(2)锻造变形工序

在各种锻造设备上对坯料进行塑性变形，完成锻件内部和外在的基本质量要求，其过程可能包括若干工序。

(3)锻造变形后工序

锻造变形后，为了补充前期工序的不足，使锻件完全符合锻件产品图的要求，还需要进行：切边冲孔(对模锻)、热处理、校正、表面清理等系列工序。

在各道工序间，以及锻件出厂前，都要进行质量检验。检验项目包括几何形状尺寸、表面质量、金相组织和力学性能等，根据工序间半成品以及锻件的要求确定。

5. 锻造成形的实质是什么?

锻造成形的实质，是通过工具或模具对毛坯施加外力的作用，毛坯吸收机械能，内部产生应力状态分布的变化，发生材料质点的位移和变形流动；对于热锻造，毛坯由于被加热而吸收热能，内部产生相应的温度分布变化。在力和热能驱动下，毛坯产生外观形状尺寸以及内部组织性能的改变。

6. 铝合金的锻造工艺性能有何特点?

铝合金锻造工艺性能特点如下。

(1)锻造变形温度范围窄

多数铝合金的锻造变形温度在350～450℃范围内，变形温度范围在100℃左右，少数合金的变形温度范围甚至只有50～70℃，允许锻造操作的时间较短。这无疑给锻造操作带来极大困难，为争取较长的锻造时间，需要依靠将毛坯尽量加热到上限温度、增加锻造火次和将工、模具预热至更高的温度。

(2)对应变速率敏感

铝合金对应变速率敏感，需要选择工作速度较低和速度平稳的锻压设备进行锻造。对于铸锭，为防止锻裂，通常需要在压应力状态下、低速进行开坯，采用挤压和锻造或者轧制，铝合金模锻时，往往需要在液压机或机械压力机上进行，尽量不在锻锤类锻压设备上进行，锻造设备选择的余地相对较小。

(3)对加热和锻造温度要求严格

由于铝合金锻造变形温度范围窄，为延长锻造操作时间，应尽可能加热到变形温度允许的上限，这就要求采用高精度的加热炉和温度控制仪表控制加热温度；否则，容易产生过热。

多数经过开坯的铝合金半成品的塑性较高，在一般情况下不容易锻裂；但在锻造过程中应避免激烈变形，以免温升过高而影响锻件组织和性能，如果不注意操作，采用高速(如使用锻锤)、大变形量锻造，大量变形能转变的热能有可能使锻件温度超过锻造温度的上限，引起过烧，而造成锻件组织和性能不合格。

(4)导热性好

铝合金的导热率为钢的3～4倍，其优点是毛坯不必预热，就可直接装入高温炉加热；但缺点是在锻造过程中表面散热太快，造成锻造过程中锻件内外温差太大，使得变形不均匀，导致局部出现临界变形，容易引起锻件局部粗晶，使锻件组织不均匀。多数铝合金，尤其是具有挤压效应的铝－锰系合金，挤压棒材表层常见的粗晶环，可能就与毛坯表面散热快以及摩擦大，内外层变形不均匀落入临界变形区有关。为防止热量散失太快，必须把模具和与工件接触的工具预热至300℃或更高的温度。

(5)摩擦系数大、流动性差

铝合金与钢质模具之间的摩擦系数大，变形时流动性差，使模锻时金属充满模槽困难，通常需要增加工步和模具，并加大模具的圆角半径。

(6)黏附性大

铝合金黏性大，当进行激烈地大变形锻造时，毛坯往往会黏结在模具上，容易引起锻件起皮、翘曲等缺陷，还会引起模具磨损，严重时会导致锻件和模具二者都报废。

(7)裂纹敏感性强

铝合金对裂纹敏感，锻造过程中产生的裂纹若不及时清理，在随后的锻造中会迅速扩大，导致锻件报废。

第 2 章　铝合金自由锻造

1. 自由锻造有何特点?

自由锻造的成形特点是：坯料在平砧上面或工具之间经逐步的局部变形而完成。由于工具与坯料部分接触，故所需设备功率比生产同尺寸锻件的模锻设备要小得多，所以自由锻造适用于锻造大型锻件。

自由锻造生产的优点：

①自由锻造可以改善铝合金的组织和性能，铝合金自由锻件的质量和力学性能都比铸造件的高，其强度比铸造件的高 50% ~70%，因此能够承受大的冲击载荷，采用锻件可以在保证零件设计强度的前提下，减轻零件本身重量，这对航空航天和交通工具有重要意义。

②自由锻造可以节约原材料。采用自由锻造方法可以生产出形状更接近于零件的制件。

③自由锻造适用于单件小批量生产，品种改变灵活性较大。

④直轴或弯轴件和环形件由于金属没有横向流动，其流线分布一般比模锻件的更为合理。特别适于形状简单、截面变化小而主轴呈平缓的直线或弯曲的轴类件、盘类件或环形件。

⑤一些特殊的质量要求，可通过自由锻的工艺过程得到满足，如通过反复镦拔可提高原材料的质量等。

自由锻造的缺点：

①与模锻相比自由锻件材料利用率低，机械加工量较大，流纹的清晰度和平直度以及沿锻件外廓分布的吻合程度较模锻件的差，在机械加工过程中，金属流线容易被切断。

②与模锻件相比铝合金自由锻件的力学性能相对较低。

③锻造生产方法较之其他压力加工方法生产效率低，机械化和自动化程度尚有待提高。

④锻造变形程度不够均匀，同一批锻件的形状和尺寸的均一性较

模锻件的差，复杂锻件因火次较多，在个别部位出现只被加热而不参与变形的情况，因而可能导致组织不均匀或低倍粗晶的出现。

⑤与模锻比较，自由锻件的质量受锻压工艺和锻工操作水平的影响更大。

2. 铝合金自由锻件分哪几类？各有何特点？

铝合金自由锻件按自由锻件的外形及其成形方法可将自由锻件分为6类：饼块类、空心类、轴杆类、曲轴类、弯曲类和复杂形状类等，其特点见表2－1。

表2－1 铝合金自由锻件种类及其特点

种类	特点	锻造工序
饼块类锻件	锻件外形的特点是径向尺寸大于高向尺寸，或者两个方向的尺寸相近。如圆盘、叶轮等	饼块类锻件的基本工序为镦粗。随后的辅助工序和修整工序为倒棱、滚圆、平整等
空心类锻件	锻件有中心通孔，一般为圆周等壁厚锻件，包括各圆形、矩形、方形、工字形截面的杆件等，轴向可有阶梯变化，如各种圆环、轴承环和圆筒、缸体、空心轴等	空心类锻件的基本工序为：镦粗、冲孔、扩孔或心轴拔长等，辅助工序和修整工序为倒棱、滚圆、平整等
轴杆类锻件	包括各圆形、矩形、方形、工字形截面的实心轴轴杆件等，轴向尺寸远远大于横截面尺寸，可以是直轴或阶梯轴，如传动轴等；也可以是矩形、方形、工字形或其他形状截面的杆件，如连杆等	轴杆类锻件的基本工序是拔长，对于横截面尺寸差大的锻件，为满足锻压比的要求，则应采用镦粗—拔长工序。随后的辅助工序和修整工序为倒棱和滚圆等
曲轴类锻件	为实心轴轴杆，锻件不仅沿轴线有截面形状和面积变化，而且轴线有多方向弯曲，包括各种形式的曲轴	锻造曲轴类锻件所使用的基本工序为拔长，错移和扭转；辅助工序和修整工序为分段压痕、局部倒棱、滚圆和校正等

续表 2-1

种类	特点	锻造工序
弯曲类锻件	包括各种弯曲轴线的锻件，具有弯曲的轴线，一般为一处弯曲或多处弯曲，沿弯曲轴线，截面可以是等截面，也可以是变截面，如弯杆等。弯曲可以是对称和非对称弯曲	锻造弯曲类锻件所使用的基本工序为弯曲。弯曲前的制坯工序一般为拔长，随后的辅助（修整）工序为分段压痕、滚圆和平整等。坯料多采用挤压棒料
复杂形状锻件	是除了上述5类锻件以外的其他形状锻件，也可以是由上述5类锻件的特征所组成的复杂锻件，如阀体、叉杆、十字轴等	锻造难度较大，所用辅助工具较多，在锻造过程中需综合运用各种锻造工序，无固定规律可循

3. 对锻造原材料有哪些要求？如何检验？

铝合金自由锻造用的原材料主要有挤压坯料和铸锭两种。

（1）对锻造原材料的一般性要求

①化学成分符合标准规定。

②熔炼、铸造、挤压、锻造和清理等生产工艺过程符合规定。

③表面质量符合要求，没有折叠、裂纹及划伤等缺陷（或缺陷程度在允许范围内），对缺陷应予以清除，有时需要将表面全部剥皮。

④组织状态符合要求，没有粗晶环、缩尾及成层，没有夹渣、疏松、气孔等内部缺陷。

（2）对锻造原材料的检验

锻造原材料在出厂前，生产厂一般都应进行检验，以合格品供货。但是作为使用方的锻造厂也应该进行必要的检验。检验可以采用普查或者抽查的方式进行。检验的项目可以根据原材料的种类和锻造的使用要求确定。

①抽样检查化学成分，用光谱分析等方法检查材料是否混装。

②外观检查，确定表面有无缺陷及缺陷的程度。

③检验材料是否符合尺寸与形状公差的要求。

④宏观和微观的夹杂物检验以及挤压坯料的粗晶环、缩尾等缺陷的检验。

⑤必要时用显微镜检查晶粒度。

⑥有特殊要求时可增加超声波探伤检查。

4. 锻造所用坯料有哪些常见的缺陷？如何去除？

采用半连续铸造法生产的铝合金圆铸锭，其表面常存有偏析瘤、夹渣、冷隔和裂纹等缺陷，在锻造加工变形过程中易产生裂纹，严重影响锻件质量，必须采用机械加工方法消除铸锭表面缺陷，常用方法是车削。

挤压棒材中若带有粗晶环，则在锻造时往往沿挤压棒材的侧表面形成开裂。所以在锻造投料之前，必须在挤压棒材的尾端检查低倍试片和断口，检查挤压棒材中的粗晶环、成层、缩尾等缺陷情况，必要时可采用车削方式去除粗晶环和成层。

5. 什么是下料？锯切下料时应注意哪些情况？

在铝合金锻造之前，需要依据锻件的大小和锻造工艺的要求，将原材料分割成具有一定尺寸的锻造原毛坯，这个工序称为下料，也就是原材料通过剪切、锯切等方法达到所要求的规格的过程。下料工序一般都在锻造车间的下料工段进行。

锯切下料时应注意以下几点：

①下料的长度偏差为：铸锭长度不大于 500 mm 时偏差为$^{+5}_{-1}$，铸锭长度大于 500 mm 时偏差为$^{+10}_{-2}$；端面应切得平直，具体切斜度按表 2－2 规定。

②切成定尺毛料后要及时清除毛刺、油污和锯屑，并打上印记（挤压棒材要打上合金牌号、批号，铸锭要打上合金牌号、熔次号、批号、铸锭根号、顺序号）。

③下料所产生的废料，应打上合金牌号，不得混料。

表 2－2　铸锭车皮尺寸公差及下料的切斜度

铸锭直径/mm	80～124	142～162	192	270	290	350	405	482	680	800	1000
铸锭直径公差/mm	±1	±2	±2	±2	±2	±2	±2	±3	±4	±4	±5
切斜度不大于/mm	4	4	5	7	8	10	10	10	12	12	12

6. 铝合金锻前加热的目的是什么？怎样选择加热炉？

铝合金坯料在锻造前均须加热，加热目的是：减少铸锭生产时形成的组织偏析，降低变形抗力、提高合金塑性，减少热加工时形成的裂纹和缺陷，通过金属间化合物固溶，减轻热加工时的裂纹缺陷。因此，使材料均匀加热是很重要的。

铝及铝合金铸锭加热，通常是在辐射式电阻加热炉、带有强制空气循环的电阻加热炉或火燃加热炉内进行。由于铝合金的锻造温度范围较窄，必须保持精确的温度，因此最适合采用带强制循环空气和自动控温的电阻炉加热。这种加热炉的优点是：易于精确控温，炉膛内温度较为均匀，炉温偏差可以控制在±10℃范围内。

7. 什么是锻造温度范围？如何确定铝合金锻造温度范围？

金属加热后，从锻造开始到锻造终止时的温度间隔，称为锻造温度范围。金属开始锻造时的温度，称为始锻温度，终止锻造时的温度，称为终锻温度。

铝合金的锻造温度范围大致可根据合金的相图确定。一般地，合金的最高锻造加热或变形温度应该低于固相线80～100℃，允许的终锻温度应该高于强化相极限溶解温度100～230℃；但是，合金相图只能给出大致的变形温度范围，最后确定具体合金的变形温度范围，必须通过各种合金的塑性图、变形抗力图和加工再结晶图加以准确化。

另外，确定始锻温度时还应根据所使用的锻造设备和坯料状态（铸态还是变形状态）而定。一般情况下始锻温度应距合金熔点有一定温度间隔，否则当使用锻锤时，快速锤击或大变形量锻造可能因坯料温度在局部地方超过始锻温度而产生开裂。在高速锤上变形时，始锻温度也应偏低些。

表2－3列出了常用的变形铝合金的锻造温度范围。表中锻造温度上限适用于开锻时变形量大的工序，而下限则适用于变形量小的工序（如矫形、平整等）。从表中可注意到，变形状态的原材料的锻造温度上限比铸造状态的高，这主要是因为两者塑性不同，变形状态坯料的塑性高的温度范围较铸态坯料宽所致。

表 2-3　铝合金锻造温度范围

合金	锻造温度/℃	合金	锻造温度/℃
1070、1060、1050	380 ~ 470	2A50(铸态)	350 ~ 450
5A02	380 ~ 4800	2A50(变形)	350 ~ 480
5A03	380 ~ 4750	2A80	380 ~ 480
3A21	380 ~ 4800	2A14(铸态)	350 ~ 450
2A02	350 ~ 450	2A14(变形)	380 ~ 470
2A11	380 ~ 480	7A04(铸态)	350 ~ 430
2A12	380 ~ 460	7A04(变形)	380 ~ 450
6A02	380 ~ 500	7A09(铸态)	350 ~ 430
2A70	380 ~ 475	7A09(变形)	380 ~ 450

在实际生产中，确定各种铝合金的锻造温度范围可参照表 2-4。

表 2-4　实际生产中铝合金锻造温度范围

合金牌号 / 锻造温度/℃		6A02 6061	3A21、2A50、2B50、 2A70、2B70、2A80、 4032、4A11	2A02、2A11、2A12、 5A02、5A03、2A14、 2014、2219	7A04、7A09、 7A10、7A15、 7075	5A05、 5A06、 5A12
最高开锻温度/℃		490	480	470	450	440
终锻温度/℃	模锻件	380	350	350	350	350
	自由锻件	400	380	380	380	380
允许极限温度/℃		530	510	490	460	450

有些技术资料表明，国外对铝合金的锻造温度采用更窄范围。例如，表 2-5 为美国最常用的锻造铝合金的荐用锻造温度范围。表中所列上限温度大约低于各种合金凝固温度 70℃。大多数合金的锻造温度范围是相当窄的(一般小于 55℃)，而且没有一个合金的温度范围大于 90℃。与表 2-4 相比较，终锻温度被提高，在较窄的温度范围内锻造，无疑合金的塑性好，变形抗力较小。

表 2-5　美国最常用的锻造铝合金的推荐锻造温度范围

合金	锻造温度/℃	合金	锻造温度/℃	合金	锻造温度/℃
1100	315 ~ 405	3003	315 ~ 405	7010	370 ~ 440
2014	420 ~ 460	4032	415 ~ 460	7039	382 ~ 438
2219	427 ~ 470	5083	405 ~ 460	7049	360 ~ 440
2618	410 ~ 455	6061	432 ~ 482	7079	405 ~ 455

8. 铝合金的加热时间如何确定?

加热保温时间的确定应充分考虑合金的导热特性、坯料规格、加热设备的传热方式以及装料方式等因素，在确保铸锭达到加热温度且温度均匀的前提下，应尽量缩短加热时间，以利于减少铸锭表面氧化，降低能耗，提高生产效率。

一般情况下，加热时间是根据强化相的溶解和获得均匀组织来确定的，因为这种状态下塑性最好，可以达到提高铝合金锻造性能的目的。按照生产经验，铝合金的加热时间可按坯料直径或厚度来确定，铝合金的加热保温时间以坯料直径(或厚度)1.5 ~2 min/mm 来计算，合金元素含量高的取上限，厚度较大的取上限。重复加热的时间可减半。加热到锻造温度后，铸锭必须保温，锻坯和挤压坯料是否需要保温，则需要以在锻造时是否出现裂纹而定，加热的总时间最短不少于 20 min。铸锭直径越大所需的加热保温时间越长。

铸锭坯料加热保温时间如表 2-6 所示。

表 2-6　铸锭坯料加热保温时间

铸锭直径/mm	162	192	270	290	310	350	405	482	650	720
保温时间/min	120	150	180	210	240	270	300	360	480	540

9. 对坯料加热的要求及坯料加热时的注意事项有哪些?

(1) 对坯料加热的要求

①以最短的时间沿坯料整个截面均匀地把金属加热到规定的开锻

温度。

②避免长时间加热，以免造成晶粒长大，对于不含抗再结晶元素或其含量很少的合金，尤其要注意这一点。

③严格控制加热温度和保温时间。

(2)铝合金坯料加热时应注意以下几点

①装炉前应清除毛坯表面的油污、碎屑、毛刺和其他污物以免污染炉气，使硫等有害杂质渗入晶界。

②铝合金的导热性良好(导热系数比钢的大3~4倍)，快速加热不会产生很大的内应力，所以为了缩短加热时间避免晶粒长大，坯料不需要预热，可以在热炉中装料加热。装炉温度略低于合金的开锻温度即可。

③为使加热温度均匀一致，装炉量不宜过多，相互之间应有一定间隔，坯料与炉墙之间距离应不小于50~60 mm。

10. 铝合金锻造常用的锻造工模具有哪些？各有何用途？

铝合金自由锻造常用工具及其用途见表2-7。

表2-7 铝合金自由锻造常用工具及其用途

名称	用途	材料
平砧	把压力传递给锻件或其他工具。完成各种锻造工序时都要使用，可以看成是水压机的一部分，但考虑高温下的磨损和适应不同工艺要求，上、下平砧都是活动可换，用于常规锻造	5CrMnMo钢
型砧	拔长用的V形砧和弧形砧，V形角为100°~110°，分整体和组合两种形式，弧形砧的形式可根据需要自行设计	5CrMnMo钢、45钢
专用砧	与在心轴扩孔配合使用的扩孔平砧及进行冷压缩变形的平砧	5CrMnMo钢、45钢
冲头	冲孔	5CrMnMo钢、45钢

续表 2－7

名称	用途	材料
漏盘	用于冲孔时的垫托工具，也用于锻制各种法兰盘，通用性很强	5CrMnMo 钢、45 钢
心轴或马杠（滚杠）	与马架配合使用	5CrMnMo 钢、45 钢
马架	锻造大型圆环件使用，使冲孔后能在很大的范围内扩大孔径	铸钢
垫环	锻造大型有凸圆台的法兰或其他同类型锻件	45 钢
吊钳	夹持坯料、吊运工具，对镦粗坯料进行翻转等	35 钢、45 钢
羊角钳	适用于较大型锻件和坯料的夹持、滚动、翻转等动作，可以代替抱钳或抬钳，通用性很强	35 钢、45 钢或 65Mn
抱钳	用于较大坯料的镦粗和滚圆，使用劳动强度大，应以羊角钳代替	
抬钳	用于较大坯料的搬运。使用中劳动强度大，应以羊角钳代替	
通用钳子（尖钳子）	用于夹持坯料进行镦粗或其他各种工序的操作，通用性很强	
圆口钳（专用钳）	夹持圆柱形坯料进行拔长	
方口钳（专用钳）	夹持方柱形或圆柱形坯料进行拔长	
扁口钳（专用钳）	夹持矩形坯料或板料进行拔长	
方钩钳（专用钳）	夹持圆环形坯料进行拔长	
摔子	修整圆柱形表面，用于局部拔长和成型	45 钢、T8 钢

11. 铝合金锻造用工模具的预热制度

为了确保终锻温度，提高铝合金的流动性和锻造变形的均匀性，模具和锻造工具在工作前必须进行预热，预热制度如表 2－8 所示。

表 2－8　模具预热制度

模具厚度/mm	加热时间/h	炉子设定温度/℃	模具预热温度/℃
≤300	≤8	450～500	250～420
301～400	≤12		
401～500	≤16		
501～600	≤24		

注：当不连续生产，模具加热炉停电时间超过 2 h，允许模具加热炉定温 500℃，加热时间应比表中规定时间延长 2～4 h。当连续生产的热模具回炉加热时，加热时间可以相应缩短。

装炉加热前认真清理模具型槽不得有污物，模具温度应在 0℃以上。

12. 自由锻造分哪些工序?

任何铝合金自由锻件的塑性变形成形过程均是由一系列的锻造变形工序所组成。根据变形性质和变形程度，铝合金自由锻造工序主要分为基本工序、辅助工序和修整工序 3 类。

1) 基本工序：是指能够较大幅度地改变坯料形状和尺寸的工序，也是自由锻造过程中的主要变形工序，如镦粗、拔长、冲孔、心轴扩孔、心轴拔长、弯曲等。

2) 辅助工序：是指在坯料进入基本工序前预先变形的工序。

3) 修整工序是指用来修整锻件尺寸和形状以减少锻件表面缺陷等使其完全达到锻件图要求的工序。

13. 什么是镦粗? 如何减小镦粗变形不均匀?

镦粗是最基本的锻造变形方式，可以使毛坯高度减小而全部或局部横截面积增大的锻造工序，镦粗是增粗类成形工序，如图2－1所示。使用镦粗工序可以由小截面尺寸的原始坯料得到高度较小但横截面尺寸较大的锻造毛坯。在许多锻造工艺方法中都不同程度地存在着镦粗变形的过程。同时，镦粗也是实际的锻造工序（工步），一般用于短轴类（饼块类）锻件的成形；锻造空心锻件时，利用镦粗为冲孔做准备；交替进行镦粗和拔长可以增加各个方向的变形程度，充分改善锻件组织性能。

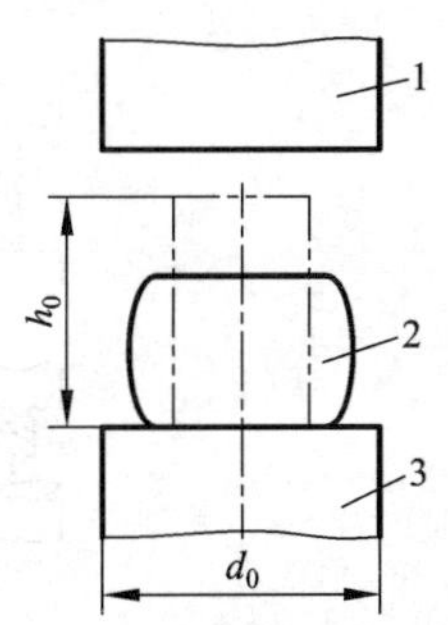

图2－1　镦粗工艺示意图

1—上砧；2—镦粗后的坯料；3—下砧；
h_0—原始坯料的高度；
d_0—原始坯料的直径

镦粗时的变形不均匀对锻件质量很不利。毛坯侧面受周向拉应力作用，可能引起侧表面纵向开裂；还容易引起锻件晶粒大小不均匀，从而导致锻件的性能不均匀，特别是在困难变形区，可能因变形不足引起晶粒粗大。这对晶粒度要求严格的铝合金锻件的质量影响极大。在生产中，通常采用以下措施预防：

①预热工模具，以防坯料过快冷却。一般应预热到250～350℃；当环境温度较低或锻造低塑性铝合金材料时，工模具预热温度可提高到300～400℃。

②使用润滑剂以减小模具与坯料接触面间的摩擦，提高变形均匀性。

③采用侧面压凹的坯料镦粗，可以明显提高镦粗时的允许变形程度。

④对于塑性很低的金属材料，还可以采用软垫镦粗、叠起镦粗、套环内镦粗等方法来提高变形均匀性，见图2－2。

⑤采用反复镦粗拔长的锻造工艺。反复镦粗拔长工艺有单向（轴向）反复镦拔、十字反复镦拔、双十字反复镦拔等多种变形方法。其共同点是使镦粗时因难变形区在拔长时产生变形，使整个坯料各处变形比较均匀。这种锻造工艺广泛应用于铝合金自由锻造生产。

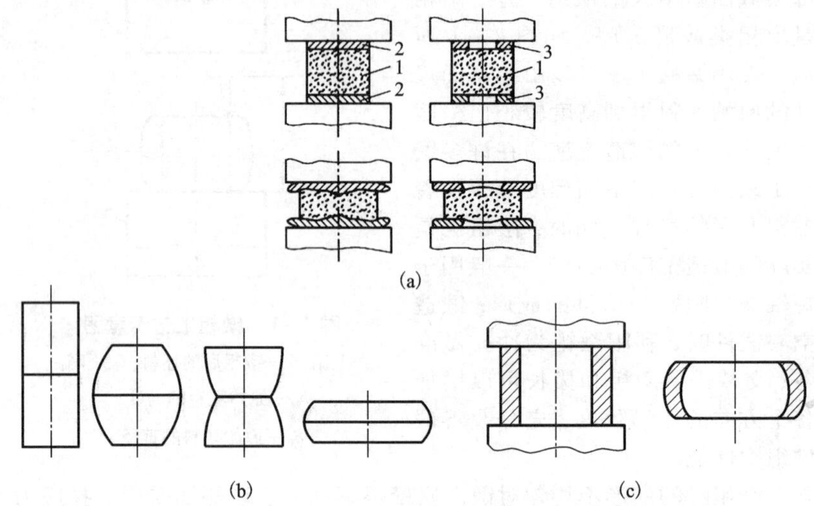

图 2－2　提高镦粗变形均匀性方法

(a)软垫镦粗；(b)叠镦；(c)套环内镦粗

14. 常用的镦粗方法有哪些？镦粗工序有哪些用途？

常用的镦粗方法具体可分为以下 3 类：

1)平砧整体镦粗：坯料在平砧间整体受压，整体变形，见图 2－1。由于坯料与砧面接触摩擦的影响，锻件各处变形分布并不均匀。

2)垫环中的镦粗(又称镦挤)：毛坯在镦粗变形的同时还会发生局部挤压变形的镦粗方式。

采用垫环镦粗锻造带凸肩的锻件时，关键在于能否锻出所要求的凸肩高度。对于一定尺寸的凸肩锻件，可以参考图 2－3 垫环镦粗的锻件尺寸比例曲线来判断。

3)局部镦粗：在坯料上某一部分进行的镦粗称为局部镦粗，如图 2－4 所示。

局部镦粗金属流动特征与平砧镦粗相似，但受不变形部分“刚端”的影响。局部镦粗时，毛坯尺寸最好按杆部直径选取，为避免产生纵向弯曲，毛坯变形部分高径比应小于 2.5～3。

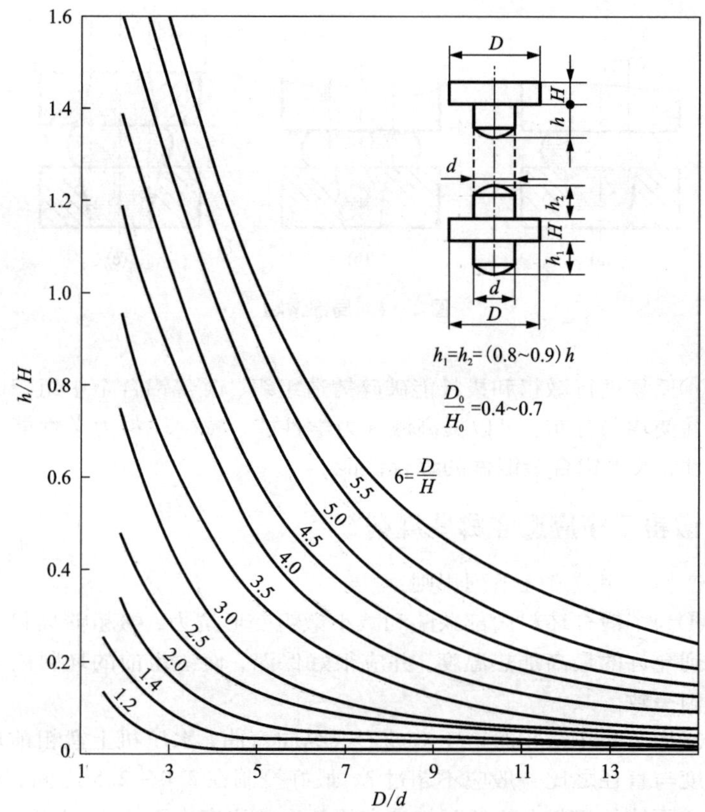

图 2－3　垫环镦粗的锻件尺寸比例曲线

采用各种方法镦粗，中间过程都伴随着表面修整，消除鼓形的辅助工序，即坯料在下平砧上绕轴心旋转，上平砧轻轻打击，即为滚圆。

①由横截面积较小的坯料得到横截面积较大而高度较小的锻件，是制造饼形、方块形、圆盘类自由锻件的主要变形工序。

②冲孔前增大坯料横截面积和平整坯料端面，是环、筒类（或带盲孔）的自由锻件冲孔前必不可少的准备工序。

③镦粗是轴、杆类自由锻件需要增加后续拔长变形程度的预备工序，还可以作为盘形模锻件的制坯工序。

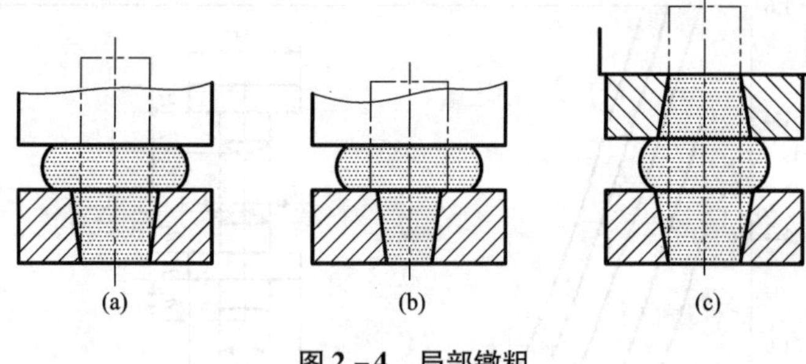

图2-4 局部镦粗

④反复进行镦粗和拔长能破碎铸造组织，改善铝合金中组织的形状和并使均匀分布，可以提高锻件力学性能，减少坯料力学性能的各向异性，改善铝合金锻件的综合性能。

15. 镦粗工序应遵守哪些规则?

镦粗工序应遵守下列规则：

①为了锻合坯料内部缺陷和减小镦粗变形抗力，镦粗前坯料应将加热到允许的最高加热温度，并应很好保温，使镦粗前的坯料内外温度均匀一致。

②为了防止镦粗时产生双鼓形或纵向弯曲，水压机上镦粗前坯料的高度与直径之比一般应不超过3，最好控制在2.0～2.5之间；对于平行六面体的坯料，其高度与较小的基边之比应小于3.5～4.0。锤上镦粗用坯料取高径比1.5～2.0。

③铸锭镦粗时锻造比应不小于2.0～2.5，挤压毛坯（挤压系数≥10）可以以成形为主，镦粗时锻造比可不小于1.5～2.0。

④注意铸锭坯料的高度，在水压机上进行镦粗坯料高度应小于走料台到活动横梁的最大距离，在锻锤上镦粗的毛料高度应小于锤头全行程的0.75倍。

⑤为了避免镦弯，镦粗前坯料的两端面必须平整，并垂直于轴心线。

⑥坯料表面不得有凹孔、裂纹等缺陷。否则，镦粗时会将缺陷

扩大。

⑦镦粗时坯料要围绕轴心线转动，坯料发生侧向弯曲时需立即进行校正。常用的预防和矫正侧向弯曲方法如表2－9所示。

⑧镦粗的压缩变形程度应小于材料塑性允许的范围。

表2－9　预防和矫正镦粗缺陷的方法

方法	变形过程
铆镦法	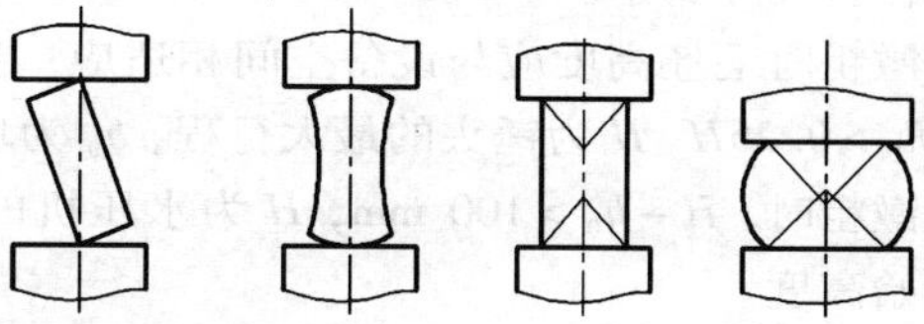
倒棱重镦法	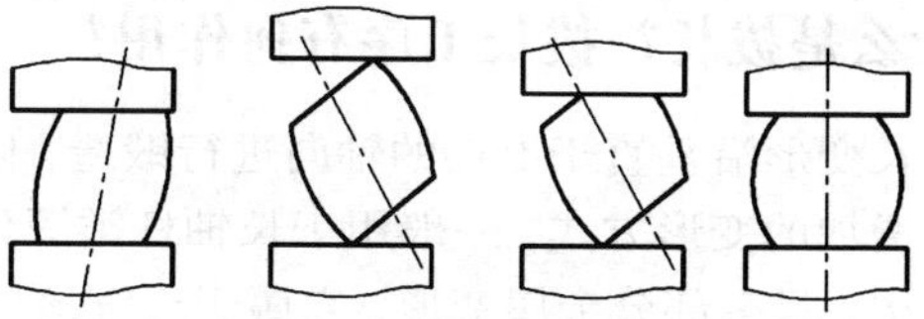
侧面矫直法	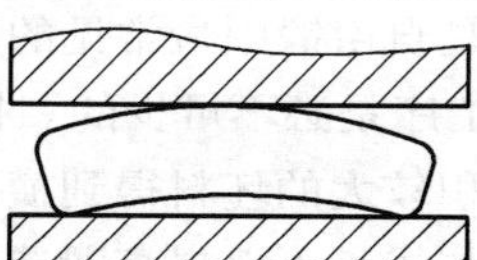
预弯曲镦粗法	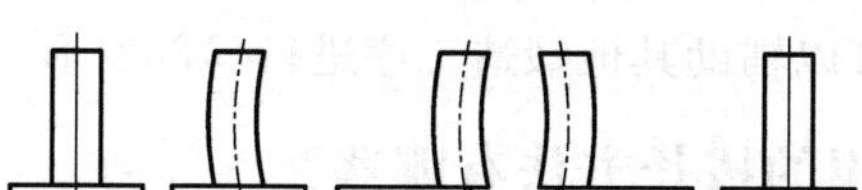

⑨如果镦粗后需要进一步拔长，应考虑拔长的可能性，即不宜镦得太低。镦粗后高径比应不小于0.6。

⑩方形断面坯料在镦粗前，先打去棱角，滚打成圆柱形。否则，镦粗时由于棱角处冷却较快，容易产生裂纹。

⑪坯料在镦粗前应垂直放置，对于端面不平的坯料，镦粗时应采

取措施校正，如用平砧压住坯料，移动走料台使坯料垂直。

⑫为节省金属和减少切削加工工时，镦粗后的圆饼应滚圆，为避免因为镦粗坯料时锻打过扁，在滚圆时因压力不能传入锻件中心部分，只在表面发生变形，锻件中间产生凹陷。滚圆时圆饼极限参考尺寸为 $H \leqslant 150$ mm 时，$D/H \geqslant 3.5$；$H > 150$ mm 时，$D/H \geqslant 4.5$。如出现锻件中间凹陷，其矫正方法是：将锻件立起，打击要重，锻成六角形，使中间部分受力胀厚，然后再倒角滚圆，最后将锻件平放镦平端面，使厚度符合尺寸要求。

⑬镦粗时毛坯高度应与设备空间相适应：①在锤上镦粗时，应满足 $H - h_0 > 0.25H$，H 为锤头的最大行程，h_0 为坯料原始高度。②在水压机上镦粗时，$H - h_0 > 100$ mm，H 为水压机的最大空间尺寸，h_0 为坯料原始高度。

16. 什么是拔长？拔长工序有何作用？

拔长变形沿垂直于毛坯的轴向进行锻造，以使毛坯横截面积减小而长度增加的变形方式，一般用于长轴杆类锻件成形。拔长时每送进压下一次，只有部分金属变形，它属于连续地局部加载。

拔长工序也是自由锻中最常见的工序，特别是对于大型长轴类锻件的锻造，拔长工序是必不可少的。拔长工序主要有如下作用：

①由横截面积较大的坯料得到横截面积较小而轴向伸长的锻件。

②反复镦粗与拔长可以提高锻造变形程度，使合金中铸造组织破碎而均匀分布，提高锻件质量。

③可以辅助其他锻造工序进行局部变形。

17. 常用的拔长方法有哪些？

常用的拔长方法主要有以下几种。

(1)平砧拔长

主要用于拔长长方形或矩形锻件。拔长的进给量应为专用拔长砧面宽度的0.4~0.8倍。坯料的翻转送进方法有3种，如图2-5所示。

1)左右翻转送进[图2-5(a)]：每次压下后立即进行90°翻转，在翻转的同时送进或后撤。但翻转方向只在90°范围内左右摆动，并不绕坯料整体的轴线进行旋转。这是最简单、最容易掌握的一种操作

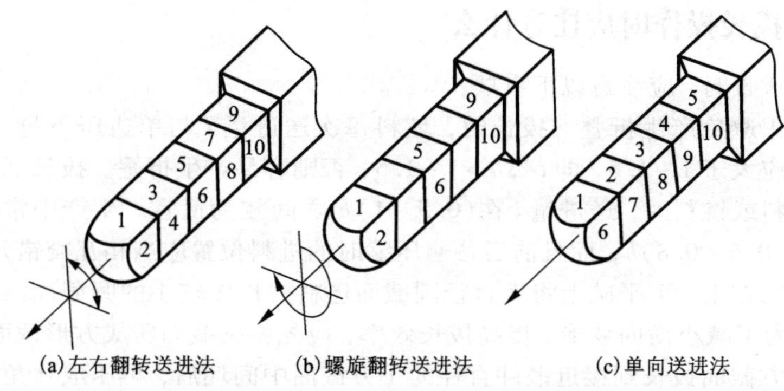

(a)左右翻转送进法　(b)螺旋翻转送进法　(c)单向送进法

图2-5　平砧拔长基本操作方法

方法，适用于手工操作。

2)螺旋翻转送进[图2-5(b)]：坯料整体绕轴线做旋转运动，按每翻转90°后进行一次送进或后撤。这种方法的拔长效率最高，也可避免同一部位的多次压缩，还能够防止坯料原始中心组织在拔长后发生偏移，对保证锻件质量是有好处的。但技术难度较大，要求翻转90°的操作有很高的准确性，适用于锻造小型台阶轴类锻件。

3)单向送进[图2-5(c)]：沿整体长度，先在一个方向上把坯料全部压下一遍，翻转90°后，再在另一个方向全部压下一次。翻转和送进(或后撤)是分开进行的。这种方法多半用于大型坯料的拔长，目的是为了减少操作机的翻转动力消耗和提高送进速度，在手工操作时也有应用。模具预热良好时采用此方法较好，不易产生锻造裂纹等缺陷。

(2)在型砧内拔长

适用于低塑性材料的拔长。采用这种拔长方法，由于周边产生受压应力，能防止出现裂纹，提高锻件强度，获得光洁的锻件表面。圆断面或方断面的锻件，可用此法锻造。

(3)展宽拔长

大部分金属沿着横向流动，使坯料增宽，而长度方向微量增加。一般适用于锻造薄板形锻件。展宽方法：在平砧上给予较大的坯料进给量或用赶铁进行展宽。

18. 拔长操作时应注意什么?

拔长时，应注意以下事项：

①避免产生折叠。拔长时，坯料每次送进量 l 与单边压下量 Δh 之比应大于1～1.5，即 $l/\Delta h>1\sim1.5$，否则容易产生折叠。拔长低塑性材料或锭料时，送进量 l 在(0.5～1) h 之间较为适宜。生产中常用的是(0.6～0.8) h，而且前后各遍压缩时的进料位置应当相互交错开。

②在上、下平砧上将大直径圆截面坯料拔长成较小的圆截面锻件时，为了减小横向变形，提高拔长效率，应先将圆截面压成方形截面，并将方截面拔长到接近锻件直径的小方截面中间坯后，再压成八角形截面，最后锻成所需的圆形截面，为了得到光滑的表面，最后放入摔子内滚打，如图2－6所示，采用图2－6的坯料截面变化过程的变形方案拔长，可以提高拔长效率，减小中心开裂的危险。坯料截面在拔长中的变化规律如表2－10所示。

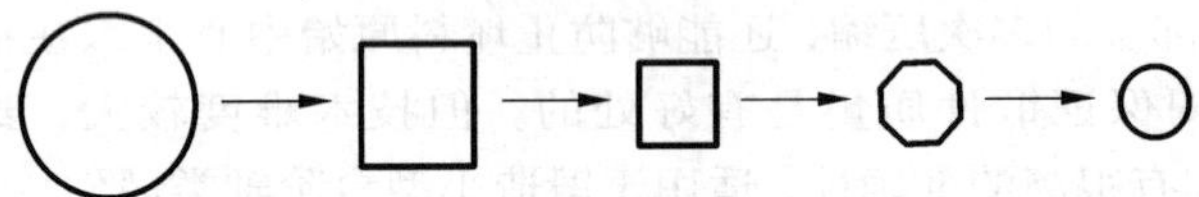

图2－6　圆坯料拔长过程截面变化示意图

表2－10　截面的变化规律

截面变换	变形简图	计算公式
圆形→正方形		$D=(1.42\sim1.5)A$
正方形→圆形		$A=(0.98\sim1.0)D$

续表 2－10

截面变换	变形简图	计算公式
圆形→扁方形	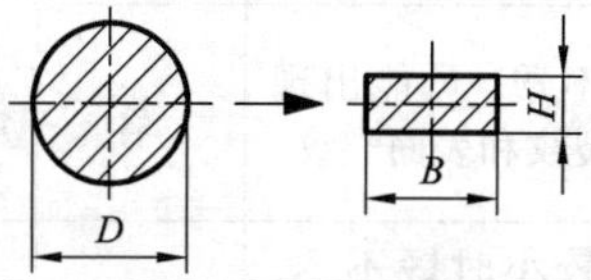	$B=\frac{1}{2}(3\sqrt{D^2-H^2}-H)$
圆形→八方形	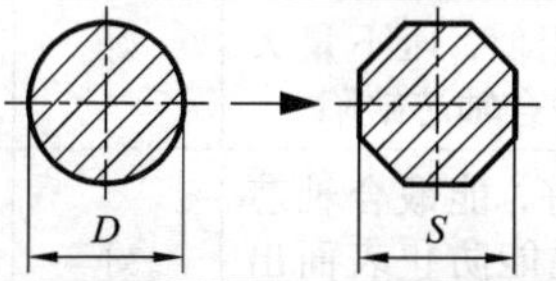	$D=(1.08\sim1.1)S$
圆形→六角形	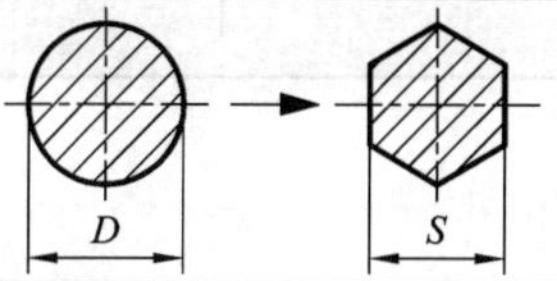	$D=(1.15\sim1.2)S$

③为了得到光滑的表面，送进量应为砧面宽度的 0.4～0.8 倍。

④在拔长操作时，对长毛坯应由中间向两端拔长，这有助于使锻件重量平衡，便于操作。短的毛坯可以从一端开始拔长。

⑤为了防止纵向弯曲，拔长时，坯料每次打击部分的宽度不应超过高度的 2～2.5 倍。

⑥为了防止拔长锻坯的内部出现纵向裂纹，对于高合金化及低塑性铝合金，应合理使用 V 形砧拔长；对于塑性极低的坯料，必要时应先在封闭式弧形砧中拔长，待塑性提高后，再用上、下 V 形砧拔长。拔长主要变形阶段的截面形状和所用砧子对拔长效果有不同影响，如表 2－11 所示。

表 2－11　砧子形状对拔长效果的影响

毛坯截面和所用砧子	锻件芯部质量	拔长效果	适用范围
方形坯料、平砧	锻透性较好，有部分难变形区	较好	高塑性、中塑性材料，应用较普遍
扁方坯料、平砧	锻透性好，难变形区很小	较好	

续表 2-11

毛坯截面和所用砧子	锻件芯部质量	拔长效果	适用范围
圆形坯料、平砧	中心锻不透，可能出现中心轴裂纹和表面裂纹	差	不建议采用，或在拔长过程中先转化为方形坯料
圆形坯料、上平砧、下V形砧	压下量较小时锻不透，与平砧相似，压下量大时可以锻合轴芯缺陷	好	高塑性、中塑性材料
圆形坯料，上、下V形砧	锻透性好，能锻合轴芯缺陷，也能防止表面出现裂纹	好	中塑性和低塑性材料，高质量锻件

19. 怎样提高拔长效率？

由于拔长是通过逐次送进和反复转动坯料进行压缩变形的，所以它是锻造生产中耗费工时最多的锻造工序。因此，在保证锻件质量的前提下，应尽可能提高拔长效率，提高拔长效率的方法有：

①减小平砧宽度，或减少送料量。根据金属最小阻力定律，在平砧上拔长时，拔长效率以送进量等于或小于平砧宽度的 0.5 倍时最高。

②在保证锻件断面尺寸的前提下，备料时应使坯料的断面尺寸最小。

③增加平砧平面的光洁度，减少坯料与平砧接触面的摩擦，增强变形金属的流动性。

20. 什么是冲孔？

冲孔是利用冲头在镦粗后的坯料上冲出通孔或不通孔的锻造工序。

冲孔工序的主要作用是：

①锻件带有直径 30 mm 以下的盲孔或通孔。

②需要扩孔的锻件应预先冲出通孔。

③需要拔长的空心件应预先冲出通孔。

21. 常用的冲孔方法有哪些?

根据冲孔的类型和冲孔方法的不同冲孔分为垫环上冲孔、实心冲头双面冲孔和空心冲头冲孔等。

1)单面冲孔(垫环上冲孔):在下平砧上放上垫圈,将坯料放在垫圈上,再在坯料上放一个大头向下的圆锥形冲子,用上砧加压冲孔,直到冲穿为止,如图2-7所示。一般用于在较薄毛坯上冲孔,适合于厚度 H 与孔径 D 的比值 $H/D<0.125$ 时,在垫环上冲孔时坯料形状变化小,芯料损失较大,芯料高度 $h=(0.7\sim0.75)H$。

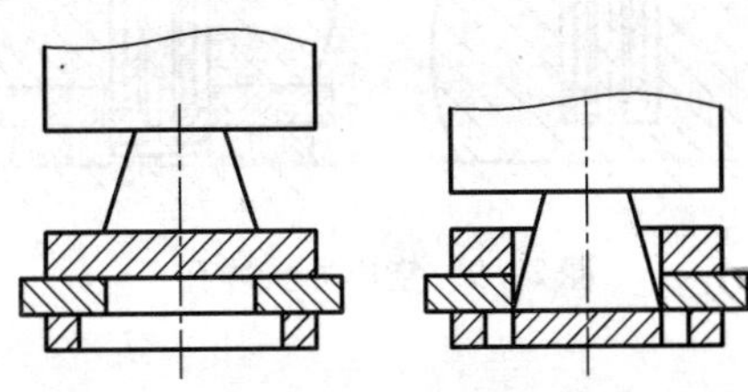

图2-7　单面冲孔

2)双面冲孔:将坯料放在下砧上,放上冲子加压,使其冲子冲入坯料厚度的略大于2/3,取出冲子,翻转坯料180°,轻击坯料,使其端面平整,再把冲子立在坯料中心上,压入坯料,直至冲子下面的金属被冲成芯料为止,如图2-8所示。主要用于冲较深的孔。

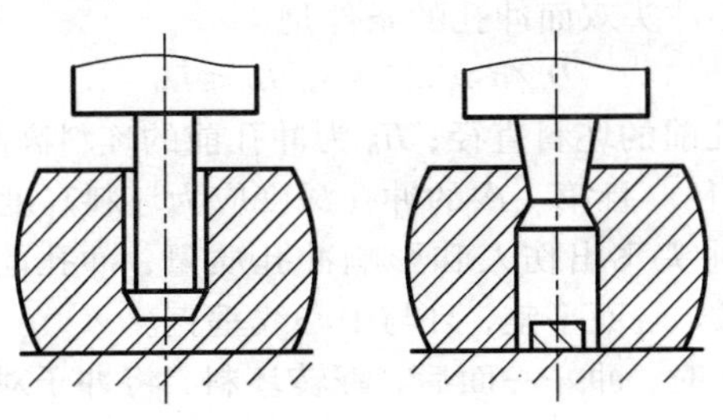

图2-8　双面冲孔

3)空心冲头冲孔：在下平砧上放上垫圈，将坯料放在垫圈上，再在坯料上放一个空心冲子，用上砧加压冲孔，直到冲穿为止，如图2－9所示。主要用于大型空心锻件的冲孔(如ϕ400 mm以上的孔)。空心冲孔不仅能冲掉铸锭芯部缺陷，而且坯料形状变化不大，但是空心冲孔的芯料损失较大(不常使用)。

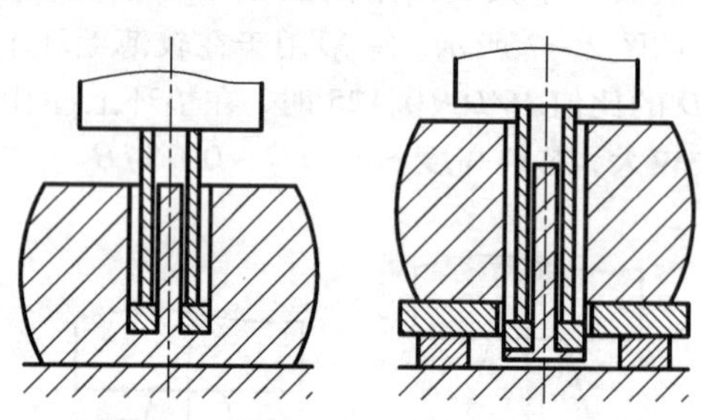

图2－9 空心冲头冲孔

22．冲孔操作应遵守哪些规则?

在冲孔操作过程中，应遵守下列规则：

①冲孔的坯料应加热均匀，冲孔前应预先镦粗，以减小高度，增大直径，使端面平整。

②冲孔初期时，应将冲头放正，使其端面与打击方向垂直，找准中心，防止冲偏。

③采用实心冲头双面冲孔的条件是：

$$D_0/d \geqslant 2.5 \sim 3,\ H_0 \leqslant D_0$$

式中：D_0为冲孔前的坯料直径；H_0为冲孔前的坯料高度；D为冲孔直径；d为冲头直径。且第一次的冲孔深度应为坯料高度的2/3～3/4。

④为防止冲头飞出伤人和影响冲孔质量，冲孔前应仔细检查冲头。要求无裂纹、端面平整，且与中心线垂直。

⑤双面冲孔时，冲好一面后，翻转坯料，将冲子对准另一面的中心，保证孔的两端衔接，防止冲偏。

⑥从铸锭浇口端取材的锻件冲孔时，应将浇口端朝下，有利于保证锻件质量。

23. 如何确定冲孔的工艺参数？

主要分析实心冲头双面冲孔（冲孔过程见图 2－14），这种方法的优点是操作简单，芯料损失少。芯料高度 $h \approx 0.25H$，适合于冲孔径小于 100～500 mm 的锻件，广泛用于铝合金锻造冲孔。冲孔前后的 H_0 与 H 之比可按图 2－10 或表 2－12 确定。

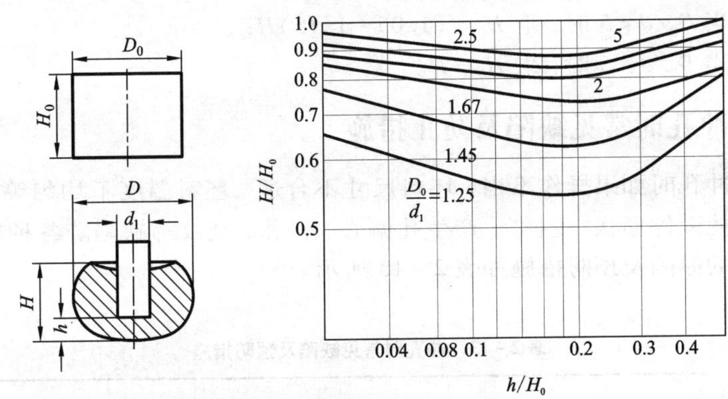

图 2－10　冲孔深度与毛坯高度的关系

表 2－12　比值 H/H_0 与比值 d/D、h/H 的关系

d/D_0 \ H/H_0 \ h/H_0	0.15～0.2	0.3	0.4	0.5
0.2	0.90	0.92	0.93	0.94
0.4	0.85	0.86	0.88	0.90
0.5	0.80	0.82	0.83	0.85
0.6	0.72	0.74	0.76	0.80
0.7	0.64	0.66	0.70	0.76
0.8	0.53	0.58	0.63	0.68

注：表中 h 为芯料厚度；H_0 为冲孔前坯料高度；H 为冲孔后坯料高度；d 为冲头直径；D 为冲孔后坯料直径；D_0 为冲孔前坯料直径。

（1）冲孔后坯料外径

冲孔后坯料外径可按下式估算：

$$D_{max}=1.13\times\sqrt{\frac{1.5}{H}[V+f(H-h)-0.5F_0]}$$

式中：V 为坯料体积，mm^3；f 为冲头横断面而积，mm^2；F_0 为坯料横断面面积，mm^2；H 为冲孔后坯料高度，mm；h 为冲孔芯料高度，mm。

（2）冲孔件坯料高度的确定

实心冲头冲孔，在时坯料原始高度可按以下考虑：

当 $D_0/d<5$ 时，取 $H_0=(1.05\sim1.15)H$；

当 $D_0/d\geqslant5$ 时，取 $H_0=H$。

24. 冲孔时常见缺陷及防止措施

冲孔时如果操作不当、坯料尺寸不合适、坯料温度不均匀等，可能会使锻件形状“走样”，产生孔偏心、斜孔、裂纹等缺陷。各种缺陷产生的原因及预防措施如表 2 - 13 所示。

表 2 - 13　冲孔时常见缺陷及预防措施

缺陷名称	主要特征及简图	产生原因	预防措施
“走样”	开式冲孔坯料时出现高度减小，直径增大，出现鼓肚，外径上小下大，而且下端面凸出，上端面凹进 [简图：D_0、H_0；D、d_1、H、h]	环壁厚度 D/d 太小，D/d 愈小，冲孔件走样愈严重	①在冲孔前，应将坯料镦粗至 $D/d\geqslant3$ 后再冲孔，冲孔后进行端面整平，以达到锻件的最终尺寸 ②为预防“走样”，冲孔前后的 H_0 与 H 之比可按表 4 - 16 确定

续表 2－13

缺陷名称	主要特征及简图	产生原因	预防措施
孔偏心或斜孔	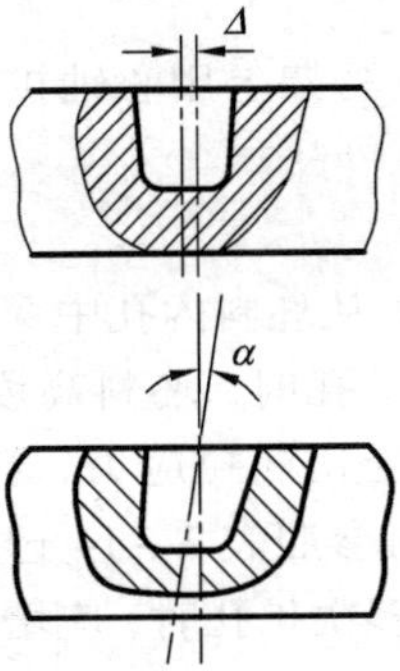	①冲头放偏 ②冲头各处的圆角、斜度不一致等 ③坯料两端面不平行，冲头端面与轴线不垂直 ④冲头本身弯曲 ⑤冲头压入坯料初产生倾斜等 原毛坯愈高愈易冲偏和出现斜孔	①冲孔初期，先用冲头在坯料上压一浅印，经目视观察确定冲印在坯料中心后，再在原位继续下冲 ②在冲孔前，坯料端面要进行压平，冲头要标准 ③在冲头压入坯料后，要检查冲头是否与坯料端面垂直 ④冲孔过程中，应不断转动坯料，使冲头受力均匀
裂纹	低塑性材料或坯料温度较低，则在开式冲孔时常在坯料外侧面和内孔圆角处产生纵向裂纹 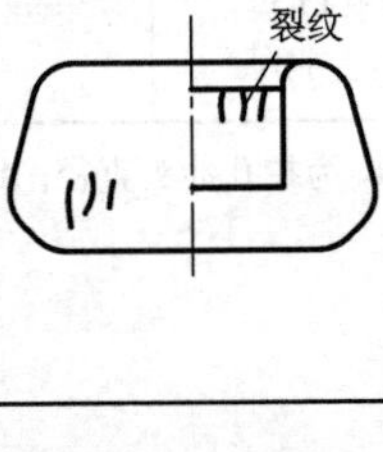	①外侧表面裂纹产生的主要原因是坯料直径 D_0 与冲头直径 d 的比值太小，坯料冲孔时产生较大的“走样”，使得侧表面金属受到较大的拉应力 ②内孔圆角处的裂纹是由于此处与冲头接触时间长、温度降低较多造成塑性降低，加上冲头一般都有锥度，当冲头向下运动时，此处便被胀裂	①增大 D_0/d 的比值，减小冲孔坯料走样程度 ②对塑性低的材料要用多次加热冲孔的方法 ③减小冲头锥度

25. 什么是扩孔？扩孔有哪些作用？

减小空心坯料壁厚而使其外径和内径均增大的锻造工序称为扩孔。

扩孔工序用于锻造各种带孔锻件和圆环锻件。扩孔时，环的高度增加不大，主要是直径不断增大，金属的变形情况与拔长相同，是拔长的一种变相工序。

26. 常用的扩孔方法有哪些？主要工艺特点是什么？

常用的扩孔方法有 3 种：冲头扩孔、在马架上用心轴扩孔和辗环（或称为轧环）。

（1）冲头扩孔

它是用直径较大的锥形冲头或球面冲头从坯料内孔中穿过使其内外径扩大，如图 2 – 11 所示。冲头在锤上扩孔时，坯料高度会拉缩，因而应考虑修正系数。冲头扩孔时，坯料受切向拉应力，容易胀裂，因而每次扩孔量不宜过大，扩孔量 A 大小可参照表 2 – 14 选取。冲头冲孔后可扩孔 1 ~ 2 次，重量大的锻件需要多次扩孔时，应增加中间加热工序。

冲头扩孔前坯料的高度尺寸按下式计算：

$$H_0 = 1.05H$$

式中：H_0 为扩孔前坯料高度；H 为锻件高度；1.05 为考虑端面修整的系数。

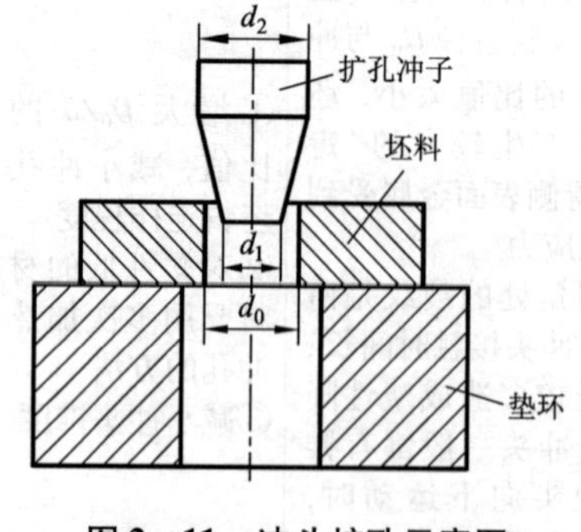

图 2 – 11 冲头扩孔示意图

表 2 – 14 每次允许的扩孔量

d_2/mm	A/mm
30 ~ 115	25
120 ~ 270	30

注：d_2 为扩孔冲头直径；A 为每次允许的扩孔量。

冲子扩孔一般用于 $D/d_2>1.7$ 和 $H\geqslant 1.125D$ 的壁不太薄的锻件（D 为锻件外径）。壁较薄的锻件可以采用心轴扩孔工艺。

（2）心轴扩孔

在马架上用心轴扩孔时变形区金属受三向压应力，故不易产生裂纹，但操作时应注意每次转动量与压下量应尽量一致，确保壁厚均匀。因此，这种扩孔也称为马架上扩孔，如图2－12所示。

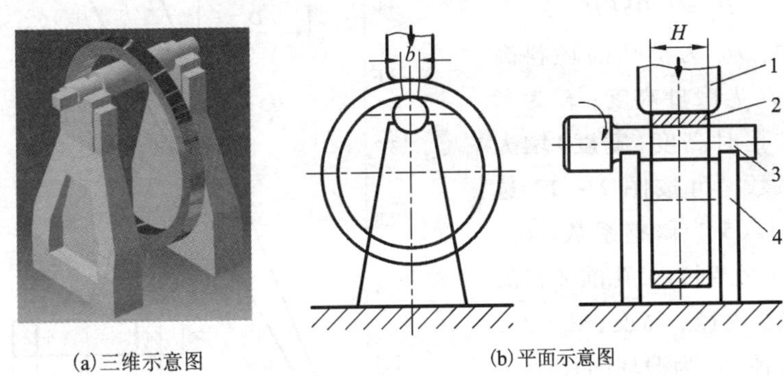

(a)三维示意图 (b)平面示意图

图2－12 心轴扩孔示意图

1—上砧；2—环坯；3—心轴；4—马架

27. 心轴扩孔工序有何操作要点？如何确定其工艺参数？

（1）心轴扩孔工序的操作要点有：

①扩孔前的坯料孔不可偏心，万一出现偏心，应及时予以修正。

②心轴扩孔前，冲孔直径 d 应大于 $d_{心轴}$。如冲孔直径 $d<d_{心轴}$，则应先用冲头扩孔（或机械加工内孔），再用心轴扩孔。

在心轴扩孔时，为保证壁厚均匀，扩孔过程中坯料应均匀转动，每次压缩量也应尽可能一致，马架间距离亦不宜过宽，还可以在心轴上加一垫铁以控制壁厚。

③大型锻环扩孔直径要考虑冷缩现象，一般直径冷收缩率为1.0%左右，大型锻环冷收缩率取上限。

④在批量生产时，为提高心轴扩孔的效率，应尽可能采用砧宽为100～150 mm 的窄上砧。

(2)心轴扩孔前坯料尺寸的计算(如图2-13所示):

心轴扩孔前坯料尺寸应满足下列条件:

$$\frac{D_0 - d_0}{H_0} \leqslant 5$$

$$d_0 = d_1 + (30 \sim 50)\ \text{mm}$$

$$H_0 = 1.05KH$$

式中:H_0 为扩孔前坯料高度;H 为锻件高度;K 为考虑扩孔时高度(宽度)增大的系数,可按图2-12选用;1.05为修整系数;D_0、d_0、h_0 分别为扩孔前坯料的外径、内径、高度;d_1 为心轴直径;d 为锻环内径。

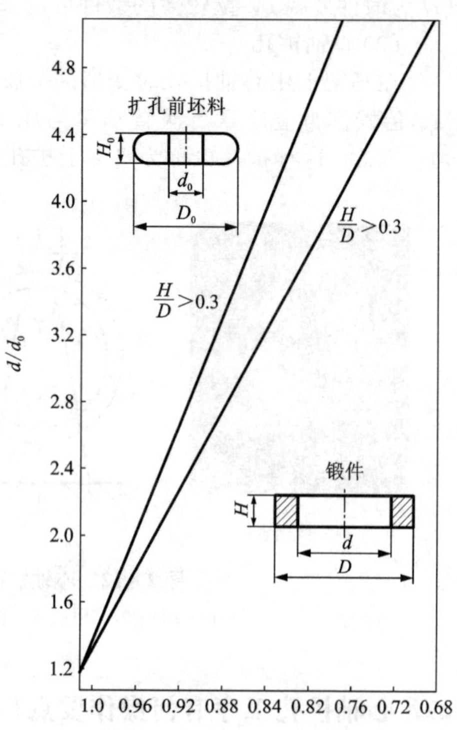

图2-13　心轴扩孔增宽系数

(3)心轴直径的选取

在心轴扩孔时,所用心轴相当于一根受均布载荷的梁,随着锻件壁厚的减薄,心轴上所受的载荷变大。如心轴过细,不仅锻压时容易折断,还会在锻件内壁留下梅花状压痕。为了获得内壁光滑的锻件,心轴直径应随孔径扩大而增大。在锻压大锻环时,为了保证心轴扩孔时心轴的强度和刚度,也为了保证扩孔锻件内表面的平整,要注意控制马架间的距离不应过大,随着孔径的增大,还应及时更换较大直径的心轴,当环内孔径扩展到一定程度后应换较粗的心轴,一般在心轴扩孔过程中最多可更换3次心轴。心轴直径取决于锻件高度 H 和锻件壁厚与心轴直径之比值,在水压机上扩孔时,其最小心轴直径可根据图2-14选取。

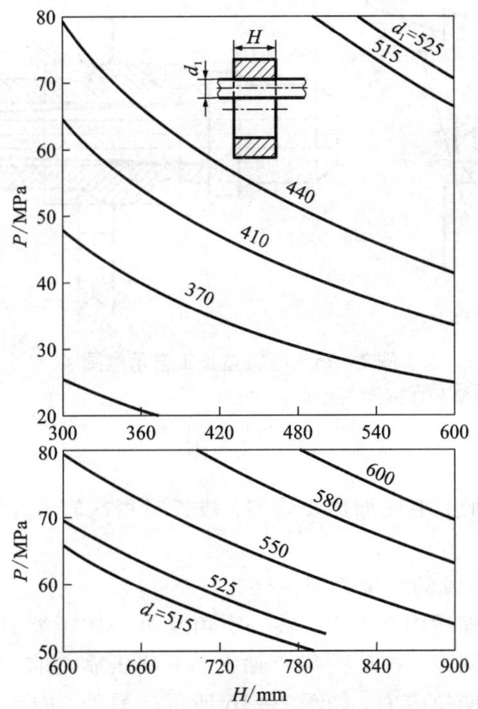

图 2－14　水压机上扩孔时最小心轴直径

28. 什么是心轴拔长?

心轴拔长是一种减小空心毛坯外径(壁厚)、内径基本不变(壁厚减薄)而增加其长度的锻造工序，在上平、下 V 形砧中进行，主要用于锻制长圆筒类锻件，如图 2－15 所示，其变形与拔长一样，区别仅仅是用空心毛坯拔长。

29. 心轴拔长的主要质量问题有哪些?

心轴拔长的主要质量问题是锻件的壁厚不均匀和内壁容易产生裂纹，尤其是两端孔壁更容易产生裂纹。

(1)锻件的壁厚不均匀主要是由于毛坯加热不透或锻造操作失误

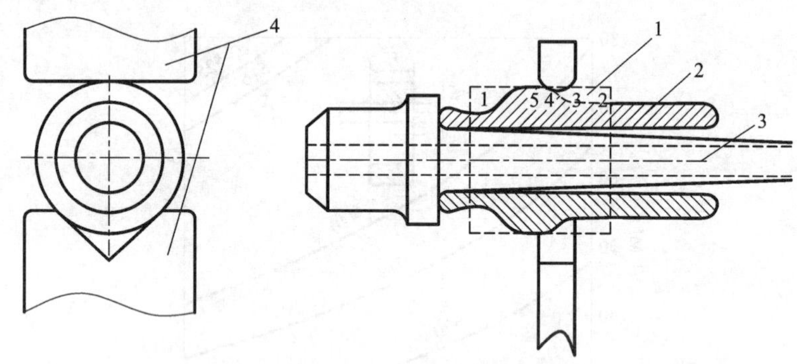

图 2-15 心轴拔长工艺示意图

1—原始坯料；2—心轴拔长后坯料；3—心轴；4—上、下砧

图中虚框中 1~5 为芯轴拔长操作工步顺序

所造成的。因此，毛坯加热要均匀，拔长时每次转动角度和压下量也要均匀。

(2)内壁裂纹的产生原因主要有：

经一次压缩后内孔扩大，转一定角度再一次压缩时，由于孔壁与心轴间有一定间隙，在孔壁与心轴上、下端压靠之前，内壁金属由于弯曲作用受切向拉应力，如图 2-16 所示。另外，内孔壁长时间与心轴接触，温度较低，塑性较差，当应力值或延伸率超过材料当时允许的指标时便产生裂纹。

金属切向流动得愈多，即内孔增加愈大时，愈易产生孔壁裂纹，因此，在平砧上拔长时，t/d 愈小(即壁越薄)时愈易产生裂纹。采用 V 形砧，可以减小孔壁裂纹产生的倾向。

(3)端部孔壁更易产生裂纹的原因：

①由于心轴对变形区金属摩擦阻力的作用，空心件端部呈图 2-16 形状，下一次压缩时端部孔壁与心轴间的间隙比其他部分大。

②由于端部的外侧没有外端(刚端)，故此处被压缩时，切向拉应力很大。

③端部金属与冷空气长时间接触，降温较大，塑性较低。

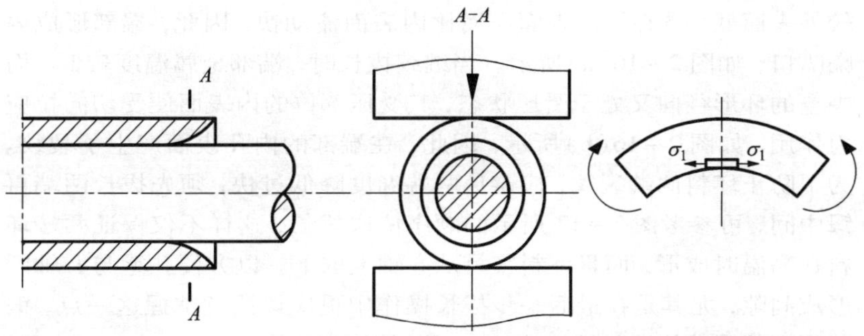

图 2－16　心轴拔长端部金属受力情况

30. 心轴拔长有何操作要点？

心轴拔长原理与实心坯料拔长类似，同样也存在效率和质量问题。为了提高心轴拔长的效率和防止锻件壁厚不均匀，孔壁裂纹的产生，在工艺上可采取以下措施：

①心轴拔长前的冲孔坯料应壁厚均匀，端面平整。

②提高坯料加热温度，坯料在心轴拔长前的加热温度应按其合金锻造温度的上限控制，同时要注意有适当的保温时间。

③预热心轴到 300～400℃，保持坯料在高温下成形。

④将心轴加工成 1/100～1/150 的斜度，并要求表面光滑。在拔长时可涂润滑剂，以提高坯料轴向流动能力。

⑤为提高心轴拔长的效率和防止孔壁产生裂纹，用型砧拔长，限制横向变形，增加轴向流动量。对于壁厚/孔径≤0.5 的薄壁空心锻件，上、下均须采用 V 形砧或圆弧砧拔长。对于壁厚/孔径＞0.5 的厚壁锻件，可用上下 V 或平砧拔长。但在平砧上拔长时应先锻成六角形截面，达到相对接近锻件外径尺寸时再锻成圆形截面。对 $H/d \leqslant 1.5$ 的空心件，由于拔长时的变形量不大，可不用心轴，直接用冲头拔长。

⑥心轴拔长操作中要注意保持心轴平直，旋转角度和锤击轻重均匀，避免端面出现歪斜。如发现端面过分歪斜现象，应及时抽出心轴，用矫正镦粗法予以矫正。

⑦在心轴上拔长，由于受到心轴表面的摩擦影响以及内表面温度较外表面低，空心件外表面金属比内表面流动快，因此，端部形成内喇叭口，如图2－16(a)所示。当继续拔长时，端部金属温度较低，而中空的环形径向又处于受压状态，其受压部位的内表面便受切向拉应力作用，如图2－16(b)所示，因此，在端部的内孔表面产生了裂纹。为了防止坯料两端裂纹，应避免两端温度降低过快，须先拔长两端再锻中间，可参考图2－17所示的顺序依次拔长，这样不仅保证两端坯料在高温时成形，而且坯料容易从心轴上取下。以方便孔壁与心轴间形成间隙，尤其是在最后一步拔长操作中更应该注意掌握这一点，锻件两端部锻造终了的温度应比一般的终锻温度高。

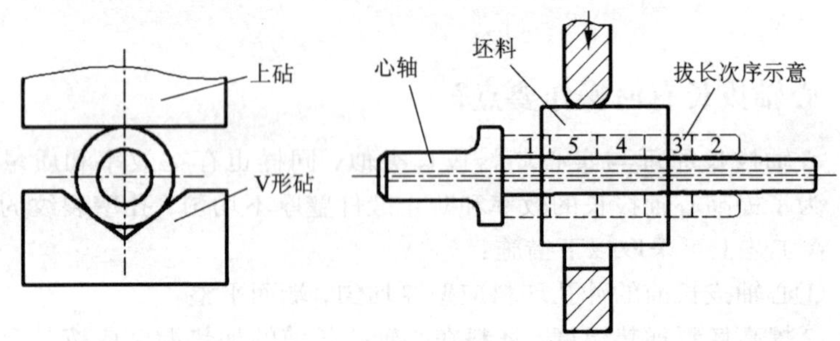

图2－17 心轴拔长顺序

31. 什么是弯曲变形?

弯曲变形是将毛坯顺其轴线弯成预期外形的变形方式。弯曲也是锻造中常用的成形工步，用于弯曲类锻件的成形，模锻时一般是在锻模的弯曲模膛中进行；在胎模锻中，经常使用拔长摔子、弯形垫模、终锻合模等配合，锻造各种弯曲轴杆件。

32. 如何消除弯曲时产生的缺陷?

在弯曲过程中，弯曲处毛坯的横截面形状要发生畸变，转角内层金属受压变宽往往产生皱纹，外层金属受拉变窄，可能产生裂纹，弯曲半径越小和弯曲角度越大时，上述现象越严重。

为了消除上述的缺陷，一般可采取以下措施：

①考虑到弯曲处截面减缩，坯料截面应比工件断面面积稍大，在弯曲工艺计算中，截面拉缩保险量一般可增大10% ~15%，即在外侧附加防止拉缩的金属。先拔长不弯曲的部分，然后再进行弯曲成形，也可以待弯曲后再把两端修整到要求的尺寸。也可以取与锻件截面积相等的毛坯，但在弯曲部位需要进行局部聚料，然后再弯曲成形。

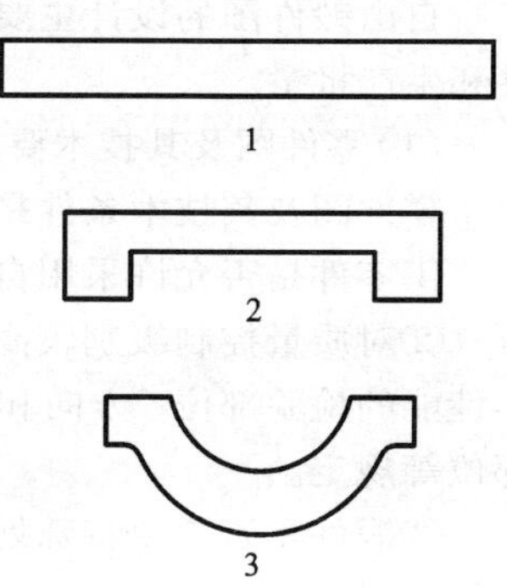

图2-18 弯曲顺序示意图

②毛坯弯曲半径不应小于其截面厚度之半。

③当同一锻件有数处弯曲时，弯曲的次序一般应先弯端部及弯曲部分与直线部分交界的地方，最后弯其余圆弧部分，如图2-18所示。

④被弯曲锻件加热必须均匀。

33. 什么是锻件图？如何绘制？

自由锻件的锻件图是根据零件的形状、尺寸，考虑了加工余量、锻造公差、工艺余块等之后绘制的图纸。锻件图是锻造生产的专用图纸，是检验锻件的主要依据。

锻件图的绘制方法是：

①锻件的外形用粗实线描绘。为了便于锻工了解成品零件的形状和便于锻造后检验实际机加工余量，应在锻件图上用假想线（双点划线或细实线）描绘出零件（粗加工或精加工后）的轮廓形状。

②锻件的尺寸和公差注在尺寸线的上面，相应的零件基本尺寸（指机加工后的尺寸）注在尺寸线下面并加括号。有些锻件图上还需注明一些特殊余块、热处理吊卡头、力学性能试验用试棒、机械加工用夹头等的位置。大型锻件基本尺寸的尾数可简化成“5”或0”。在图上无法表示的某些条件，可用文字以技术条件的方式加以说明。

34. 设计自由锻件图的主要依据什么？自由锻件形状设计应遵循的基本原则是什么？

自由锻件图的设计主要依据零件图及其技术要求、现场的生产条件和生产批量。

(1)零件图及其技术要求

零件图及其技术条件是锻件设计的基本依据，主要包括：

①零件是否允许采用自由锻件。

②对质量控制级别较高的锻件，应有主应力方向、流线方向，力学性能的检验部位、方向和数量及其他特殊检验的项目、级别、检验部位等规定。

③锻件是否需要特殊处理，如锻件的过时效处理，预压缩消除应力等。

(2)生产条件

现场的生产条件主要包括：

①锻压设备、加热设备等技术装备。

②原材料的供应条件，如品种规格、质量水平等。

③工人技术水平。

④工装准备能力。

(3)生产批量

生产批量的大小是直接影响锻件设计方案的重要因素。从经济角度上说，批量大，锻件外形和尺寸应精确；反之可以相对简单一些。

自由锻件形状设计应遵循以下基本原则：

①锻件的流线尽可能顺零件主应力方向分布，不被切断，无严重的涡流。

②尽可能减小截面突变，而且要平缓过渡。

③锻件各部分锻造比相近。

35. 什么是锻件的公差和加工余量？如何确定各种自由锻件的余量和公差？

(1)加工余量

一般锻件的尺寸精度和表面粗糙度达不到零件图的要求，锻件表面应留有供机械加工用的金属层，这层金属称为机械加工余量(简称余量)，见图2－19。

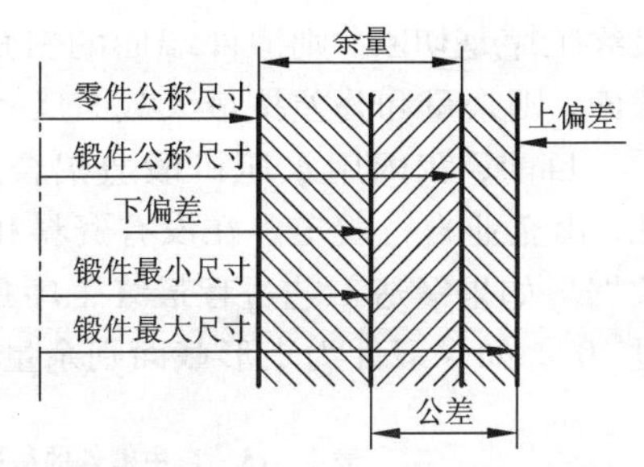

图2－19　锻件的各种尺寸和余量公差

(2)锻件公差

锻造生产中，由于各种因素的影响，如终锻温度的差异，锻压设备、工具的精度和工人操作技术水平的差异，锻件实际尺寸不可能达到公称尺寸，允许有一定的偏差。这种偏差称为锻造公差，锻件尺寸大于其公称尺寸的部分称为上偏差(正偏差)，小于其公称尺寸的部分称为下偏差(负偏差)，见图2－19。

余量大小的确定与零件的形状尺寸、加工精度、表面质量要求、锻造加热、设备工具精度和操作技术水平等有关。对于非加工面则无须加余量。零件公称尺寸加上余量，即为锻件公称尺寸。

锻件上各部位不论是否机械加工，都应注明锻造公差。通常锻造公差为余量的1/4～1/3(正或负)。锻件的余量和公差具体数值可查阅有关手册，或按工厂标准确定。在特殊情况下也可与机加工技术人员商定。

为了制造一些能加工出准确的最终尺寸的锻件，必须在锻造阶段给定余量、公差以及平面度和同心度的技术条件。

为机加工提供的余量增大了锻件的重量。附加重量和为去掉它所需的加工工序提高了成品零件的成本。因此，每个加工工步规定的余量应在保证用正常生产技术能容易获得成品件所有尺寸足够金属的前提下，尽量缩小。

公差描述特定尺寸的允许变动范围。公差近似为余量的1/4。

为了了解零件的形状和检查锻件的实际余量，在锻件图上用双点划线画出零件轮廓形状。锻件的名义尺寸和公差注在尺寸线上面，零件尺寸注在尺寸线下面，并用括号括起来。

锻件的平面度和同心度通常由锻造车间和需方协商。

自由锻件的加工余量和公差，可由供需双方商量决定。表2－15的自由锻件的机械加工余量和尺寸公差可供参考。如果锻造工艺过程最终工序是切断，则锻件端面的斜角不应超过 10°；如果锻件为矩形截面，则余量和公差按最大截面尺寸选取。

目前，我国用水压机锻造铝合金锻件的余量和公差尚无统一标准，由企业自行规定。在没有资料和数据时，可参考表 2－15 给出的数据。如果锻造工艺过程最终工序是切断，则锻件端面的斜角不应超过 10°；如果锻件为矩形截面则余量和公差按截面最大尺寸选取。

表 2－15　自由锻件的机械加工余量与尺寸公差

零件长 L /mm	规定有余量和公差的零件尺寸/mm	余量 a 和 b 及直径 D 或截面尺寸 A 和 B 的偏差/mm					
		25～50	50～80	80～120	120～180	180～260	260～360
250 以下	D、A、B L	4±1.5 12±5	5±2 15±5	6±3 20±7	—	—	—
250～500	D、A、B L	5±2 15±5	6±2 20±6	7±3 23±8	8±3 26±8	12±4 32±10	14±4 36±10
500～800	D、A、B L	6±2 18±5	8±2 22±7	9±3 25±8	11±3 30±10	12±4 35±10	13±4 49±12
800～1250	D、A、B L	7±2 22±6	9±3 26±8	11±3 30±10	12±4 35±10	14±4 40±12	15±5 45±12
1250～2000	D、A、B L	8±2 26±8	10±3 30±8	12±4 36±10	13±4 38±10	15±5 45±12	16±5 45±12
2000～2500	D、A、B L	10±3 30±8	12±3 33±8	14±4 38±10	16±5 45±12	17±5 45±12	—

36. 什么是余块、余面、法兰、凹挡、凸肩和台阶？

锻造余块：为了简化锻件外形以符合锻造工艺过程需要，在锻件的某些难以锻出的部位如零件上较小的孔、狭窄的凹槽、直径差较小而长度不大的台阶等，通常加添一些大于余量的金属体积，这部分附加的金属叫做锻造余块，也称敷料。

余面：在锻件台阶处邻接的过渡圆角及端部的切割斜度等称为余面。

法兰：在锻件上的台阶部分长度为直径的0.25～0.5倍时，可将该部分称为法兰。

凹挡：锻件的某一部分直径（或非圆形锻件的尺寸）小于其邻接两部分的直径者（或尺寸），该部分可称为凹挡。

凸肩：非轴类锻件的某一段尺寸（或直径）小于邻接部分的尺寸（或直径）的部分称为凸肩。

台阶：轴类锻件的某一段直径（或非圆形锻件的尺寸）大于邻接的一段或两段的直径（或尺寸）时，则大直径（尺寸）部分称为台阶。

37. 制订自由锻工艺主要包括哪些内容?

制订自由锻工艺过程的主要内容包括：

①根据零件图设计锻件图，确定自由锻件机械加工余量与公差标准。

②确定坯料的质量和尺寸。

③制订变形工艺及选用工具。

④选择锻造设备。

⑤确定锻造温度范围，制订坯料加热和锻件冷却规范。

⑥制订锻件热处理规范。

⑦提出锻件的技术条件和检验要求。

⑧填写工艺规程卡片等。

38. 如何确定自由锻变形工艺?

（1）变形工艺选择原则

选择变形工艺是编制工艺中最重要的部分，也是难度较大的部分，因为影响的因素很多，例如，工人的经验，技术水平，车间设备条件，坯料情况，生产批量，锻造用工，辅具情况，锻件的技术要求等。所以没有统一的规律，要具体情况具体对待。一般说来，应遵守下列几个原则：

①锻造工序愈少愈好。

②加热次数要最少。

③使用的工具愈简单、愈少愈好。

④操作技术愈简单愈好。

⑤最终一定要符合锻件技术条件的要求。

总之，要结合车间的具体生产条件，参考类似典型工艺，尽量采用先进技术，保证获得良好的锻件质量、高的生产率和尽可能少的材料消耗。

(2)典型变形工序的选择

一般来说，锻件变形工序的选择可根据锻件形状、尺寸和技术要求，结合各基本工序的变形特点，参考有关典型工艺确定。

选择变形工艺包括：确定制造该锻件所需的基本工序，辅助工序，安排工序顺序，设计工序半成品的尺寸等。

1)饼块类锻件的变形工艺：一般均以镦粗成形。当锻件带有凸肩时，可以根据凸肩尺寸，选取垫环镦粗或局部镦粗。若锻件的孔可冲出，则还需采取冲孔工序。

2)长轴锻件：轴杆类锻件一般需要拔长工序。对于阶梯轴杆需要先压肩分段再拔长。若锻件的孔可冲出，则还需采取冲孔工序。对于拔长变形工艺的拟订，可参考表2－16。

表2－16 拔长的变形方案

方案	变形过程	对金属塑性的影响	锻合内部缺陷效果	缺点
1	圆→(平砧)方→(平砧)矩形(宽/高＝1.6～1.7)→(平砧)方→(型砧)圆	—	好	锻件中心线易偏移铸锭中心线
2	圆→(平砧)方→(型砧)圆	—	较好	
3	圆→圆(上平砧，下V或弧形砧)	提高金属塑性	好	
4	圆→圆(上、下V或弧形砧)	显著提高金属塑性	最好	锻造坯料直径范围受限

3)空心类锻件：一般需要镦粗、冲孔，而后有的需要心轴拔长以增加其长度，有的需要扩孔扩大其内、外径。采取哪种变形方案，主要取决于空心锻件的外径(D)、内径(d)和高度(H)这3个几何尺寸的相互关系。锤上或水压机上锻造空心锻件的工艺过程方案，可参考图2－20和图2－21。

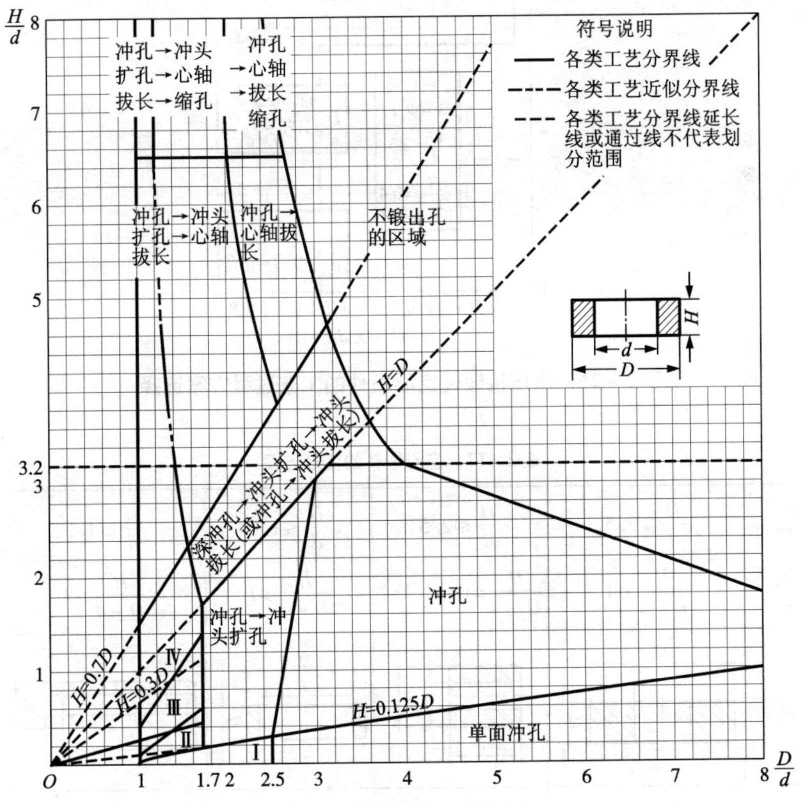

图2－20　锤上锻造空心锻件的工艺过程方案选择

Ⅰ—数件合模(或冲孔→扩孔→镦环)；Ⅱ—冲孔→心轴扩孔；

Ⅲ—冲孔→冲头扩孔→心轴扩孔；Ⅳ—冲孔→冲头扩孔→冲头拔长→心轴扩孔

对于空心锻件的变形工艺的拟订，可参考表2－17。

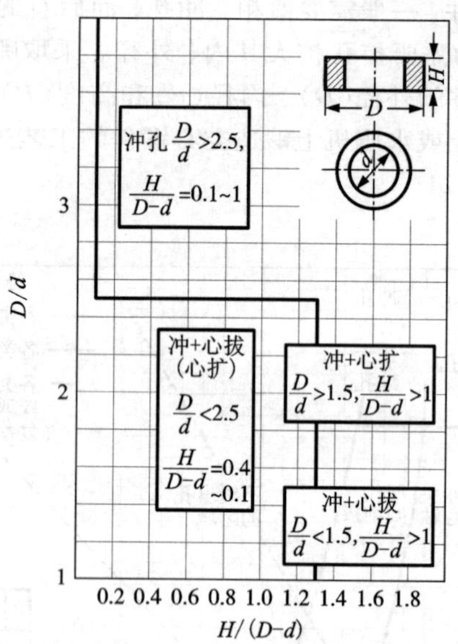

图 2－21 水压机锻造空心锻件的工艺过程方案选择

表 2－17 空心锻件的变形方案

尺寸关系	$\frac{D}{d}\geqslant2.5$ $\frac{H}{D-d}<1$	$\frac{D}{d}\leqslant2.5$ $\frac{H}{D-d}=0.4\sim1.7$	$\frac{D}{d}\leqslant1.6$ $\frac{H}{D-d}>I$	$\frac{D}{d}\geqslant1.5$ $\frac{H}{D-d}>I$
简图	D, d, H	d, D, H	D, d, H	d, D, H
变形方案	镦粗→冲孔	①镦粗→冲孔→扩孔 ②镦粗→冲孔→心轴拔长	镦粗→冲孔→扩孔	镦粗→冲孔→心轴拔长

4）曲轴类锻件，基本工序有拔长、错移和扭转。一般先成形曲拐部分，再拔长轴杆部分。

5）弯曲类锻件，基本工序是弯曲，弯曲前一般采用拔长制坯。由于弯曲时变形区截面积会缩小，所以应该预先在该处聚料。为了保证形状尺寸精确，在弯曲中常采用胎模锻。

6）复杂类锻件，确定工序难度较大。可以与已知的形状特点相近的锻件的变形工艺进行类比；或将复杂形状分解为多个简单形状的组合部分来分别成形；必要时设计专用工具或胎模具来辅助成形。

39. 如何确定自由锻造工艺方案？

铝合金锻件的质量在很大程度上取决于变形过程中所得到的金属组织，尤其是锻件变形的均匀性。因为变形不均匀，不仅降低了金属的塑性，而且由于不均匀的再结晶，将得到不均匀的组织。这就使锻件的性能变坏。为了获得均匀的变形组织和最佳的力学性能应采取相应的锻造方案。选择自由锻造方案时应考虑到对锻件形状、尺寸及力学性能的要求，以及坯料的形式是铸锭还是挤压棒材。

自由锻造的方案可以有以下 4 种，如图 2－22 所示。

根据镦粗次数将锻造工艺编号如下：

锻造工艺 Ⅰ——用一次拔长（或压扁直接成形）锻成所要求的尺寸；

锻造工艺 Ⅱ——一次镦粗和一次拔长锻成所要求的尺寸；

锻造方案 Ⅲ——用两次镦粗和一次或两次拔长锻成所要求的尺寸；

锻造方案 Ⅳ——用 3 次镦粗和 2 次或 3 次拔长锻成所要求的尺寸。

方案 Ⅰ 和方案 Ⅱ 适用于已有很大变形程度（≥80%）的挤压毛坯。

对于铸造坯料，原则上应采取方案 Ⅲ 和方案 Ⅳ。当由铸造毛坯锻成厚度与宽度之比为 1.0～1.2 的锻件时，或者盘、环等轴对称形状的锻件，以及中间具有很大孔（为锻件面积的 15%～20%）的扁平锻件；当用挤压变形程度小于 80% 的棒材制造力学性能要求严格的锻件时，为了保证锻件具有合格而均匀的力学性能，也必须采用 Ⅲ 或 Ⅳ 方案。

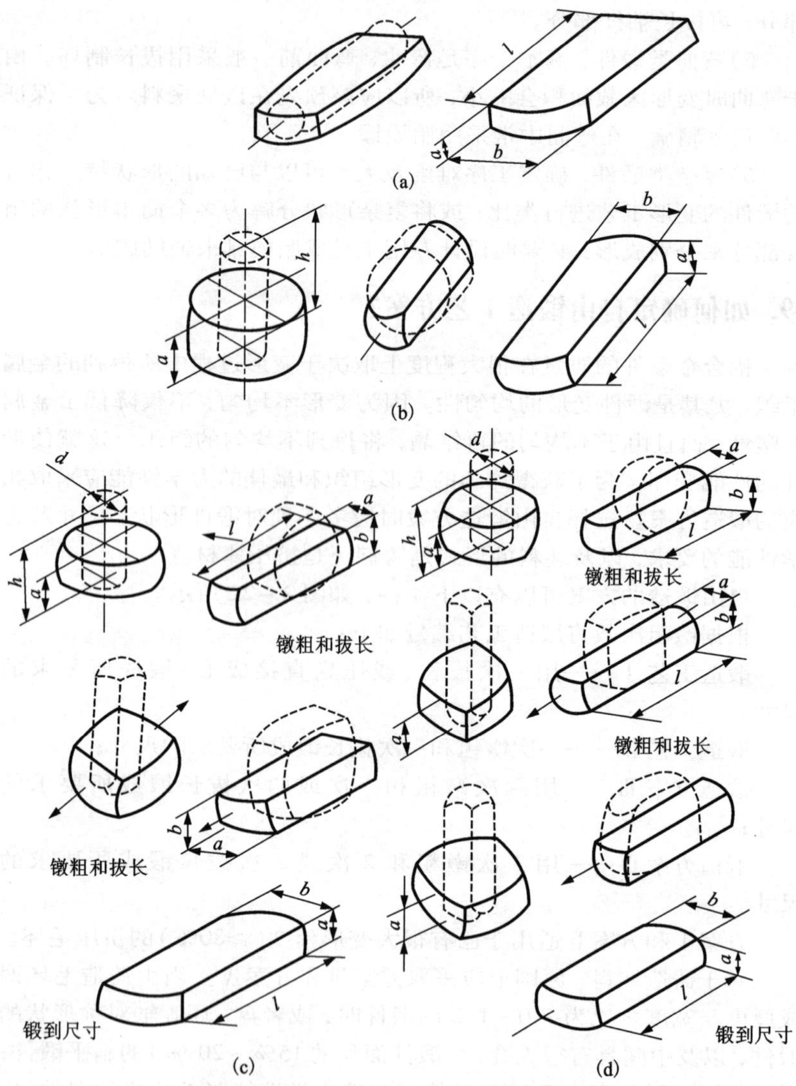

图 2－22 常用的几种自由锻造工艺方案

(a)方案Ⅰ；(b)方案Ⅱ；(c)方案Ⅲ；(d)方案Ⅳ

40. 确定工序尺寸设计时应注意些什么?

工序尺寸设计和工序选择是同时进行的，因此，在设计工序尺寸时应注意以下几点：

①遵循体积不变定律，设计工序尺寸必须符合各工序的工艺要点；经过某道工序，工序前体积等于工序后总体积。所谓总体积，是指该道工序所获半成品的体积与工序中发生的材料损失体积之和。

②必须估计到各工序变形过程中坯料某些尺寸的变化，留足拉缩量和保险量，避免尺寸超差，例如冲孔会使毛坏高度减小，扩孔时坯料高度会增加等。

③某道工序所获半成品尺寸应该能使下道工序顺利进行。例如先拔长再镦粗时，不能拔得过长，否则镦粗时会失稳弯曲。

④分部分成形时，必须保证各部分有足够的体积。

⑤多火次锻造时，应考虑中间各火次中间加热的可能性，如考虑工序尺寸、中间火次、半成品能否放置在炉膛内加热等问题。

⑥必须留足最后的锻件修正量，以使锻件表面光滑和长度尺寸合适。

⑦对于长轴类零件要求长度方向尺寸很准确时，必须估计到在修整时长度尺寸会略有延伸。

⑧对于轴类锻件的切头量要符合规定。

41. 什么是锻造比? 各种工序的锻造比如何计算?

由于各锻造变形工序变形特点不同，则各工序锻造比和变形过程总锻造比的计算方法也不尽相同，可参照表 2 - 18 计算。

表 2 - 18　锻造过程锻造比和变形过程总锻造比的计算方法

序号	锻造工序	变形简图	总锻造比
1	镦粗	H　H_0　H_1　H_1	$K_H = \dfrac{H_0}{H_1}$

续表 2－18

序号	锻造工序	变形简图	总锻造比
2	拔长	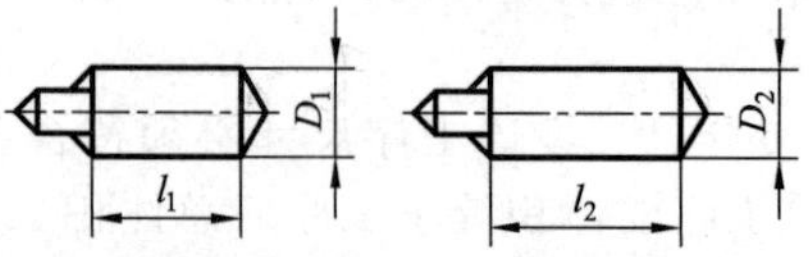	$K_L = \dfrac{D_1^2}{D_2^2}$ 或 $K_L = \dfrac{I_2}{I_1}$
3	两次镦粗拔长	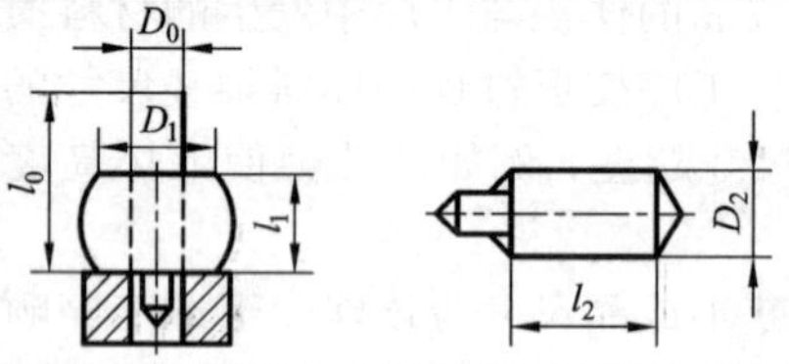	$K_L = K_{L1} + K_{L2}$ $= \dfrac{D_1^2}{D_2^2} + \dfrac{D_3^2}{D_4^2}$ 或 $K_L = \dfrac{I_2}{I_1} + \dfrac{I_2}{I_4}$
4	心轴拔长	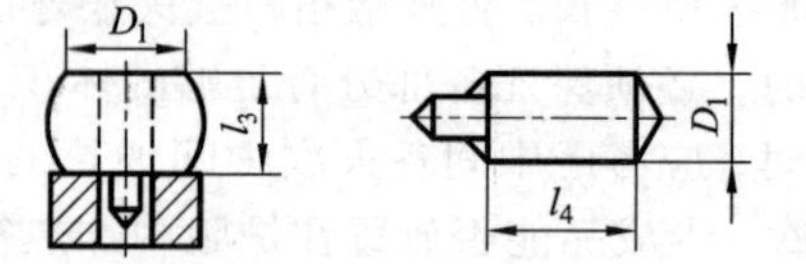	$K_L = \dfrac{D_1^2 - d_0^2}{D_2^2 - d_1^2}$ 或 $K_L = \dfrac{I_1}{I_0}$
5	心轴扩孔	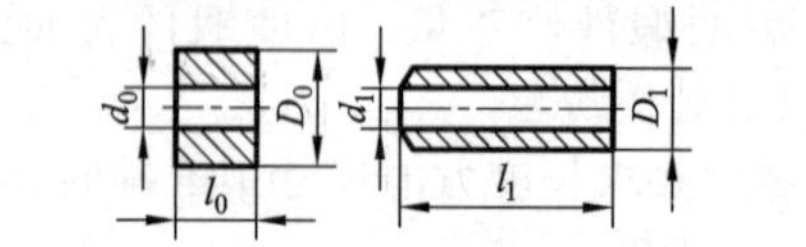	$K_L = \dfrac{F_0}{F_1} = \dfrac{D_0 - d_0}{D_1 - d_1}$ 或 $K_L = \dfrac{I_0}{I_1}$

注：(1)连续拔长或连续镦粗时，总锻造比等于分锻造比的乘积，即 $K_L = K_{L1}\ K_{L2}$。

(2)两次镦粗拔长和两次镦粗间有拔长时，按总锻造比等于两次分锻造比之和训算，即 $K_L = K_{L1} + K_{L2}$，并且要求分锻造比 K_{L1}，$K_{L2} \geqslant 2$。

42. 怎样确定毛坯重量？怎样确定毛坯尺寸？如何确定余面重量？如何计算工艺废料？

(1)原始毛坯的重量 $G_{坯}$(kg)

$$G_{坯} = G_{锻} + G_{损}$$

式中：$G_{锻}$ 为锻件重量，kg；锻件重量按锻件图确定，对于复杂形状的锻件，一般先将锻件分成形状简单的几个单元体，然后按公称尺寸计算每个单元体的体积。$G_{损}$ 为锻造过程中损耗的各种工艺余料的质量，kg。

在铝合金水压机上锻造过程中，损耗的各种工艺余料是指冲孔锻件的芯料和端部切头的，若非冲孔锻件，则没有这种工艺余料。与钢的锻造不同，加热时铝合金的烧损不予考虑。

用铸锭锻造时，还应考虑浇口质量和锭底质量。

冲孔芯料损失 $G_{芯}$(kg)，取决于冲孔方式、冲孔直径 d(dm)和坯料高度 H_0(dm)。在数值上可按表2－19中的公式计算。

表2－19　冲孔芯料体积与重量计算

冲孔方式	公　式
实心冲头冲孔	$G_{芯}=(1.18\sim1.57)d^2H_0$
空心冲头冲孔	$G_{芯}=6.16d^2H_0$
垫环冲孔	$G_{芯}=(4.32\sim4.71)d^2H_0$

端部的切头损失 $G_{切}$(kg)为坯料拔长后端部不平整而应切除的料头质量，与切除部位的直径 D(dm)或截面宽度 B(dm)和高度 H(dm)有关，可按表2－20计算。

表2－20　端部料头重量计算

截面形状	公　式
圆形截面（图中标注：D） 	$G_{切}=(1.65\sim1.8)D^3$
矩形截面（图中标注：B、H） 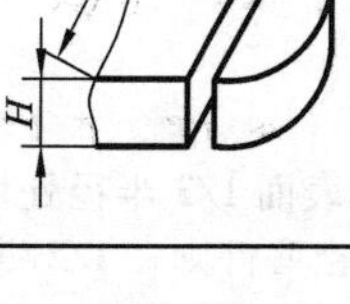	$G_{切}=(2.2\sim2.36)B^2H$

(2)坯料尺寸的确定

坯料尺寸的确定与所采用的锻造工序有关，采用的锻造工序不同，计算坯料尺寸的方法也不同。

1)第一工序为镦粗的坯料。在水压机上用铸锭生产铝锻件时，第一步是对坯料进行镦粗，镦粗成形时，为避免产生弯曲，坯料的高径比应小于或等于3。因此

$$D_p = 0.75 \cdot \sqrt[3]{V_p}$$

式中：D_p 为坯料直径，mm；V_p 为坯料的体积，mm^3；

原始毛坯高度 H 按下式决定：

$$H = \frac{4V_p}{\pi D_p^2}$$

2)对于第一工序为拔长的坯料。先按下式求出坯料最小的横截面积 $F_{坯}$。

$$F_{坯} \geqslant KF_{锻}$$

式中：K 为锻造比；$F_{锻}$ 为锻件的最大横截面积。

然后按求出的最小 $F_{锻}$ 计算出坯料直径(或边长)，并按标准选用标准尺寸；最后，按下式确定坯料长度 L_0。

$$L_0 = V_p / F_{坯}$$

43. 如何确定自由锻件质量检查的取样位置？

自由锻件理化性能检测部位的确定见表2-21。

表2-21 自由锻件理化性能检测部位的确定

检测项目	检测部位选择的原则
力学性能	①沿零件的主应力方向切取纵向试样；在零件高应力部位切取纵向、横向和高度方向试样 ②零件有金属流线要求的部位 ③锻造变形量最小的部位 ④靠近铸锭浇口一端的部位 ⑤在锻件截面内，圆形实心件一般在距表面1/3半径处切取；矩形实心件在距表面1/6对角线处切取；空心件则在1/2壁厚处切取

续表 2-21

检测项目	检测部位选择的原则
低倍组织	①对锻件金属流线有要求处或最能反映金属合理流向的断面上切取流线检验试样 ②横向低倍试片尽可能取在最大截面处 ③纵向低倍试片应取在零件的主轴线断面上 ④用铸锭直接锻造成形的锻件，其低倍试片应在近浇口一端处切取
断口	①在锻件易产生过热的部位切取试片 ②在锻件变形量最小的部位切取试片 ③一般情况下，可在横向低倍试片上检验断口
显微组织	①锻件最大截面处(检验非金属夹杂、晶粒度) ②零件的高应力部位(检验夹杂、晶粒度、过热) ③锻件变形最剧烈、温升最严重处(检验过热和晶粒度) ④铝合金锻件检验过热、过烧，应在其最小截面并靠近其表面部位取样
无损检验	对自由锻件进行无损检验，主要用超声波探伤，超声波检验分为全面检验和分区检验两种。分区检验是在锻件上的不同部位采用不同灵敏度等级的标准进行测试。区域的划分从符合零件图样的要求，并在锻件图样中做出相应的规定

44. 什么叫胎模锻造？胎模锻造有哪些特点？

胎模锻造是从自由锻造工艺过程发展起来的，在自由锻设备上利用通用工具和不固定于设备上的简易组合模具(胎模)进行锻件生产，是介于自由锻造和模锻之间的一种过渡性的锻造方法，简称胎模锻。

由于胎模锻是介于自由锻和模锻之间的一种锻造工艺，所以，它既具有自由锻的特点，又兼有模锻的特点，适用于中小批量的中小型锻件生产。

胎模锻造的特点是模具不固定在上下砧座上，锻件靠模膛控制成形，有以下优点：

①与模型锻造生产相比，胎模设计制造简便，成本低，使用方便，适用于锻造中、小批量锻件，经济效果较好。

②制坯简单，锻件成形快，减少加热次数，生产效率高。

③锻件形状和尺寸精度最终由模具保证，胎模锻件具有较自由锻件几何形状规则、复杂，表面比较光洁，尺寸精度高，变形均匀，锻件内纤维组织分布比较合理，力学性能好。

④制成的锻件加工余量小、余块少，降低金属损耗量，材料利用率高。

⑤由于模腔控制锻件成形，对工人的技术水平要求低，劳动生产率高和劳动强度较低。

然而，作为一种锻造工艺方法，胎模锻除具有上述有利方面之外，也存在很多不足之处：

①胎模活动、分散，加热次数多，靠工人搬抬、握持、翻转、开合胎模，与普通模锻相比劳动强度较大，生产效率低。

②胎模制造简易，加工精度就会受影响，此外润滑条件差，锻件精度低，表面质量不高，机加工余量和公差都较模锻件大。

③自由锻锤的上下砧块容易磨损，并且易于损坏锻造设备零件。

④胎模模腔容易磨损和变形，模具寿命较低。

⑤与自由锻造相比需要采用较大吨位的自由锻锤，否则金属不能充满模腔，得不到完整形状的锻件。

45. 胎模锻件如何分类?

根据锻件的外形尺寸比例及其几何形状特征将胎模锻件分成以下几类：圆饼类、带孔类、直轴类、弯轴类，叉形类、枝芽类及复杂类，如表 2 –22 所示。

表 2 –22　胎模锻件分类

类别	典型锻件简图	特点
圆饼类		外形特点基本上都为旋转体，而且主轴方向尺寸较其径向尺寸为小，属薄型并以实心件为主。某些锻件虽带有内孔，由于孔径较小，在成形过程中不起主要的作用，所以也划入了这一类

续表 2－22

类别		典型锻件简图	特点
带孔类	盲孔类	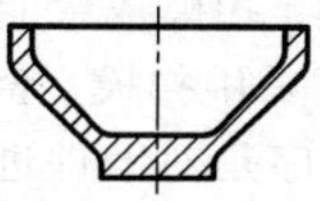	外形多为旋转体，并有不通底的内孔。与圆饼类锻件相比较，其轴向与径向尺寸虽然接近，但内孔所占比例大，壁部相对较薄，所以内孔的成形在这一类锻件的成形工艺中就显得比较突出
	通孔类	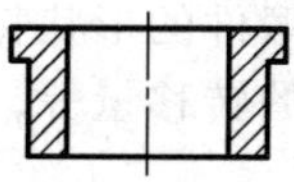	外形大都为对称件并有通底的内孔。和盲孔件相比较，虽然壁厚不等、高矮不一，但制坯方法基本相似，同样是以镦粗为主，所以空心锻坯的成形方法是研究这类锻件的中心内容
直轴类		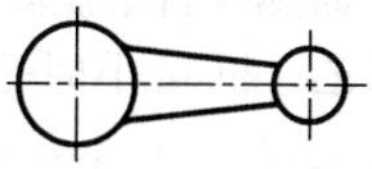	这类锻件的特点是主轴线方向尺寸远比其横向尺寸大，是典型的长轴型锻件，从结构上看，它们的主轴线为直线，横截面为圆形、矩形、工字形
弯轴类		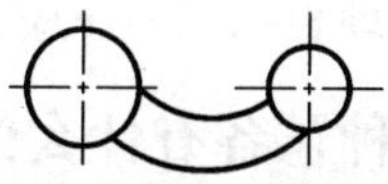	主轴线方向尺寸也大于横向尺寸，但主轴线是弯曲的，横截面为非圆形。其工艺过程与上述两类锻件相比，弯轴线的成形方法是这类锻件的主要问题
叉形类		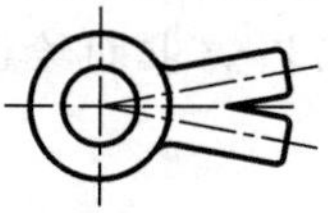	锻件具有不同形状、尺寸的叉形，给变形带来困难，所以除具有接近两形截面的某些锻件可采用筒模成形外，一般多在叉体成形后置于合模内终锻
枝芽类			有些锻件主体形状与上述锻件相似，但在其上面又分布着数量不等，高度不大的凸起体
复杂类		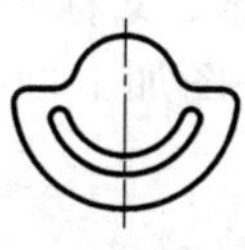	这类锻件几何形状较复杂，很不规则，同时具有几种不同类型锻件的特征，因此它们的成形工艺往往带有综合性，锻件变形工序较多，有时需要同时运用几种不同的工艺措施才能得到良好的效果

46. 胎模锻工序有哪些种类？选择胎模锻工序应注意什么？

根据胎模锻工艺的变形特点，胎模锻工序大致可分为制坯、成形和修整工序。制坯工序主要采用漏盘、摔模、扣模或弯曲模，目的是获得外形较简单的中间毛坯；成形工序主要采用扣模、套模、垫模或合模，目的是获得锻件的最终形状。修整工序是对锻件进行校正、切边、冲孔或压印等后续的辅助性工序，一般以采用冲切模、校正模为主。

为了成形特定的胎模锻件，需根据胎模锻件的形状特点，即金属沿主要轴线的分布、各部分相对比例及金属的转移量等，制定出合理的胎模锻工艺方案。

在进行工序选择与组合时，还需考虑以下条件和因素。

①现场的生产条件，包括锻锤的吨位、加热条件、模具制造能力。

②锻件批量，批量大时采用较完善工艺，批量小时采用简易的工艺。

③锻件的材料特性，对塑性较低的铝合金（高锌的7×××系合金和高镁的5×××合金）应尽量选用较为理想的三向压应力成形。

47. 什么是胎模锻件图？锻件图有几种？各有什么作用？

胎模锻件图是根据产品零件图考虑分模面，加工余量、锻造公差、工艺余块、模锻斜度及圆角半径等工艺要求而绘制的成品锻件图。

锻件图分冷锻件图和热锻件图两种。

冷锻件图是表示胎模锻件最终的形状和尺寸，供胎模锻件生产和检验使用。通常所说胎锻模件图是指冷锻件图。它是机加工车间的毛坯图，又是锻工车间的成品图。因此，胎锻模件图是锻工车间进行生产、编制工艺、设计工模具、验收锻件的主要技术文件。

热锻件图是表示胎模锻件在终锻时的状态，又称制模用锻件图，供模具制造和模具检验使用，它是根据冷锻件图加上冲孔连皮，并考虑材料的冷缩量及模具磨损等情况而制定的。

48. 绘制胎模锻件图有哪些要求?

绘制胎模锻件图的基本要求是：

①锻件图上的锻件形状是用粗实线的，而简化的零件形状则用双点划线表示，使零件各部位的余块、余量都尽可能地反映出来。

②锻件的尺寸注在尺寸线上，而机械加工后的零件尺寸则注在尺寸线下面，并加括号以示区别。高度方向锻造公差可以另注说明。

③锻件其他质量要求都要在技术条件中加以说明。

49. 绘制胎模锻件图包括哪些内容?

胎模锻件图的绘制大致应该包括以下内容：

①确定分模的位置和形状。

②确定锻件加工余量、工艺余块及锻造公差。

③确定模锻斜度。

④确定圆角半径。

⑤确定冲孔连皮的形式和尺寸。

⑥提出锻件的技术要求。

50. 胎模锻件技术条件包括哪些内容?

胎模锻件技术条件主要有：

①未注明锻造公差、圆角半径及模锻斜度。

②锻后热处理方法及硬度。

③锻件清理方法及允许残留毛边宽度。

④锻件表面允许缺陷的位置及深度。

⑤锻件允许错移量、弯曲度、同心度等。

51. 胎模设计中应注意什么?

胎模模具的设计主要注意以下几点：

①考虑到锻件的冷缩，模膛尺寸应加上锻件冷却后的收缩量0.7%。

②胎模在使用过程中模膛逐渐被磨损而使尺寸增大，因此，模膛在设计时应按负偏差选取。随着模膛磨损，锻件尺寸逐渐增大，达到

上限。

③模膛内的拔模斜度和圆角半径，采用锻件上相应部分的数值制造。

④在设计圆摔模时，应考虑坯料变形量，当坯料变形量较大，不易打靠时，圆摔模直径等于被摔部分直径减去 2 ~ 3 mm 的欠压量。

⑤垫模模膛斜度不能太大，因为垫模常采用的是翻转顶出锻件，所以模膛斜度可以很小或不采用模膛斜度。如必须用，则只能用 0°30′ 的模膛斜度。

⑥型摔模膛断面形状不能设计成圆形，根据锻造时变形量的大小，应分别采用菱形断面或椭圆形断面，也可以两者组合。

⑦胎模应操作灵活方便、取件放件容易。翻转移动次数少，尽量减少模具套数和辅具。

⑧胎模重量直接关系到劳动强度、生产效率、操作人数以及生产安全等。应在保证足够强度的前提下尽量减轻胎模重量；生产批量较大时，可以采用胎模操作机械化装置。

⑨同一锻件可采用不同的胎模锻工艺，应根据锻件形状、生产批量、制模能力等情况，采用最合适的胎模类型。

52. 胎模材料应具有哪些特点？如何选择胎模材料及热处理要求？

由于胎模是在高温、高压条件下工作，所以胎模材料必须具备以下性能：

①有较高的强度、硬度、冲击韧性和耐磨性。

②有较高的热硬性，即回火稳定性要好。

③有较好的耐热疲劳性，即反复骤冷骤热而不产生龟裂。

④有良好的导热性。

⑤有良好的切削加工性。

⑥有良好的热处理性，即淬透性要好，回火脆性较低。

选择胎模材料和确定热处理硬度要求，应根据胎模的种类、大小及受力情况和使用温度等综合考虑，如表 2 - 23 所示。

表 2－23　胎模材料及热处理要求

模具名称		主要材料	代用材料	热处理硬度 HRC
摔子、扣模和弯曲模	上下模	45、40Cr	—	37～41
	模柄	20	Q235	—
垫模和套模		5CrMnMo、5CrNiMo	T7、T8、45Mn2	38～42
合模	模具	5CrMnMo、5CrNiMo	T7、T8、40Cr、45Mn2	40～44
	导柱	40Cr	45、T7	38～42
切边模	热切凹模	45	T7、T8	42～46
	热切凸模	5CrMnMo、5CrNiMo	T7、T8	42～46
	冷切模	T8	T7	46～50
深冲(凸)头		3Cr2W8V	5CrMnMo、5CrNiMo	46～50

53. 各类锻件常用的胎模锻工艺方案是怎样的?

(1)圆盘类

1)法兰：中小型宽缘矮台法兰，采用镦挤，法兰部分镦粗成形，凸台部分挤压成形；窄缘高台法兰及双面法兰，采用毛坯直接局部镦粗，或拔长后局部镦粗；中小型窄缘厚壁有孔法兰，在模内采用固定冲头冲挤，或来用活动冲头冲挤；窄缘薄壁大孔法兰，通过镦粗—冲孔—心轴扩孔获得筒坯，将筒壁外翻边成为法兰，见图 2－23。

2)环套：环套类锻件特点是壁较薄，常采用镦粗—冲孔—心轴扩孔，模内整形，见图 2－24。

(2)长杆类锻件

1)圆轴类：多采用摔形拔长。摔模轻便，所需设备能力小。对于台阶轴锻件成形的关键是保证各台阶的同心度和平直度。常采用多阶形摔保证同心度，最后用校正模来保证平直度。

2)除圆轴外的各种长轴类件包括直杆、弯杆、枝叉杆等。根据锻件截面变化程度及轴线形状特点，采用拔长、扣形、摔形、弯曲、镦挤、劈挤等制坯工序，然后在合模内整体(或局部)焖形。

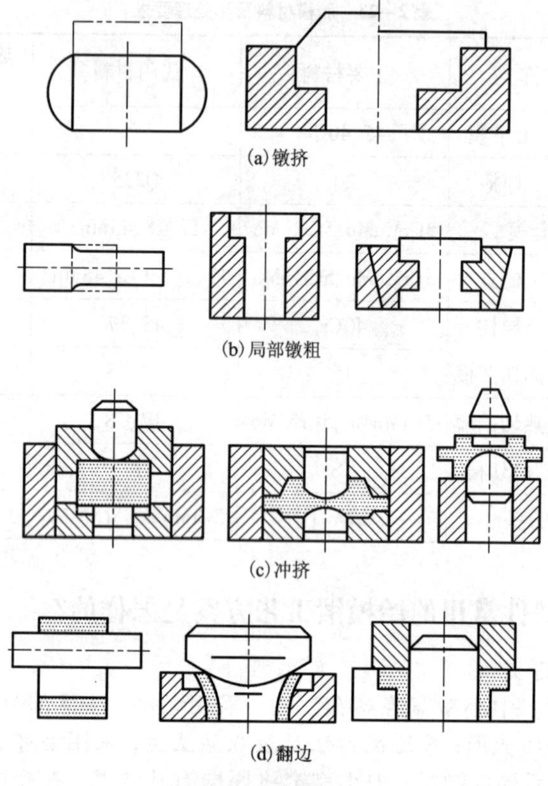
(a)镦挤

(b)局部镦粗

(c)冲挤

(d)翻边

图 2－23　法兰胎模锻

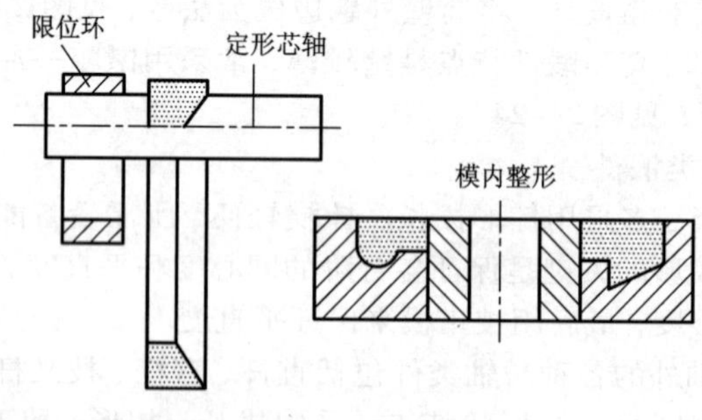

图 2－24　环套扩孔整形

54. 怎样合理使用和维护胎模?

正确使用与维护胎模是提高胎模寿命的有效方法，其主要内容有以下几个方面：

1）使用前必须进行胎模检查，如导销是否弯曲，模膛圆角是否有裂纹等。

2）胎模预热：胎模在使用前必须进行预热，以提高模具材料的冲击韧性，以防止冷模具与热坯料接触导致锻件温度降低过快而提高变形抗力，同时模具产生较大的热应力而发生脆性断裂，预热温度以250～380℃为宜。

胎模预热的方法通常是将胎模放入加热炉内加热并适当保温，使内外温度均匀热透。预热时为防止模膛局部回火而降低硬度，可用表面温度计测量，掌握预热温度。

3）胎模冷却：胎模使用时必须随时冷却，使工作温度不超过400℃，否则胎模温度过高容易变形，影响锻件质量，甚至造成胎模报废。

胎模冷却的方法可采用以下方法：

①水冷，碳钢模具用冷水冷却。但合金钢胎模需用40～60℃以上热水冷却。

②压缩空气冷却，有的工厂采用压缩空气将盐水雾化喷出，冷却效果较好。

③采用多套胎模轮换使用，可使模具间歇冷却。

4）胎模润滑：润滑可提高锻件的表面光洁度，减小摩擦力，以利于锻件成型和脱模，常用的润滑剂是用机油与石墨的糊状混合物，也可以用饱和食盐水或水基石墨润滑剂。

5）正确操作，锻造操作时应注意的几个问题：

①模锻操作时胎模要放在锻模砧块的中心，以防止偏心打击。

②坯料入模前要去净表面杂物，以防止模膛表面的过度磨损。

③坯料入模后操作要熟练，动作要快，避免锻件在模膛内停留时间过久。

④锻件在模膛内成形过程中，当坯料低于终锻温度，感觉有刚性

冲击时，要停止锻造，以免把胎模打裂。

⑤胎模用完，将模膛涂油存放，防止生锈。

6)及时维修胎模：

①在使用过程中，应随时检查胎模完好程度，当发现圆角突出地方有隆起起刺和压塌现象时，应及时修磨。

②当模腔内有严重剥落、压塌或磨损时，可用堆焊方法焊补后再略加修磨。

③如模膛出现微小裂纹，应及时修磨并用堆焊方法焊补，如果模具产生较大裂纹，可在模具外围热装上套箍，以延长使用寿命。

55. 胎模锻时当锻造设备吨位不足时，应采用哪些工艺措施？

胎模锻造与自由锻造类似，工艺灵活性很强，运用各种胎膜几乎可以锻出所有类型的锻件。当锻造设备吨位不足时，可采用以下几条工艺措施：

①改变胎模结构采用分部模锻方法，用局部锻造成型代替整体变形。

②在保证不发生过烧的前提下，提高锻件开锻温度，降低模锻变形过程中的变形抗力。

③严格控制制坯工序，提高胎模锻时坯料精度，减少胎模锻时的变形量。

④模锻变形过程中锻件越扁薄，变形抗力越大，因此，在设计锻件时可适当加大连皮、轮辐、腹板、叉口和飞边槽的厚度以减小变形抗力，同时加大锻件凹圆角半径以利于锻件变形时金属填充模膛。

⑤模锻时应保证在锻造设备有效打击行程，当胎模较高时，可卸去砧垫，换用模座。

56. 下料过程中会产生哪些缺陷？缺陷产生的原因是什么？应如何预防？

下料过程中产生容易出现的缺陷有坯料切斜、铸锭端部修伤不彻底等，具体见表 2－24。

表2-24 下料过程中产生容易出现的缺陷

缺陷名称	主要特征	产生原因及后果	预防措施
坯料切斜	坯料端面与坯料轴线倾斜，超过了许可的规定值	锯切时棒料未压紧造成的。切斜的坯料镦粗时容易弯曲、模锻时不好定位，易形成折叠	认真操作，严格检查，严格执行操作规程
铸锭端部修伤不彻底	铸锭车皮时顶针孔修伤不好，其宽度未达到深度的5~10倍	锻造时容易产生折叠和裂纹	认真操作，严格检查

57. 加热过程中会产生哪些缺陷？缺陷的产生原因是什么？应如何预防？

锻件加热过程中产生容易出现的缺陷有表面“蛤蟆皮”和过烧，具体见表2-25。

表2-25 锻件加热过程中产生的缺陷

缺陷名称	主要特征	产生原因及后果	预防措施
表面“蛤蟆皮”	铝合金铸锭坯料在镦粗时表面形成“蛤蟆皮”，或者出现类似橘皮的粗糙表面，严重时还会开裂	由于铸锭坯料过热导致晶粒粗大而引起，或挤压毛料有粗晶环，在镦粗时也会出现这种现象	①严格控制坯料加热温度 ②对于有粗晶环的挤压毛料可以采用车削方式去除
过烧	表面呈黑色或暗黑色，有时表面还有鸡皮状气泡，铝合金坯料过烧后，其显微组织中将出现晶界熔化、三角晶界或复熔球。只要有其中的一种现象存在即为过烧	加热温度偏高或加热炉温度不均引起局部温度过高，或控温仪表有故障，导致加热炉跑温等	①适当选择锻件的加热温度和保温时间 ②严格控制炉温，定期对控温仪表进行校定，确保控温仪表的灵敏度并使仪表处于正常工作状态，定期检测炉温均匀性，在加热过程中加强监控和增添超温报警装置等 ③当使用锻锤等变形速度快的锻造设备进行模锻时，应将开锻温度降低10~20℃，否则因变形速度过快所产生的变形热会使锻件温度升高，严重时也会导致锻件过烧

58. 锻造过程中会产生哪些缺陷？应如何预防？

锻造过程中产生的缺陷基本有以下几种，具体见表 2－26。

表 2－26 锻造过程中产生的主要缺陷

缺陷名称	主要特征	产生原因及后果	预防措施
自由锻件不成形	自由锻件尺寸不符合图纸要求	工艺余料太小或锻工技术差，导致锻件无法满足零件加工	合理预留锻造工艺余量，提高锻工工艺操作水平
翘曲变形	长杆类自由锻件在锻造及冷却过程中发生的翘曲变形	由于锻造过程中产生的残余应力和冷却不均匀引起的应力相互作用而引起；或是由于长杆类自由锻件在拔长后未进行整体平整	①降低冷却速度，铝合金锻件常用的冷却方式是空冷，即锻件均匀地摆在地面上在静止的空气中冷却 ②长杆类自由锻件在拔长后及时进行整体平整
自由锻件折叠	在拔长、弯曲等加工过程中，如果金属变形流动不均匀，则锻件的一部分表皮可重叠在相邻的另一部分金属表面上，或者一部分金属整体重叠在另一部分金属上，称为折叠	自由锻件上的折叠，主要是由于拔长时送进量太小，压下量太大或砧块圆角半径太小而引起；锻造过程中产生的尖角突起和较深凹坑没有及时修伤。折叠破坏了金属的连续化，是零件的裂纹源和疲劳源	合理控制拔长时的送进量与压下量之比，及时修伤

续表 2 – 26

缺陷名称	主要特征	产生原因及后果	预防措施
金属或非金属压入	在锻件表面压入与锻件金属有明显界限的外来金属或非金属	坯料表面不干净，工模具不清洁，存在金属或非金属杂物，润滑剂不干净等。缺陷深度超过零件加工余量，锻件报废	锻造前认真清理坯料表面毛刺和污物及工模具表面的氧化皮等
角裂	矩形断面坯料在平砧上拔长时由于变形及温度不均在四个棱上零散出现的拉裂裂口。角裂多出现在低塑性合金（如 7A04、7A09、2A14 合金）铸造坯料的拔长工序中	坯料拔长成方后，棱角部分温度下降，棱角与本体部分的力学性能差异增大。棱角部分因金属流动困难产生拉应力而开裂	保证锻造温度，必要时可增加锻造火次
纵向条状裂纹	主要出现在对圆棒料进行拔长由圆形压成方形时，或在拔长后将坯料倒棱、滚圆时。在横截面上，裂纹出现在中间部分呈条状，裂纹沿纵向的扩展深度不一，与锻造操作有关	在用平砧对毛坯进行倒棱或滚圆时，毛坯的水平方向有拉应力出现，此拉应力沿毛坯表面向中心增大，在中心处达最大值，当其超过材料强度后便形成纵向内裂	①拔长圆断面压料时，最好先打四方，后打八方，最后滚圆 ②在拔长时采用 V 形砧，可利用工具的侧面压力限制金属的横向流动，迫使金属沿轴向伸长，以防止纵向裂纹 ③严格控制坯料的凹坑、划痕、顶针孔及尖棱角的表面缺陷

续表 2-26

缺陷名称	主要特征	产生原因及后果	预防措施
芯部十字裂纹	锻件内部出现的纵向十字裂纹，一般位于锻件的芯部，沿锻件横断面对角线分布，其纵向扩展深度不一，严重的可以贯穿整个毛坯长度，低倍检查或超声波探伤可检查出此类缺陷	锻造时多次滚圆，当每次变形量较小(小于15%～20%)时，会产生内部中心裂纹。 由于铝合金的锻造温度范围很窄，如果锻造工具和模具没有预热，或毛坯预热温度和保温时间不够也会引起锻件产生内部裂纹。按照内部裂纹在锻件中的分布特点和形成机理，共有两种：一是用平砧锻造圆形坯料时产生的；二是在平砧上用每次压缩后翻转90°的方法来制造方形锻件时产生的。 拔长时，相对送进量太小($L/H<0.5$)，坯料中心变形小，锻不透，并受轴向拉应力易产生横向内部裂纹。相对送进量太大($L/H>1$)，坯料横断面对角线两侧的金属产生剧烈相对运动，容易产生横向对角线裂纹；圆断面坯料在平砧上拔长，若压下量较小、接触面较窄、较长，金属主要横向流动，轴心受到较大拉应力，锻件芯部易产生纵向裂纹，尤其在温度过低时更容易出现。 内部裂纹严重破坏了锻件的连续性，对铝合金锻件的力学性能和使用均造成重要影响，直接结果是导致锻件报废	①锻造加热时，根据不同合金，选择最佳锻造温度范围，要保证在规定的加热温度进行加热并充分保温 ②铝合金由于流动性差，不宜采用变形剧烈的锻造工序(如滚挤)，并且变形程度要适当，变形速度要越低越好 ③锻造操作时要注意防止弯曲、压折，并要及时矫正或消除所产生的缺陷。滚圆时，压下量不能小于20%，并且滚圆的次数不能太多 ④用于锻造和模锻的工具，要充分预热，加热温度最好接近锻造温度，一般为200～400℃，以便提高金属的塑性和流动性

续表 2－26

缺陷名称	主要特征	产生原因及后果	预防措施
表面裂纹	锻件的表面裂纹由表皮向内部延伸，而且其宽度由边部向内部变得越来越细小。中心裂纹呈集中的孔洞形状，并且在其周围有很多微小的裂纹或者在锻件上呈长条形的裂缝。 纵向裂纹平行于压力方向，而横向裂纹垂直于压力方向，镦粗件的剪切方向的裂纹与压力方向成45°角	产生表面裂纹的原因与坯料种类有关。用铸锭做坯料，往往由于铸锭含氢量高、有严重的疏松、氧化膜夹渣、粗大的柱状晶、存在有严重的内部偏析、高温均匀化处理不充分以及铸锭表面缺陷（凹坑、划痕、棱角等），都会在锻造时产生表面裂纹。另外，坯料加热不充分，保温时间不够、锻造温度过高或过低，变形程度太大，变形速度太快、锻造过程中产生的弯曲、折叠没有及时消除，再次进行锻造都可能产生表面裂纹。 挤压坯料表面的粗晶环、表面气泡等，也容易在锻造时产生开裂。 自由镦粗时，在毛坯的鼓肚表面上由于拉应力作用，产生不规则的纵向裂纹。 由于毛坯与砧块接触面间存在摩擦力，引起不均匀变形而出现鼓肚，若一次镦粗量过大就会产生纵裂。 裂纹对铝合金锻件的力学性能和使用均造成重要影响，严重时导致锻件报废	①选择高质量的原始坯料。坯料的表面的各种缺陷要彻底清除干净。②铸锭坯料要进行充分的高温均匀化处理，消除残余内应力和晶间偏析，以提高金属塑性。锻造加热时，要保证在规定的加热温度进行加热并充分保温。③根据不同合金，选择最佳锻造温度范围。④由于铝合金流动性差，不宜采用变形剧烈的锻造工序（如滚挤），并且变形程度要适当，变形速度越低越好。⑤锻造操作时要注意防止弯曲、压折，并要及时矫正或消除所产生的缺陷。滚圆时，压下量不能小于20%，并且滚圆的次数不能太多。⑥用于锻造和模锻的工具，要充分预热，加热温度最好接近锻造温度，一般为200～420℃，以便提高金属的塑性和流动性

续表 2-26

缺陷名称	主要特征	产生原因及后果	预防措施
粗大晶粒	锻件上产生的粗大的再结晶晶粒叫做大晶粒。在锻件截面上出现满面粗晶组织；在锻件的横向截面出现交叉的粗晶组织；大晶粒主要分布在锻件变形程度太小而尺寸较厚的部位；变形程度过大和变形剧烈的区域以及毛边区域附近。另外，对于2A50、2A14、6A02、2A11等合金在锻件的表面也常常有一层大晶粒	①锻件表面的大晶粒，其产生原因有两种情况：其一，是采用了有粗晶环的挤压坯料，挤压坯料表层粗晶环遗传到模锻件的表面上；其二，是模锻时模具型槽表面太粗糙，模具温度太低和坯料温度低，润滑不良，使表面接触层剧烈摩擦变形，因而产生大晶粒。②锻件的截面大晶粒，是由于原材料粗晶或过热组织所造成。在锻件变形程度小而厚度大的部位，往往由于落入临界变形程度引起粗晶。在变形程度大、金属相对流动剧烈的区域，因晶粒位向基本趋于一致，且再结晶能量很高，在随后热处理时也可能因发生聚集再结晶而形成粗晶。例如在自由镦拔方形料的中心十字区或模锻件的毛边区附近容易产生粗晶。③加热和模锻次数过多，加热温度过高，也会在铝合金锻件产生大晶粒。 粗大晶粒组织的强度通常比细晶组织的低；另外，由粗大晶粒向细晶组织急剧变化的过渡区，对铝合金的疲劳强度和抗震性能都有不良的影响，导致零件的使用寿命降低，尤其是对于受到交变载荷和震动作用的零件	①由于在锻造和模锻变形过程中，当金属与相邻各层或工具表面发生很大位移的情况下，变形程度对大晶粒的形成有特别明显的影响，因此，必须改进模具设计，合理选择坯料尺寸和形状，以保证锻件均匀变形。②避免在高温下长时间加热，对6A02合金等容易出现晶粒长大的合金，淬火加热温度取下限。③减少模锻次数，力求一火锻成。④选择最佳变形温度条件，确保锻件终锻温度。⑤降低模具型槽表面粗糙度，采用良好的工艺润滑剂并保证均匀润滑

续表 2-26

缺陷名称	主要特征	产生原因及后果	预防措施
铸造组织残留	铝合金锻件宏观组织中的残留铸造组织为粗大的等轴晶粒，金属流线不很明显，并且有时还伴有疏松，显微组织中有骨骼状组织甚至可以见到枝晶网状组织，主要出现在用铸锭作坯料的锻件中	直接采用铝合金铸锭生产的锻件中的残留铸造组织，主要存在于圆饼类锻件的上下端面的芯部。 由于锻造比不够大或锻造方法不当引起。存在这种缺陷锻件的伸长率和疲劳强度往往不合格，尤其是冲击韧度和疲劳性能下降更多	加大锻造变形程度

第3章　铝合金模锻生产技术

1. 铝合金模锻有哪些特点?

模锻是在自由锻造和胎模锻造工艺基础上发展起来的一种锻压生产方法。铝合金模锻生产具有以下优点：

①由于模锻时金属在型槽内成形，因而模锻生产工艺方法具有模锻件成形速度快，生产效率高，可进行大量、成批生产。

②模锻件的尺寸较精确，能锻造出自由锻造很难锻出的形状，表面质量较好，机械加工余量小，甚至不需要再进行机械加工，金属材料消耗低。

③模锻过程中操作简单，对锻工技术水平要求低，易实现锻造过程的机械化和自动化。

④模锻生产还可提高锻件质量，模锻件的形状与成品零件形状极为接近，金属流线分布更为合理、组织更加致密，从而提高零件的性能，延长零件的使用寿命，能够最大限度地保证锻件质量的一致性。

⑤模锻可以同挤压等其他加工方法联用，提高生产效率。

由于模锻件有这些优点，因而它被广泛用于质量轻、强度高、安全度和可靠性要求高的零件的制作。模锻虽比自由锻造和胎模锻造优越，但它也存在一些缺点：

①锻模形状复杂、制造困难，要求用较好的模具材料，模具制造成本高。

②每个新的锻件的模具，由设计到制模生产是较复杂又费时间的，生产准备周期较长，而且一套模具只生产一种产品，其互换性小，工艺灵活性较差，所以模锻工艺不适合小批或单件生产，适合大批量生产。

③模锻生产能耗大，由于模锻件是在模锻设备上整体塑性成形，选用设备时要比自由锻的设备能力大，模锻设备投资较大，模锻件生

产受到模锻设备吨位限制。

2. 铝合金模锻工艺如何分类?

铝合金模锻工艺分类方法较多，主要有以下几种分类方法。

①根据模锻时锻件是否形成横向毛边，铝合金模锻工艺分为开式模锻和闭式模锻。

②按模锻所用设备的不同，模锻生产工艺分为锤上模锻、热模锻压力机上模锻、平锻机上模锻、螺旋压力机模锻、水压机上模锻、高速锤上模锻和其他专用设备模锻等。

③根据模锻变形时金属毛坯的温度不同，铝合金模锻工艺可以分为热模锻、冷锻和温锻3种。

3. 模型锻造与胎模锻造的主要区别是什么?

模型锻造与胎模锻造主要区别是:

①模型锻造用的锻模，上下模块分别固定在锻机的上下模座上进行锻造，锻模不能随便搬动；胎模锻造用的胎模，一般不固定，放在自由锻机的下砧面上进行胎模锻造，胎模可以自由搬动。

②模型锻造比胎模锻造劳动强度低，生产效率高，锻件质量好，但模具的造价比胎模高。

4. 什么是开式模锻? 有何特点?

模锻是模锻过程中两模间间隙的方向与模具运动方向相垂直，在模锻过程中间隙不断减小，变形金属的流动不完全受模腔限制的一种锻造方式。开式模锻过程中，飞边桥口部分的阻力是逐渐增大的，这种阻力是保证金属充满模膛所必需的，在开式模锻过程中锻件形成横向毛边。因此，开式模锻又叫做有飞边模锻(如图3－1所示)。

开式模锻是广泛采用的模锻变形方式，它依靠毛坯端面与模具之间的摩擦、模膛侧壁、飞边槽共同来产生对毛坯的横向(对于旋转体毛坯则是径向)阻力，迫使金属向模膛内流动，保证锻件凸筋部位的充满，多余的金属沿垂直于作用力方向流动，由飞边处流出，锻件周围沿分模面形成横向毛边。

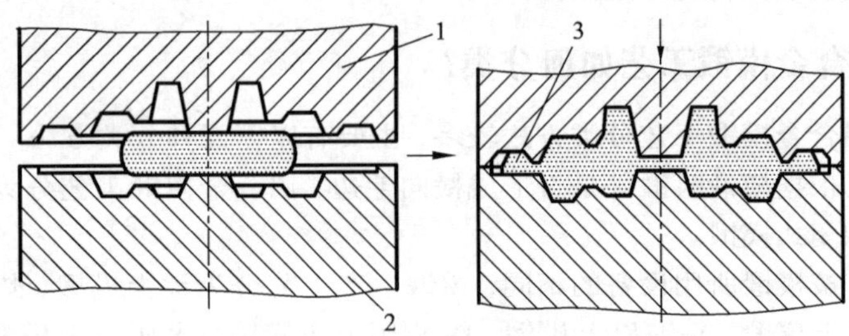

图 3-1 开式模锻示意图

1—上模；2—下模；3—飞边

5. 开式模锻的成形过程是怎样的?

开式模锻成形过程中金属的流动过程大致可分为 4 个阶段，如图 3-2 所示。

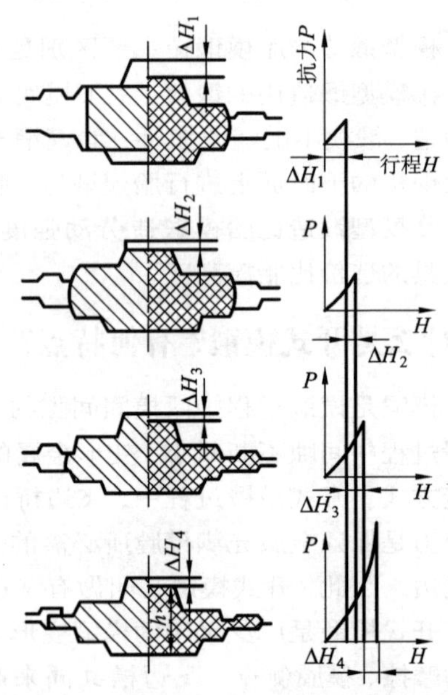

图 3-2 开式模锻时金属成形过程

(1) 自由变形或镦粗变形阶段。坯料在这一阶段属于局部加载，整体受力，毛坯在模膛中受压发生镦粗变形，高度减小 ΔH_1，径向尺寸逐渐增大，直到毛坯与槽壁接触为止，镦粗所需的变形力不大。

(2) 开始形成毛边阶段，在这一阶段里，毛坯继续受压（压下量 ΔH_2）逐步充满模膛形成少许毛边。在此阶段金属有两个流动的方向，金属一方面充填模膛，一方面由模桥口处流出形成毛边。这时由于模壁阻力，特别是毛边桥口部分的阻力（当阻力足够大时）作用，迫使金属充满模膛，金属径向流速减慢，所需变形力明显增大。

（3）充满模膛阶段。毛边形成后，随着模锻变形的继续进行，压下量（ΔH_3）的增大，毛边逐渐减薄，宽度增大、温度下降，金属流入毛边的阻力急剧增大，由于毛边的阻碍作用，在变形金属内部形成更强烈的三向压应力，当这个压应力大于金属充填模膛深处和圆角处的阻力时，迫使金属继续流向模膛深处和圆角处，充填模膛内各棱角和肋条处，直到整个模膛完全充满为止。

（4）锻模完全闭合，挤出多余金属，锻件最终成形阶段。由于工艺因素的影响，通常坯料体积略大于模膛体积，因此当模膛充满后，上、下模并未闭合，尚需继续压缩至上下模闭合，将多余金属完全排入飞边槽，以保证锻件高度尺寸符合图纸要求。但要尽量缩短这一过程，因为此阶段变形抗力急剧上升，这时的能量消耗占整个模锻过程所消耗能量的30% ~50%，因此，图中的 ΔH_4 越小越好，对减小模锻变形力至关重要。同时，这一阶段对锻件避免组织缺陷、提高锻件质量和生产率均有很大影响。

6. 什么是闭式模锻？有何特点？

（1）闭式模锻是两模间间隙的方向与模具运动方向相平行，在模锻过程中间隙大小不变化的模锻方式。其特点是在整个锻压过程中模膛是封闭的，分模面与模具运动方向平行，在模锻过程中分模面之间的间隙保持不变，不形成横向毛边，所以也叫无飞边模锻。闭式模锻应用范围相对较窄，一般多用在形状简单的旋转体模锻件上。图3－3所示为闭式模锻变形过程简图。

闭式模锻时，常见的金属变形流动形式有镦粗式、压入式、冲孔式、挤入式等，见图3－4。

（2）闭式模锻的特点：

①由于闭式模锻所获锻件很少有毛边或根本没有毛边，因此可以大大节约金属（与开式模锻相比，可节约坯料重量的10% ~50%），又节省了切边设备和模具（毛刺可用切削加工方法除去）。

②由于在闭式模锻过程中坯料在完全封闭的受力状态下变形，坯料处于很强的三向压应力状态，从坯料与模具侧壁接触的过程开始，侧向主应力值就逐渐增大，这就促使金属的塑性大大提高，消除了在

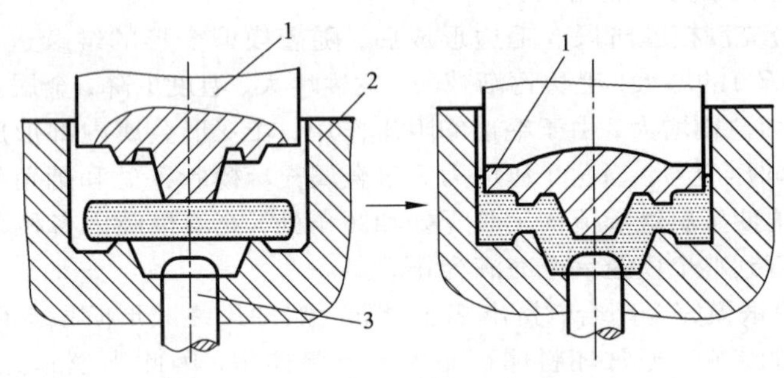

图 3－3　闭式模锻示意图

1—凸模；2—凹模；3—飞刺

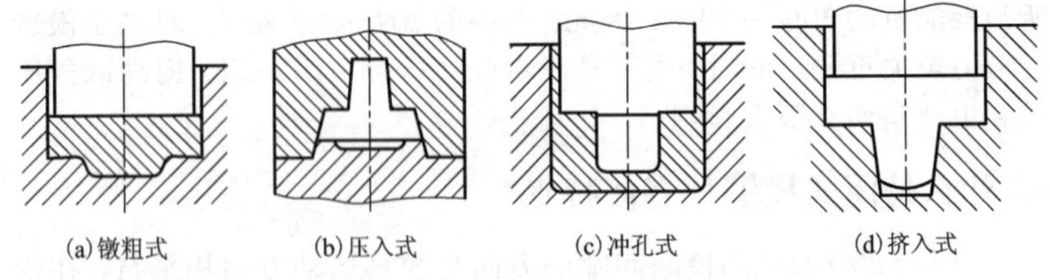

图 3－4　闭式模锻变形金属流动形式

拉应力下开裂的危险性，有利于低塑性材料的成形，有利于充填模膛，对具有高筋的锻件成形更为有利。

③有利于提高锻件质量，它的显微组织、宏观组织（流线）和力学性能比有毛边的开式模锻件为好，如图 3－5 所示。

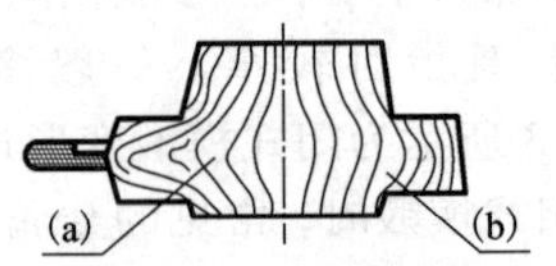

图 3－5　开式模锻与闭式模锻的宏观组织对比

(a)开式模锻；(b)闭式模锻

④闭式模锻对坯料的体积和形状要求严格，要求模锻操作定位精确。

7. 闭式模锻成形过程分哪几个阶段?

闭式模锻成形过程中金属的流动过程大致可分为3个阶段，如图3-6所示。图3-7为闭式模锻各阶段变形力的变化情况。

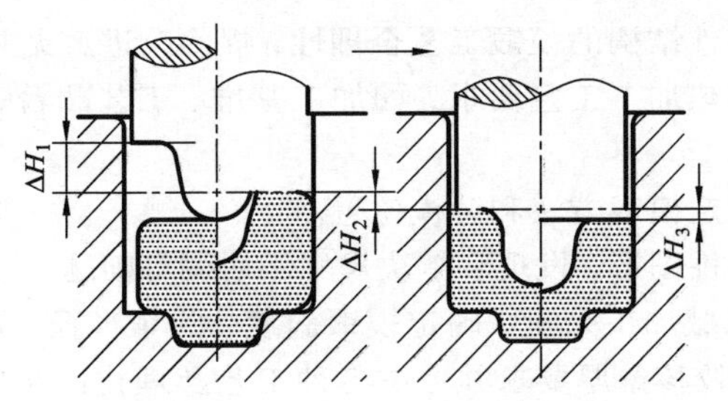

图3-6　闭式模锻变形过程

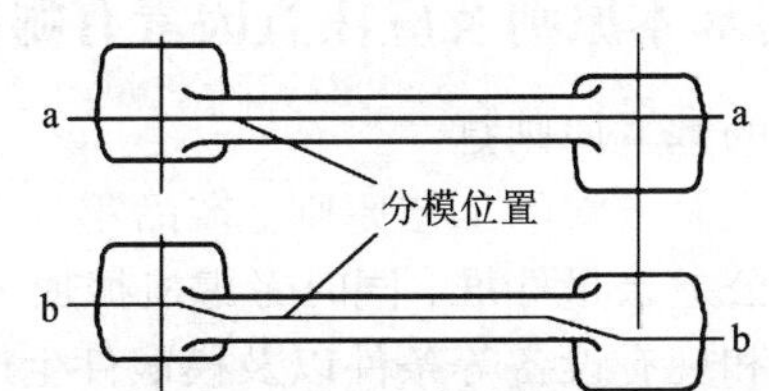

图3-7　闭式模锻各阶段变形力的变化情况

1)基本成形阶段。这一阶段由金属开始变形至基本充满模膛，此阶段变形量(ΔH_1)较大但变形力的增加相对较慢。根据锻件形状和坯料的具体情况不同，金属在此阶段的变形流动可能是镦粗成形、压入成形、冲孔成形及挤压成形，变形可以是整体变形也可以是局部变形。

2)充满模膛阶段。此阶段是由第一阶段结束到金属完全充满模膛为至。此阶段变形量(ΔH_2)很小，但变形抗力急剧增加，此阶段结束时的变形力比第一阶段末可增大2~3倍。第二阶段的金属变形流动充填模膛的方式与第一阶段情况类似。

3)形成纵向飞边阶段。此时，坯料基本已成为不变形的刚性体，只有在极大的变形力作用下，或在足够的打击能量作用下，才能使端部表面层的金属变形流动，形成纵向飞边。

8. 模锻件设计的基本步骤有哪些?

模锻件设计的基本步骤如下：

①了解零件图纸资料，了解零件材料和图形结构、使用要求、装配关系和模线样板情况。

②考虑零件结构的模锻工艺合理性，提出改进意见并协商确定。

③协调冷热加工工艺要求，如加工基准、工艺凸台、机械加工余量等。

④分析确定模锻方法和分模位置。

⑤绘制锻件图形，发现和解决尺寸不协调等问题。

⑥加放机械加工余量，确定模锻斜度、圆角半径、孔腔形状、主要尺寸公差，校核壁厚要求并考虑各种工艺及理化试验要求，最终添加注释完善模锻件图纸。

9. 模锻件设计的基本原则及应注意因素有哪些?

模锻件图设计的基本原则是：

根据工艺或冶金总方案的工艺原则、产品零件图及其模线、零件技术要求和模锻件公差余量标准，同时考虑机械加工(零件供应状态)与模锻的工艺要求和现有设备等条件以及模锻件生产批量等。

模锻件设计过程中应注意以下因素：

①模锻件材料的工艺特点和物理及力学性能。

②要尽可能使制造模锻件时的金属消耗量最小，操作者的劳动强度最小。

③模锻件的各个结构要素：分模面、腹板厚度、模锻斜度、圆角半径、连接半径、过渡半径、腹板的宽厚比和肋的宽高比等。

④模锻件相邻各截面之间要避免过于剧烈，尤其是要使相距很近的两个截面面积不能相差太大。

⑤在不同模锻设备上获得模锻件的步骤一般都相同，但在选择分模面位置、确定机械加工余量和锻件公差、圆角半径和模锻斜度等方面，对于不同的模锻设备并不完全一致，要考虑不同模锻设备各自特点。

10. 什么是模锻件图？什么是冷锻件图？什么是热锻件图？

模锻件图是用图形、符号和文字描述模锻件的几何特征及技术要求，能完整地体现模锻件结构、大小和技术要素的基本技术文件。模锻件图是设计模锻工艺过程、模锻件生产验收、锻模设计、锻模检验、锻模制造及机械加工工艺规程编制及工艺装备设计的依据。

模锻件图分为冷锻件图和热锻件图两种。

冷锻件图是根据产品零件图设计的，是供冷态锻件的检验和生产管理用的，模锻件图一般指冷模锻件图。冷模锻件图用于最终锻件的检验以及热锻件图和校正模的设计，也是机械加工部门制定加工工艺过程，设计加工夹具的依据。

热模锻件图是对冷模锻件图上各尺寸相应地加上热膨胀系数绘制的锻件图。它是锻模设计、加工制造和检验终锻模膛的依据。

11. 怎样设计热锻件图？

热锻件图是根据锻件图设计的，是将冷锻件图中的锻件尺寸加上收缩率之后绘制而成的。热锻件图所画的，是锻造变形结束时位于终锻模膛中的热态锻件。一般情况下，热锻件图形状与锻件图形状完全相同。但在某些情况下，为了保证能锻出合格的锻件，需将热锻件图尺寸作适当的改变以适应锻造工艺过程要求。

在设计热锻件图时应考虑以下几点：

1）为保证锻件冷却后符合冷锻件图的要求，热锻件图上的尺寸均在冷锻件图的基础上加放收缩率，这是热锻件图与冷锻件图最基本的区别。可按下式加放

$$L = l(1 + a_l)$$

式中：L 为热锻件图基本尺寸，mm；l 为冷锻件图上相应基本尺寸，mm；a_l 为终锻温度下锻件收缩率，一般铝合金锻件的收缩率取 0.6%～1.0%，通常取 0.7%。

加放收缩率时应注意：

①考虑到模锻后蚀洗的作用，对于精密模锻件，肋条厚度在加放收缩率后，一般应再放大 0.2 mm。

②对无坐标中心的圆角半径不加放收缩率。

③对于细长的杆类锻件和薄而宽的锻件冷却快以及打击次数较多而终锻温度较低的锻件，收缩率取小值。

④各处宽度相差很大的长杆类精密锻件，可根据具体情况将较宽的部位和较窄的部位取不同的收缩率。

⑤需要利用终锻模膛进行校正工序的锻件，收缩率视锻件尺寸可适当减小，但长度较大的杆类模锻件不适于用终锻模膛进行校正工序。

2)热锻件图是用来制造终锻模膛的。热锻件的高度尺寸就是终锻模膛的深度尺寸。模膛深度加工是以分模面为基准进行的，因此，为便于终锻模膛的加工和检验，在热锻件图上需注明分模面的位置，热锻件图高度尺寸从分模面开始标注，便于锻模制造和检验。

3)由于锤上模锻时的惯性作用，上模充填效果比下模的好得多，所以锤上模锻在确定上下模时，锻件形状复杂的部分应尽量放在上模，由于铝合金流动性较差，这样利用反挤成形有利于锻件成形。如因特殊情况需放在下模时，容易造成该处充不满，在此种情况下，热锻件图上该处尺寸应增大一些，以提高锻件的成品率。

4)根据终锻时金属变形流动情况，热锻件尺寸有时需要相对锻件尺寸做局部调整。对于模膛容易磨损部位的尺寸，可在锻件负公差范围内增加一层磨损量，以延长锻模寿命。

5)由于模膛深凹处易积存石墨或气体，妨碍金属充填模膛，致使锻件局部缺肉。因此，该部位应在正公差范围内适当加深模膛尺寸，以保证锻件满足尺寸要求。

6)当锻造设备吨位偏小时，在模锻过程中有可能出现模锻不足(压不靠)时，可适当减小终锻模膛深度尺寸；反之当锻造设备吨位偏大则应增大终锻模膛深度尺寸。无论是减少或增大尺寸，都应限制在锻件尺寸公差范围内。

7)当锻件上某些部位在切边或冲连皮过程中可能使锻件产生拉陷变形而影响余量时，应在该部位适当加大模膛尺寸。

8)开式模锻的终锻模膛周边必须有飞边槽，它能增大金属流出模膛的阻力，有助于充满模膛，减弱上下模的打击和容纳多余金属。

9)当锻件的形状不能保证坯料在下模膛内准确定位时，则应增加必要的定位余块，保证多次模锻过程中的定位。然后在切边或切削加工时去除。

10)当锻模承压面不足时，容易产生承压面塌陷时，应适当增加热锻件的高度尺寸。其值可接近正偏差，以便在承压面下陷以后尚可生产出合格的锻件，以延长锻模的使用寿命。

11)当锻件边缘或内孔等部位很薄，在出模、切边或冲孔时易产生变形而影响加工余量，应在热锻件图的相应部位增加一定的弥补量，提高锻件合格率。

12)热锻件图上圆角半径、模锻斜度与冷锻件图相同，锻件若有内孔，要在热锻件图上绘出连皮形状并标明尺寸。

13)应写明未注明的模锻斜度、圆角半径与收缩率。在热锻件图上不需绘出零件轮廓线，也不标注锻件公差以及技术条件。

14)作为模锻生产的行业约定，热锻件图一般绘于锻模图的右上角，作为锻模图的一部分。热锻件图上需要规定锻模制造公差，锻模制造公差一般以表格形式或以指出标准号形式在锻模图技术条件中给出。

12. 模锻件图设计的主要内容是什么?

模锻件图设计的主要内容包括以下内容:

①确定分模面的形状和位置。

②确定加工余量、锻件公差和锻造余块。

③确定模锻斜度。

④确定模锻圆角半径。

⑤确定冲孔连皮。

⑥制定锻件技术条件等。

13. 模锻件图主要由哪些要素组成?

模锻件图由图形和尺寸、技术要求、标题栏3部分组成。

(1)图形和尺寸

锻件的图形包括模锻件的全部结构要素如分模线、模锻斜度、圆角、腹板、肋、孔等以及工艺余料和试验余料等。图形之中还应包括零件的基本外廓，以体现加工余量分布情况。有特殊要求时，还应将技术要求中的某些内容，如主流线方向、取试样的部位等绘制在锻件图形中。

模锻件图中的尺寸包括锻件尺寸及其公差和相关的零件尺寸两

部分。

(2)技术要求

锻件的技术要求多数是用文字表述，在图样中以附注的形式出现。

(3)标题栏

在模锻件图标题栏中有锻件原始情况，如零件图号、名称、材料牌号、型号等和锻件的名称、图号、合金状态，图形的比例以及模锻件图的会签和审批栏等。

14. 绘制模锻件图的规则有哪些?

为了使模锻件图既能正确反映锻件形状尺寸又能反映锻件技术要求的检验功用，绘制模锻件图时一般应按下面的规则：

1)绘制模锻件图所采用的比例、字体、图线、剖面符号及其画法按 GB 126 的规定。

2)由于在开式模锻中，模锻件分模处由于模锻斜度的影响留有一转折痕迹，毛边被切除后也留有痕迹，所以，在模锻件图样中必须画出分模线。

3)锻件尺寸的标注应考虑到：

①便于将模锻件图上的尺寸与零件图上相应的尺寸比较，以考核余量的大小，但余量及附加料的大小不必直接注出。

②便于检验尺寸，同时简化锻件在检验时的划线工作。

③分模线不与中心线重合时，应避免从分模线标注尺寸。

④可以通过在锻件图的技术条件里表示出未标注出的公差、模锻斜度、圆角半径和其他注释，以便简化锻件图。只有那些与图上备注有出入的公差(如冷缩时变动较大的尺寸，模具中容易磨损的凸出部分即相应于锻件上的凹坑部分的尺寸等)才在锻件图上标注。

4)模锻件图中模锻件轮廓线用粗实线绘制；零件主要轮廓线用双点划线绘制；锻件分模线用点划线绘制。为了便于考虑机械加工余量的大小，锻件的公称尺寸和锻件公差应标注在尺寸线的上方，零件相应部分尺寸数字标注在该尺寸线的下方括号内，这样便于了解各部分的加工余量是否满足要求。带冲孔连皮的锻件，不需要绘出连皮，因为按照锻件图验收锻件时，连皮已经被切除。

5)模锻件图最好以 1:1 的比例来绘制(采用计算机绘制的图纸以 1:

1 的比例打印成蓝图)。对于外形简单或尺寸超过 750 mm 的大锻件可以例外。当用 1:2 或 2:5 的比例绘制大锻件时，为清晰起见，复杂断面可用 1:1 比例绘制局部视图。对于外形复杂、尺寸小于 50 mm 的锻件，为清晰起见，应以 2:1 的比例绘制；同时，最好在图纸空白处以 1:1 的比例重绘一最能表现锻件特征的投影图，可不标注尺寸。

6)对模锻后有精压要求的锻件，在精压面尺寸线上标明精压尺寸与公差，并在精压尺寸上方注明精压前的模锻尺寸与公差，再分别于该尺寸后注明"精压"和"模锻"。

7)加工定位基准。

为减小模具制造过程中各工序的误差(划线，机械加工、检验等)协同模锻件机械加工定位基准，需提供几个公共的面、把各个特定尺寸和公共面连接起来。这几个公共面就是工艺基准。零件在进行头几道机械加工时，均以模锻件表面作定位基准，因此应尽可能提高定位基准处的精度，以减少和防止机械加工时由于装夹而造成的误差。工艺基准面通常选在易接触的地方，模锻件图样一般规定 3 个基准面(见图 3-8)，选择工艺基准面应注意：

①基准面应选在模具的一半之内。

②对于投影面积小于 64500 mm^2 的小型模锻件，定位基准通常放在模锻件两端。对于细长轴类模锻件(投影面积大于 258000 mm^2 或长度大于 500 mm)，在靠近模锻件中心部位上规定基准面，这样可以减小累积误差。

基准面的位置应由机械加工企业与锻造生产企业共同协商确定。用工艺基准线标注尺寸(见图 3-9)，为所有工序一直到加工出成品零件提供了工程控制方法。

8)凡需经热处理并有硬度要求的锻件均应在锻件图上标出检测硬度的位置，并以符号"HB"表示。选定测量硬度位置的原则如下：

①锻件检测硬度的位置应选定在加工表面上，并且应是一个尽可能宽、厚的平面。

②检测硬度的位置应选在模锻件较厚的部位，厚度应一般不小于钢球的直径(通常钢球直径为 10 mm)，最小不小于 6 mm。压坑(铝合金压坑直径为 2.0~6.5 mm 有效)离制品边缘应大于或等于钢球直径。

③检测硬度的位置应选在容易打磨和检测的位置。

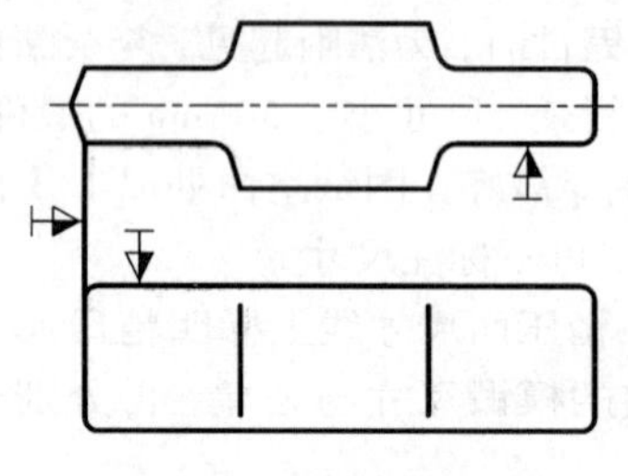

图 3-8　模锻件基准线

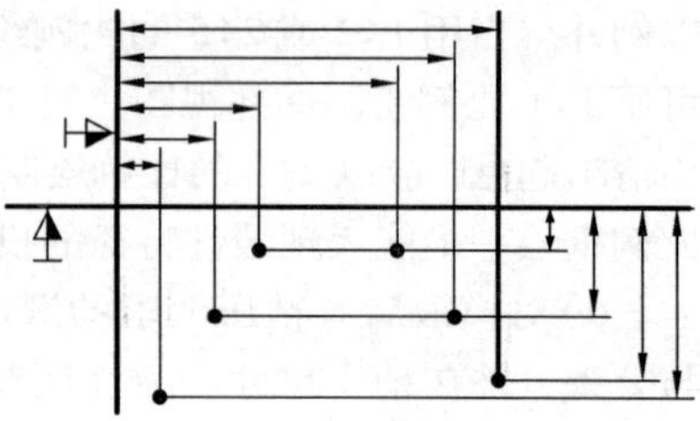

图 3-9　根据基准线标注尺寸

9）确定性能与组织试样的位置。

①纵向拉力试样应为顺着金属最大纤维方向切取的试样。如果取在肋上，其位置为 1/2 肋高处，肋的宽度一般不小于 12 mm。模锻件腹板上的肋的交叉处，金属纤维方向不明显，只能取横向试样。

②横向拉力试样为沿着与金属的最大纤维方向相垂直的方向所切取的试样。有些长形件，腹板很薄，宽展变形很剧烈，则沿腹板长度切取的试样也只能算横向试样。

③宏观组织（又称低倍组织）一般取在最能暴露内部组织缺陷的最大横截面上，由于铝合金模锻件多用于流线要求很高的受力结构件，宏观组织也可取在最能反映金属流线的横截面上或金属流动较复杂的横截面上。

10）印记位置。

在模锻件上一般要打有模锻件编号、合金牌号、熔炼炉次号、批号和热处理炉号等标记及检验标志，但依据模锻件的类别不同而有所不同。这些印记的位置如下：

①模锻件编号和合金牌号应在模膛中刻出，在模膛上刻字的位置应避开模锻变形过程中金属流动剧烈的部位，并且最好位于模锻件最大的不加工表面或容易观察的表面上以利于易于识别。

②其他所有标记应与模锻件编号和合金牌号打在一起，其位置应在容易观察的表面上，同时要便于打印操作。

③如果是全加工的模锻件，印记位置则应位于模膛中模锻件最大的加工表面上以利于打印操作和便于识别。

④检验标志印记一般打在不加工表面上。

11）锻件图上的符号表示方法，见表3－1所示。

表3－1 锻件图上的符号表示方法

符号	含义	符号	含义
（ ）	零件尺寸	HB	打硬度处
—··—··—	零件外形轮廓	[试样符号]	力学性能取样位置
[基准符号]	基准	M——M	低倍组织取样位置
←线→	流线方向	[三角形内K]	印记位置

15. 模锻件的技术条件包含哪些内容?

有关锻件的质量及其他检验要求等问题，凡在模锻件图样中无法表示或不便表示时，均应在模锻件图的技术要求中用文字说明，一般技术条件的内容如下：

①锻件的技术标准号和锻件类别。

②未标注的模锻斜度（分别标示出内、外模锻斜度），未标注的圆角半径（分别标示出凸、凹圆角半径）。

③表面清理要求和表面缺陷标准（包括缺陷深度的允许值，必要时应分别注明锻件在加工表面和不加工表面的表面缺陷深度允许值）。

④锻件翘曲和分模面错移的允许值。

⑤残留毛边宽度的允许值。根据锻件形状特点及不同工艺方法，必要时应分别注明周边、纵向、横向及转角处等不同部位残余毛边的允许值。

⑥合金牌号、热处理状态及硬度值。

⑦对图纸未注明的锻件尺寸公差，应注明其公差标准代号及尺寸精度级别或具体公差数值。

⑧需要取样进行金相组织和力学性能试验时，应注明检验试验的基本规则（试样数量、锻件上的取样部位和方向）。

⑨锻后热处理方法及其他检验要求，检测硬度的位置，此位置常

在锻件加工的平面上。

⑩其他特殊要求：如锻件的同心度、弯曲度、内部质量检查（探伤）、低倍组织、纤维方向、力学性能、其他理化测试项目及特殊标记等要求。

⑪零件中存在左右对称件，但不能通用时应标出："右件如图，左件对称"。

锻件技术要求中的尺寸偏差及加工余量允许值，除特殊要求外均按 GB 8545 的规定或参考 HB 6077 的规定。技术要求的顺序，原则上应按锻件生产过程中检验的先后进行排列。

16. 制定模锻工艺的依据有哪些?

任何一种锻件投入生产前，首先必须根据产品零件的形状尺寸、性能要求、生产批量和所具备的生产条件，确定模锻工艺方案，制订模锻生产的全部工艺过程。

①锻件图：是制定模锻工艺过程的直接依据。它不仅全面反映了产品图对模锻件的要求，而且也反映了已选定的主要成形方法、加工方法和检验方法等。

②模锻件技术标准：是指令性文件。它详细规定了模锻件的技术要求和验收方法，因此也是制定模锻工艺过程的主要依据。

③生产条件：模锻生产工艺过程必须通过实际生产条件实现。必要时，还可以通过适当的技术改造，采用新材料、新技术和新设备实现。

④生产批量：模锻工艺过程必须根据给定的生产批量设计，因为生产批量的大小直接影响技术方法、工艺过程、锻造装备和设备的选择。

17. 模锻工艺过程及其工序组成是怎样的?

模锻工艺过程即由坯料经过一系列加工工序制成模锻件的整个生产过程。模锻工艺过程由以下几种工序组成：

①备料工序：按锻件所要求的坯料规格尺寸下料。

②加热工序：按变形工序所要求的加热温度对坯料进行加热。

③锻造工序：可分为制坯和模锻两种工序（步）。制坯的方法较多，模锻工步有预锻和终锻。变形工序是根据锻件类型和选用的模锻设备确定的。

④锻后工序：该类工序的作用是弥补模锻工序和其他前期工序的不足，使锻件最后能完全符合锻件图的要求。锻后工序包括切边、冲孔、热处理、校正、表面清理、打磨残余毛刺、精压等。

⑤检验工序：包括工序间检验和最终检验。工序间检验一般为抽检。检验项目包括有形状尺寸、表面质量、金相组织和力学性能等，具体检验项目根据锻件的要求确定。

铝合金模锻工艺由下列工序组成：

备料—切断坯料—坯料加热—模锻—切取毛边—蚀洗—清除缺陷—热处理前检验—淬火—校正—时效—蚀洗清理表面—成品质量检验—包装。

18. 水压机上模锻有哪些特点?

水压机上模锻具有如下一些特点：

①能有效地模锻出大型复杂的整体结构件，尤其是最难模锻的薄壁并带加强筋的整体壁板模锻件。

②水压机的工作速度低，如模锻水压机通常为 30～50 mm/s。金属在慢速的静压力作用下流动较均匀，故制件的组织也比较均匀。特别是铝、镁合金最适合在慢速水压机上锻造；

③在锻造过程中，模具能准确对合，并容易安置模具保温器，使模具维持较高的温度。故水压机上锻造出来的锻件精度较高，质量稳定，使金属利用率得到大大提高。

④由于水压机的行程不固定，通过正确控制设备吨位，可以在其上进行闭式模锻，水压机亦可用于挤压成形。

⑤在水压机上通常采用单模膛模锻，锻模结构可采用整体式或镶块组合式(大型模锻件通常采用整体式)。

⑥由于是在静载荷下变形，冲击力小，模具材料甚至可以采用铸钢，而不像锻锤那样必须采用锻钢。

19. 水压机上模锻铝合金模锻件如何分类? 各类锻件各有何特点?

铝合金模锻件根据它的外形和模锻成形流动情况可分为两大类，如表 3－2 所示。

表 3－2　铝合金模锻件分类

类别	组别	锻件简图
等轴类锻件	简单形状	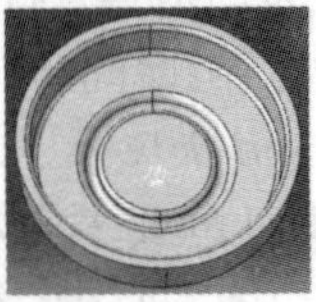
	较复杂形状	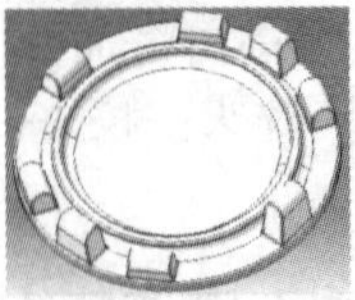
	复杂形状	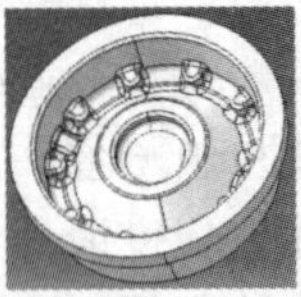
长轴类锻件	直长轴类锻件	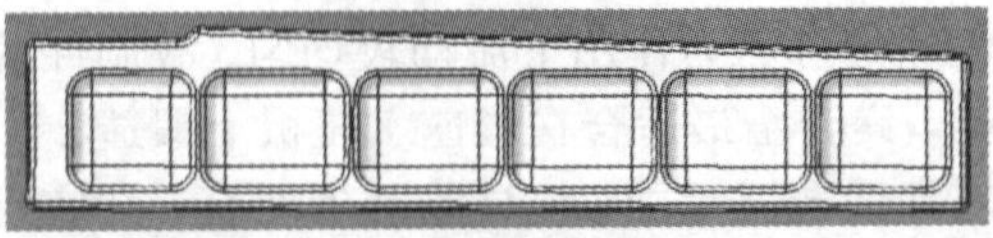
	弯曲轴类锻件	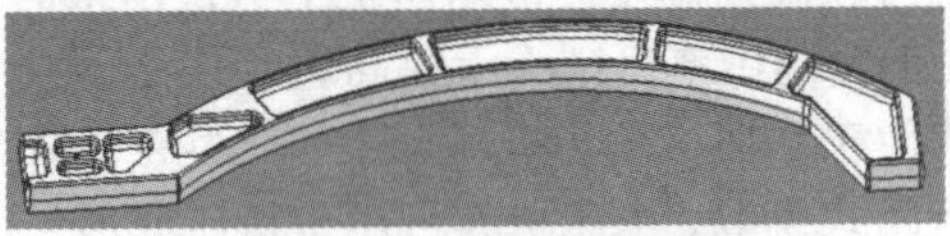
	枝芽类锻件	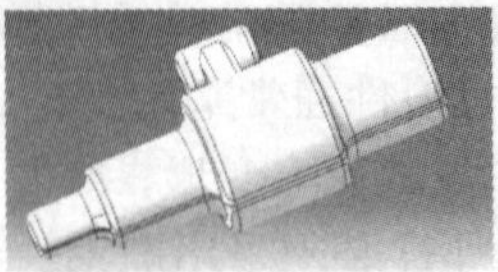
	叉类锻件	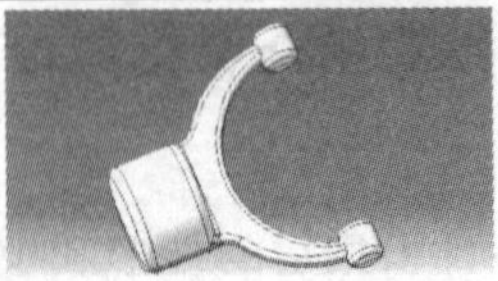

1）等轴类模锻件，一般指模锻件在主轴线尺寸较短，分模面上投影为圆形或长度接近于宽度的轴对称形的锻件。模锻时，毛坯轴线方向与压力方向相同，金属沿高度、宽度和长度方向均产生变形流动。模锻前通常需要先进行镦粗制坯，以保证锻件成形质量。

2）长轴类模锻件，即锻件的长度尺寸远大于其宽度尺寸和高度尺寸。模锻变形过程中，毛坯轴线方向与压力方向相垂直，由于金属沿长度方向的变形阻力远大于其他两个方向，因此金属主要沿高度和宽度方向流动，沿长度方向流动很少。因此，当这类锻件沿长度方向其截面积变化较大时，必须考虑采用有效的制坯工步，如局部拔长、辊锻、弯曲等，使坯料形状接近锻件的形状，坯料的各截面面积等于锻件各相应截面面积加上毛边面积，以保证模膛完全充满且不出现折叠、欠压过大等缺陷。

20. 什么叫做分模线和分模面？有几种形式？各有何特点？

锻模上、下模型槽的分界处，表现在分模位置上是一条封闭的锻件轮廓线，称为分模线。锻模上、下模型槽接触的表面，称为分模面。分模面是模锻件的最重要、最基本的结构要素。分模面可能是一个或几个平面或曲面组成的表面，分模面的形状取决于分模线的形状。

根据零件形状的特点和锻造工艺的需要，分模面按其形状可分为以下几种：

（1）直线分模

直线分模面是平直的，且分模面均在同一平面上。它是最常见和最简单的分模方式。其特点是制模简单，有利于锻造操作和锻后切毛边。直线分模适用于外形简单或外形复杂但主体平直的模锻件。

某些模锻件的分模面可设在模锻件高向的任意位置。如果模锻件由分模面一边的型槽来成形，此种分模称为单面分模；如果模锻件的形状虽是在分模面的一边成形，但型腔是由分模面两边的型槽合成，此种分模称为端面分模（又称为肋顶分模）；介于上述两者之间的分模，称为中间分模。采用单面分模时制模简单，没有上下模错移，模锻件有较高的精度，但流线不够理想，肋顶处容易产生充填不满。端面分模对槽形件的流线比较理想，但上下面均需加工出型槽，产生错移后也不易发现。中间分模的特点则介于上述两种分模之间。

(2)折线分模

由两个或两个以上不在同一平面的分模面与模锻件表面相交组成称为折线分模。它的特点是分模面由多个相交平面组成，制模较为复杂，一般在使用时容易产生模具错移，通常模具应有防止错移的锁扣。

(3)弯曲分模

凡是呈弯曲或兼有直线和弧形曲线的分模面，都统称为弯曲分模。它的特点是分模面不是平面而是各种形状的曲面或曲面与平面的组合。因此，模具制造较折线分模模具更为复杂。它的优点是适应了零件形状和锻造工艺的需要，可以锻出复杂的模锻件，并达到节约原材料和减少机械加工工时的目的。同样，在使用弯曲分模时也容易产生模具错移，模具必须有防止错移的锁扣和导壁。

21. 如何选择分模面?

分模面是模锻件最重要、最基本的结构要素。模锻件分模面位置合适与否，不仅关系到模锻件成形、锻造操作的难易、锻件质量、模锻件原材料利用率和切边及各个辅助工序，而且直接影响模具结构和制造周期以及成本费用等一系列问题。选择分模面的原则，最基本的是保证型槽易于充满、模锻件能顺利地从模膛内取出，其他分模原则应尽可能同时满足。

选择分模面主要应遵守以下一些基本原则:

1)首先保证模锻件能容易从模膛中取出。为此，分模面应选择在具有最大的水平投影尺寸的位置上。如图 3－10 所示，分模位置应选在 $A-A$ 面上，而不应是 $B-B$ 面或 $C-C$ 面。

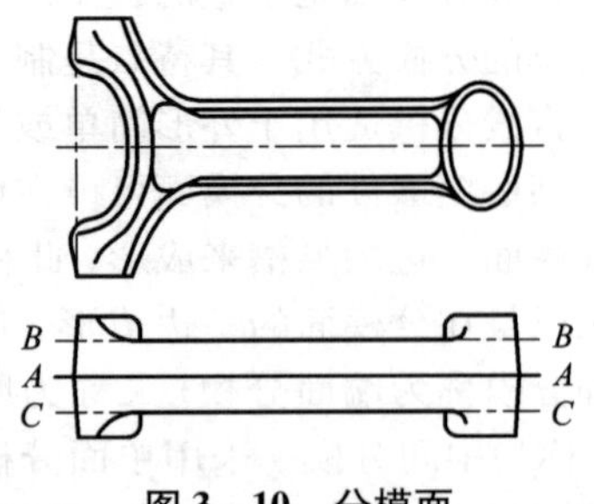

图 3－10　分模面

2)应有利于金属充填模膛，尽可能多地获得镦粗充填成形的良好效果，因此，分模面的位置应使模膛的深度最小和宽度最大。因为宽而浅的模膛多是以镦粗方式充满的，而窄而深的模膛大多是以压入的方式充满的。从金属的流动规律而言，镦粗法比压入法的阻力要小，前者比后者易于充满模膛。

3）由于铝合金模锻件金属流动方向是决定一个模锻件力学性能好坏的关键因素之一，多数铝合金模锻件均要求检验金属流线方向，应尽可能使金属流线沿模锻件截面外形分布，避免纤维组织被切断。同时还应考虑模锻件工作时的受力情况，应使纤维组织与剪应力方向相垂直。因此选择分模线位置时特别还要考虑到变形均匀，图3－11为分模位置对模锻件流线的影响。当以压入法成形，在内圆角处容易形成折叠、涡流、穿流以及不均匀的晶粒结构，是不适合的。应尽可能选用肋顶分模[图3－11(e)]，以反挤法成形，流线沿着锻件的外形分布是较为理想的。

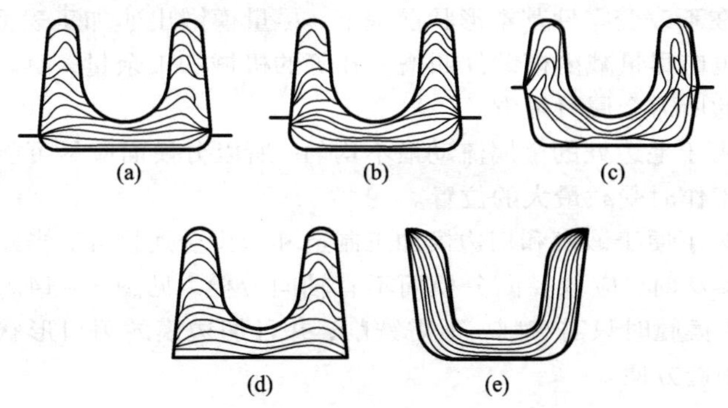

图3－11　分模位置对模锻件流线的影响

4）为了使模具结构简单，加工制造方便，并能保证模锻件精度，最好使分模面为一水平面或最大限度接近于一个平面，如图3－12所示，$a-a$分模位置合理而$b-b$不合理。平面分模面与曲面分模面相比，模具装备造价低，模锻过程易于进行，模锻件检验方便、废品率少。另外，在保证模锻件质量的前提下（不产生流线不顺和折叠），对能在一个型槽成型的简单模锻件，应将分模位置定在模锻件顶端平面上，使锻件位于一扇模中，这样既能降低模具造价，又能避免错移，提高模锻件精度。

5）为了易于发现上、下模在模锻过程中的错移，应尽可能使分模面在锻件侧面的中部，使位于分模面处的上、下模膛的形状一样，并且要避免选在过渡面上。否则，上、下如有错移现象，就不易发现，不能及时纠正。如图 3－13(a)中所示，分模位置合理而图 3－13(b)不合理。

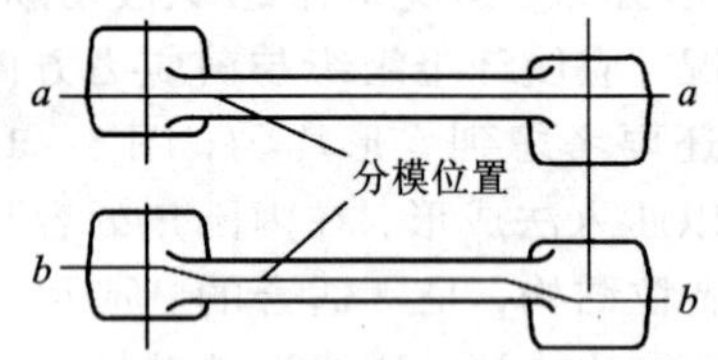

图 3－12　直线分模防错移

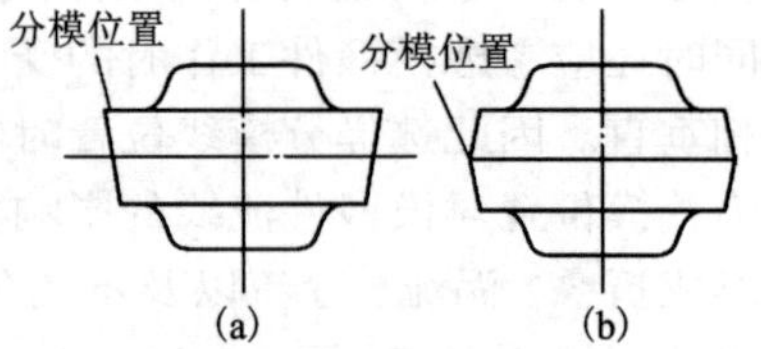

分模位置　分模位置

(a)　(b)

图 3－13　分模位置居中便于发现错模

6)在不改变零件基本形状前提下，尽量模锻出非加工表面，对加工表面也应尽量减少模锻件凹槽和孔等的机械加工余量，使模锻生产过程中的所需金属量最省。

7)由于毛边处的金属流动最不均匀，所以分模面应尽可能不要位于零件工作时受载最大的位置。

8)为了便于锻模和切边模加工制造和减少金属损耗，当短轴类锻件的 $H \leqslant D$ 时，应取径向分模而不宜轴向分模，见图 3－14。这样设计，加工模膛时只需车削，不需铣削；并且切边模的刃口形状也比较简单，制造方便。

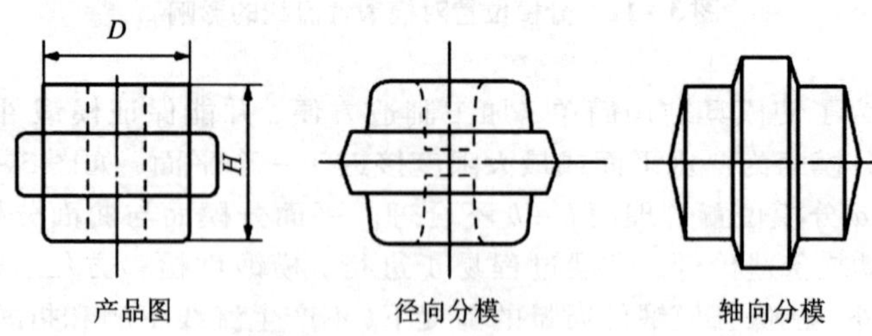

图 3－14　圆饼类锻件分模位置

9)弯曲零件的分模面可以位于弯曲面上。但是，一般情况下弯曲的一面最好是位于水平面上，宁可弯曲坯料，以避免模锻时产生很大的侧推力及在模锻后锻件的回弹变形。

10）应使切边、摆料等操作方便。有切边模时，应使切边时定位方便，切边模结构简单。用带锯切边时，沿锻件分模线的周边要避免小于 90°的转弯，亦即模锻周边应为一凸多边形。

11）头部尺寸较大并且上下不对称的长轴类锻件，有时不宜用直线式分模。如图 3－15 中所示锻件，为使模膛深处能充满，应用折线式分模，使上下模的模膛深度大致相等，$A-A$ 分模位置合理而 $B-B$ 不合理。

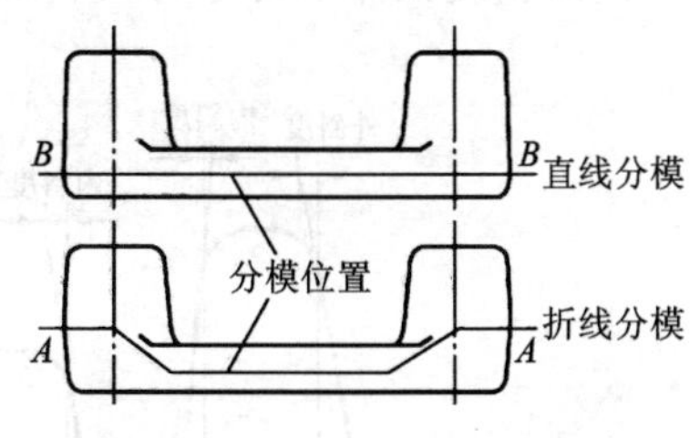

图 3－15　上下模膛深度大致相等时易充满

12）对薄形模锻件，选择分模线位置要确保切边时有足够的定位高度。对于折线和空间曲线分模，应使它的各部分与水平面之间的夹角不大于 60°，这样布置分模面，可以改善模锻和切边的条件。

13）分模应使以后的切削加工面尽可能地垂直于变形的方向，这样不会受到斜度或飞边的干扰。

22. 什么是模锻斜度？有哪几种形式？

模锻过程中金属被压入型槽后，模具也受到弹性压缩，而发生弹性扩张，在外力去除后，模壁要弹性恢复而夹紧模锻件。另外，由于金属与模壁间有摩擦的存在，故模锻件不易取出。为了便于从模膛中取出模锻件，凡与压力机器行程平行的模锻件所有表面都应做有一定斜度。在模锻件上与分模面相垂直的平面或曲面所附加的斜度或可起出模作用的固有的斜度统称为模锻斜度，示意图见图 3－16。锻件外壁上的斜度称为外模锻斜度，用 α 表示，锻件内壁上的斜度称为内模锻斜度，用 β 表示。

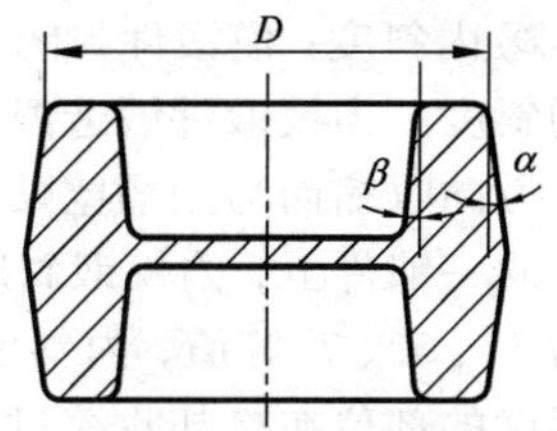

图 3－16　模锻斜度示意图

模锻斜度值越大，脱模分力也越大，取出力就越小；并且锻件只要稍微脱出一点，就会与模壁脱离接触，摩擦阻力就会消失，取出锻件就容易了。但是，加上模锻斜度后会增加金属损耗和机械加工工时，同时，模锻时金属所受到的模壁阻力也大，使金属充填困难。因此，在保证锻件能顺利取出的前提下，模锻斜度应尽可能取小值。

模锻斜度大体上可分为以下几类(如图 3－17 所示)：

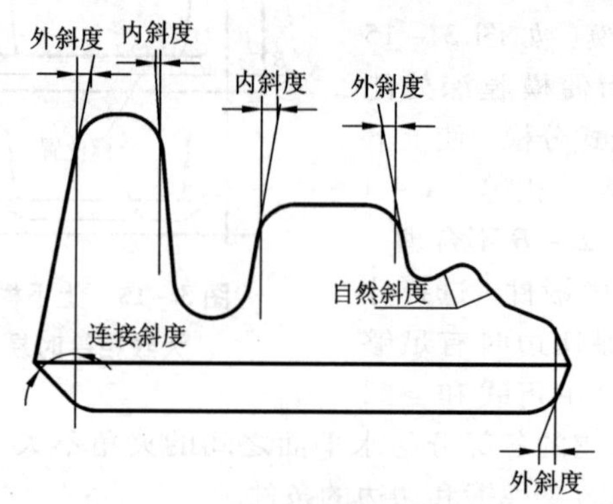

图 3－17 模锻件上的各类模锻斜度

1)外斜度：模锻件垂直部分外侧面上的斜度。当模锻件自锻造温度冷却时，有外斜度的外侧面金属会因收缩而与型槽壁分离。

2)内斜度：模锻件封闭剖面内侧的斜度，也包括用于凹槽、内孔壁的斜度。当模锻件锻造温度冷却时，有内斜度的侧面朝型槽凸出部分的方向收缩而与型槽壁贴紧。

同一锻件上，内模锻斜度一般地要比外模锻斜度大一级，如外斜度为 3°、5°、7°等值，内斜度相应地为 5°、7°、10°等值。原因是锻件内斜度的部位在冷却收缩过程中会将模膛突起部分夹紧更难于脱模。

3)匹配斜度(又称配合斜度或连接斜度)：为了在分模线一侧与另一侧的模锻斜度相互匹配(相互接头)，而人为地加大了的斜度。从图 5－9 可看出，匹配斜度主要为了使在模锻件分模线两侧的模锻斜度相互衔接，匹配斜度的大小与具体锻件有关。

4)自然斜度：模锻件本身固有的倾斜面，不用添加斜度即可实现模锻件自然出模，这种倾斜面的斜度，或是在模锻件设计时将模锻件倾斜一定角度所得到的斜度统称为自然斜度。比如在直径平面上采用直线分模的圆截面体(球、圆柱体、椭圆柱体等)的弧面，就属于具有自然斜度。在模具设计时还可以根据锻造方向，将模锻件倾斜一定的角度来获得自然斜度。

5)零斜度(无斜度)：等于或略大于0°的模锻斜度。零斜度也叫做无斜度。所谓略大于0°，是指允许有一定的上偏差范围，一般为30′~1°。零斜度主要是为了使模锻件的一些特定表面不再经机械加工或只经小余量加工；并获得没有流线末端外露的理想流线，以提高抗应力腐蚀的能力。

6)反斜度：小于0°的模锻斜度，称为反斜度。必须注意采用反斜度时首先应确保模锻件能顺利出模。一般情况下，反斜度只能在特定条件下才能采用：

①必须顺着反斜度方向出模。

②只能设置在下模或固定模中。

③反斜度不能超过10°。

④带有反斜度的肋(肋)的对面不允许再有反斜度；环形肋也不允许有反斜度。

23. 影响模锻斜度的因素有哪些?

模锻斜度的大小的选取与下列因素有关：模锻件的几何形状和材质、锻造设备、模膛深度、锻造工艺和模具结构等多种因素有关。

(1)模锻件的几何尺寸

模锻斜度与模锻件的几何形状有十分密切的关系。设置模锻斜度的那部分体积的高度、宽度、长度及其尺寸关系，是决定模锻斜度的主要依据。在其他条件相同的情况下，对于型槽窄而深的部分，锻件难以取出，应采用较大的模锻斜度；反之，对于型槽浅而宽的部分，应采用较小的模锻斜度。但当模锻件的 h/b 很大时，模锻斜度也不一定要按比例增大。一般 h/b 达到一定值时，为了减轻模锻件重量，节约金属，减少机械加工，模锻斜度就不需要再加大。这时，可在同一侧面上做成具有两段不同斜度的变换模锻斜度。一般情况下，靠近分模面那一级的模锻斜度做成较大的斜度，其高为15~20 mm。关于变换模锻斜度值的选取原则，推荐按表3-3选取。

表3-3 两级模锻斜度

模锻件示意图	h/d 和 h/h_1 的比值	模锻斜度/(°)		
		斜度名称	无顶出装置	有顶出装置
(图：D、α、Φ、h、h_1、D)	$h/d \geqslant 3$ $h/h_1 = 3/1$	α	5	3
		Φ	7	5

对于兼有内、外模锻斜度的模锻件(如 H、U 等截面及环形的模锻件)，锻后冷却的收缩方向不一致。模锻件外壁在冷却时脱离模具型槽表面，有利于出模；而内壁却贴紧模具型槽表面，给模锻件出模增加困难，因此，内模锻斜度应大于外模锻斜度。

模锻斜度的大小还和模锻件上有模锻斜度那部分的长度和形状有关。一般该部分越长、形状越复杂，模锻斜度应取越大。

(2)锻造工艺、模锻设备类型及模具结构

模锻斜度的大小与选用的锻造工艺、模锻设备类型及模具结构有密切关系。如普通模锻件应比精密模锻件的模锻斜度要大。热模锻压力机、摩擦压力机液压机等有顶出装置的模锻设备以及模具上有顶出装置时，或锻后可以将模具翻转后顶出的(如胎模锻)，模锻斜度比模锻锤上的模锻斜度要小，或可不用设模锻斜度。

(3)分模面的选择

模锻斜度的大小与分模线位置的选择有密切关系。巧妙地利用零件本身形状特点来确定分模面，可以得到减少加工余量，节约金属材料的效果，尤其是有高肋的盒型件，当其分模线位置选择合理时，往往可使原来需要添加的模锻斜度变为模锻件本身固有的自然斜度。如

图3－18所示的模锻件，采用了腹板底平面分模，故在肋的一侧需添加模锻斜度；但当采用不同分模面，致使肋的侧面变成自然斜度，省掉了机械加工余量，节约了毛坯材料。如图3－19所示方形断面按对称位置分模，要在侧面上留出模锻斜度。若转90°布置分型面，锻件无须模锻斜度[图3－19(a)]，另外，利用对称倾斜分型面，省去锻件模锻斜度[图3－19(b)]。当有两个分模面时，例如平锻模，在与分模面的平行方向一般可以不取模锻斜度。

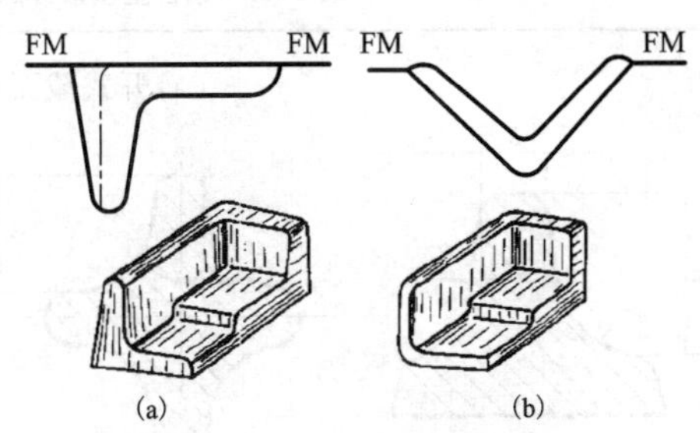

图3－18　改变分模位置而获得的自然斜度

(a)直线分模；(b)折线分模

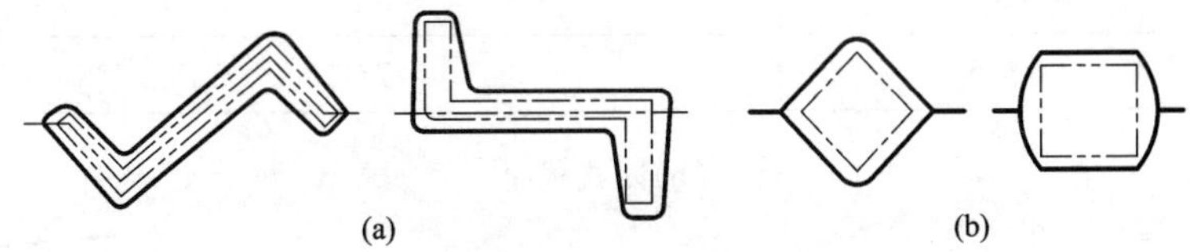

图3－19　减少模锻斜度的分模面

(a)倾斜分模面的模锻件；(b)方形截面的模锻件

(4)模锻斜度的位置

模锻件在冷缩时，外壁趋向于离开模壁，而内壁则包在模具型槽凸出部分，所以内模锻斜度β应比外模锻斜度α大一级(2°～3°)

24. 如何设计模锻斜度?

(1)无顶出装置时的模锻斜度

无顶出装置时，铝合金的外模锻斜度和内模锻斜度可参考表3－4选用。

表3－4　铝合金模锻件的模锻斜度

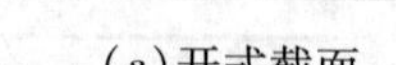

(a)开式截面

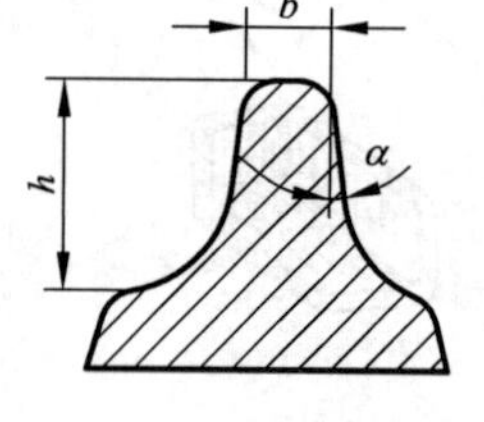

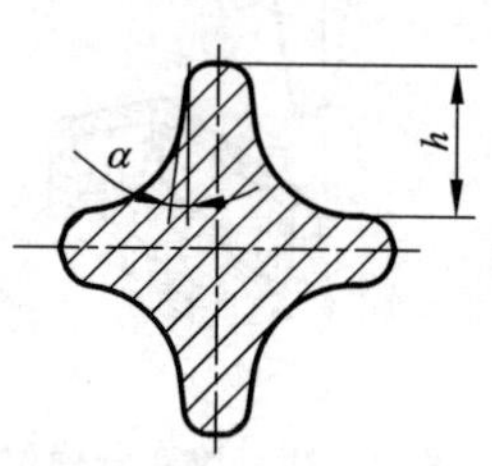

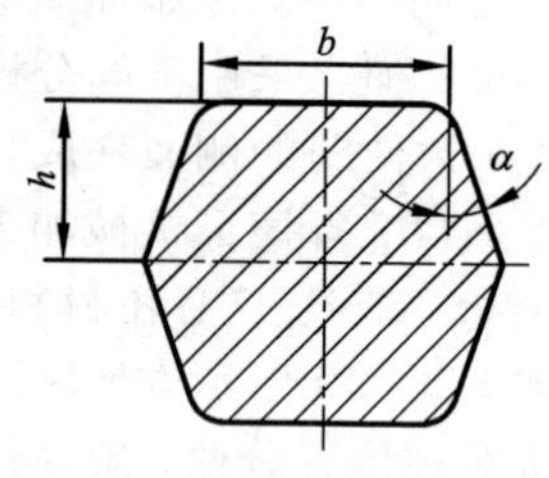

<table>
<tr><td rowspan="3">h/b 或$/2R_1$</td><td colspan="2">肋厚/mm</td></tr>
<tr><td><5</td><td>>5</td></tr>
<tr><td colspan="2">α</td></tr>
<tr><td rowspan="2"><2. 5
2. 5～4
4～5. 5</td><td>5°</td><td>3°</td></tr>
<tr><td colspan="2">5°</td></tr>
<tr><td>>5. 5</td><td colspan="2">7°</td></tr>
</table>

(b)闭式截面

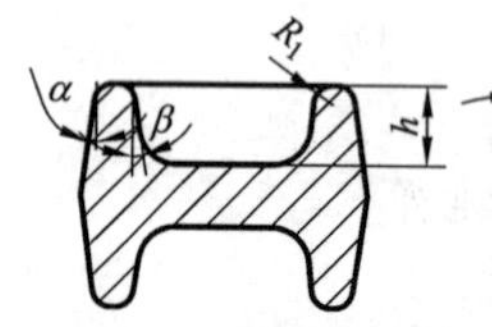

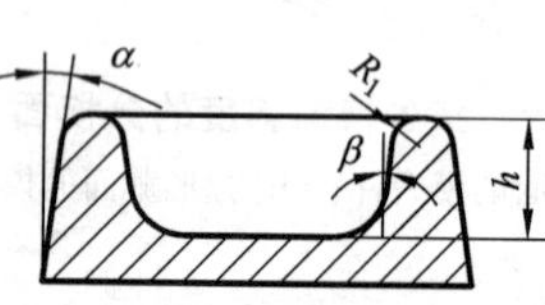

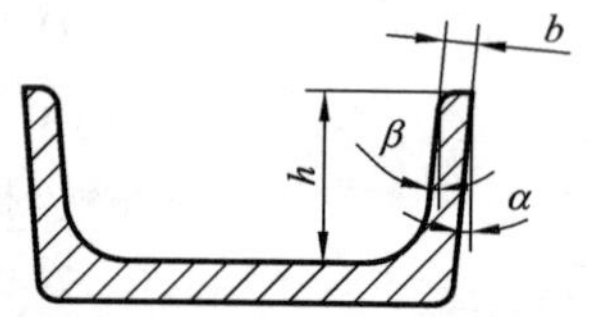

<table>
<tr><td rowspan="3">$h/2R_1$</td><td colspan="2">肋厚/mm</td></tr>
<tr><td><5</td><td>>5</td></tr>
<tr><td colspan="2">$\alpha(\beta=\alpha)$</td></tr>
<tr><td rowspan="2"><2. 5
2. 5～4
4～5. 5</td><td>5°</td><td>3°</td></tr>
<tr><td colspan="2">5°</td></tr>
<tr><td>>5. 5</td><td colspan="2">7°</td></tr>
</table>

续表 3－4

(c)回转体形模锻件

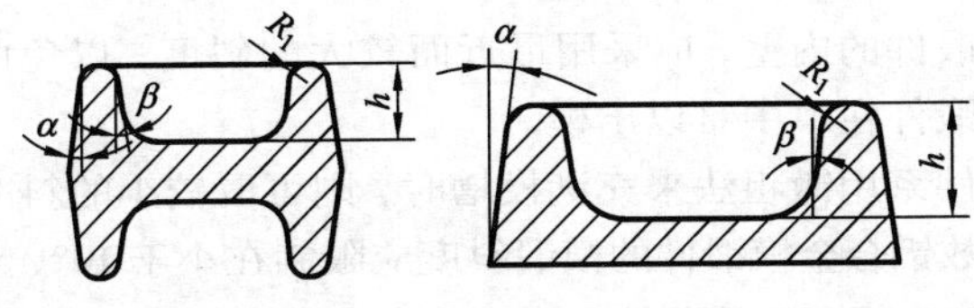

<table>
<tr><th>$h/2R_1$</th><th>α</th><th>β</th></tr>
<tr><td><2.5</td><td rowspan="2">5°</td><td>5°</td></tr>
<tr><td>2.5～4</td><td rowspan="2">7°</td></tr>
<tr><td>4～5.5</td><td rowspan="2">7°</td></tr>
<tr><td>>5.5</td><td>10°</td></tr>
</table>

(2)有顶出装置时的模锻斜度。

有顶出装置时的模锻斜度，可参考表 3－5 选用。

表 3－5　有顶出装置时的模锻斜度

$h/2R_1$ 或 h/b	α	β
<2.5	1°	1°30′
2.5～5	2°	3°
>5	3°	5°

25. 设计模锻斜度应注意些什么?

模锻斜度设计应注意:

①对于锻件的内壁,应采用最近而较大的斜度,以免由于锻件的冷缩而导致锻件在模中难以出模。

②如锻件系用镦粗法来充满模槽时,则可取较小的斜度。

③大多数铝合金模锻件的模锻斜度应限制在小于10°,对非加工表面,应小于5°为好。如果条件允许应采用小模锻斜度,这样不但可节省大量的机械加工工时及其工装设备,而且能使零件保持理想流线不被切断,不产生流线末端外露,从而能提高零件的抗应力腐蚀能力。

④合理利用零件的自然斜度,可以大大减小外模锻斜度,同时有利于获得连续的、没有末端外露的流线。

⑤锻件同一周边的斜度应尽量采用统一值。当按表3-4和表3-5选用的内、外斜度(包括同一部位或某些部位)不同时,为了制模方便,应该尽量选用一致的斜度,尤其对窄而高的肋的两端更应该如此。统一斜度还有利于金属的流动。

⑥圆和椭圆截面的模锻斜度。当分模面通过大圆截面(一般超过100 mm)的直径或通过椭圆截面(一般长轴高度超过100 mm)的短轴分模时,由于弧度大,有一段近似直线,不容易出模,应该按图示做切线模锻斜度。其大小一般可选取1°~3°,如图3-20所示。

⑦考虑锻造工艺和模具结构特点。

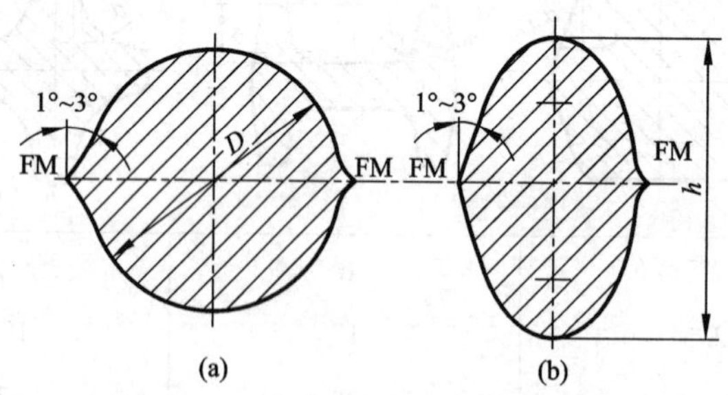

图3-20 圆截面和椭圆截面的模锻斜度

(a)圆截面;(b)椭圆截面

26. 什么是模锻圆角半径？有哪几种形式？各有何作用？

为了便于金属在模膛内流动和充填模具型槽，避免锻件产生折叠，并保持金属流线的连续性，提高锻模使用寿命，必须把锻件上所有的尖锐棱角做成圆弧，模锻件上所有的转接处都要用圆弧连接，圆弧的半径叫圆角半径。

圆角半径分为外圆角半径和内圆角半径，模锻件上的凸圆角半径称外圆角半径，用 r 表示，外圆角是在模锻件凸部呈圆弧连接的部位。外圆角半径一般位于肋或凸台的侧面与顶面的相交处。凹圆角半径称内圆角半径，用 R 表示，内圆角半径是在模锻件凹部呈圆弧连接的部位。它通常用以连接腹板、凹槽底与其相邻之侧壁，如图 3－21 所示。

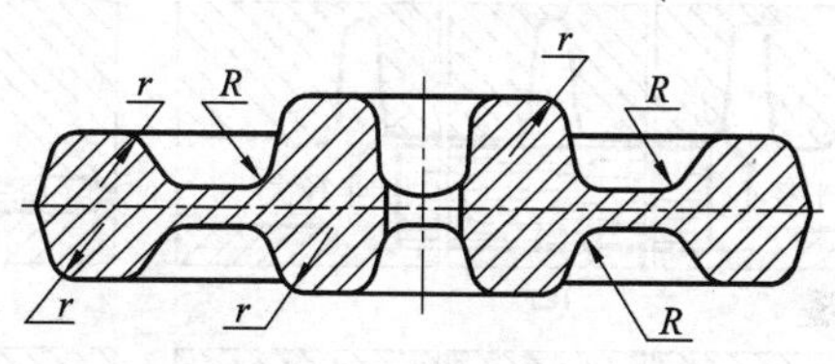

图 3－21　模锻圆角半径

锻件上的外圆角相当于模膛上的凹圆角，其作用是避免锻模在热处理时和模锻过程中因应力集中导致开裂，并保证锻件充满成形。如果外圆角半径过小，金属充满模膛则十分困难，而且容易引起锻模崩裂，见图 3－22。若外圆角半径过大，该处加工余量会被削弱甚至造成零件缺肉。

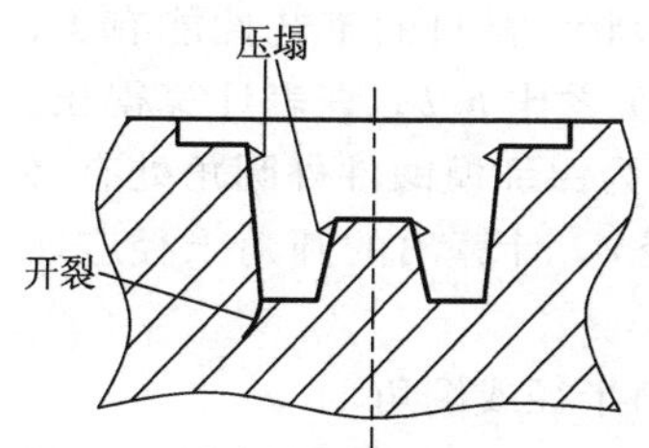

图 3－22　圆角半径过小对锻造模具的影响

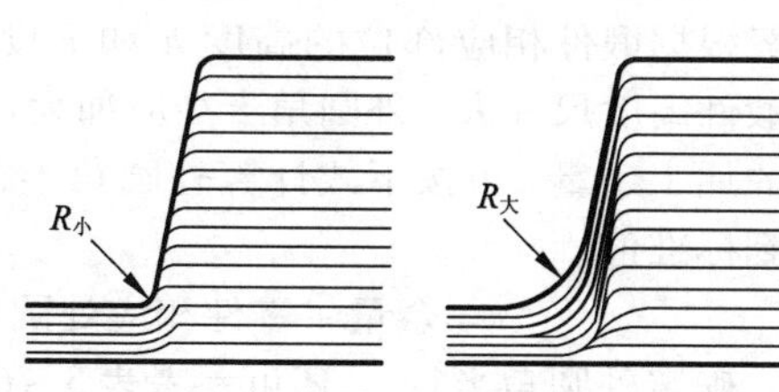

图 3－23　圆角半径对金属流线的影响

锻件的内圆角相当于模膛上的凸圆角，其作用是使金属易于流动充填模膛。如果内圆角半径过小，模锻时金属流动形成的纤维会被割断(见图3－23)，导致力学性能下降；还可能因此产生折叠(见图3－24)，或使模膛产生压塌变形(见图3－22)。若内圆角半径过大，会增加金属损耗和切削加工量。

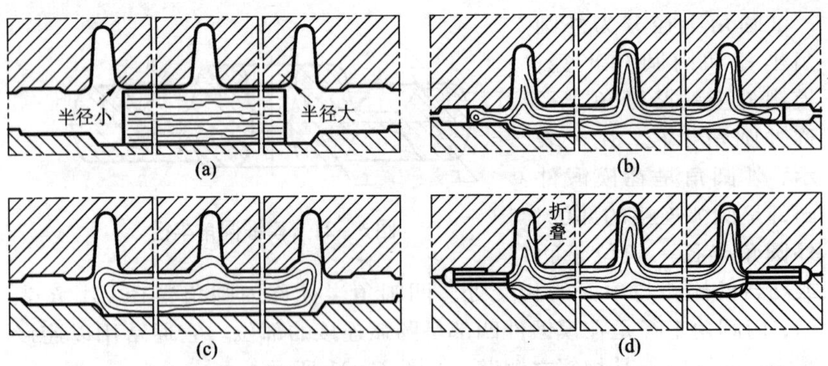

图3－24　圆角半径大小对模锻件折叠的影响

(a)坯料在型槽中；(b)由于圆角半径小导致合金材料离开模壁；(c)充满空腔；(d)空腔部分压紧

27. 如何确定模锻圆角半径？

圆角半径的大小与模锻件的尺寸、形状、材料的工艺性能有关，一般根据锻件相应部位的高度 h 和宽度 b 之比 h/b，查表计算得出。模锻件高度尺寸大，外圆角半径应加大。为保证模锻件外圆角处有必要的加工余量，可按下式计算外圆角半径 r。计算出的圆角半径应取整到标准值。

$$r = 余量 + 零件相应处圆角半径或倒角$$

确定外圆角半径 r，还可参考表3－6来选定。或按GB 12361—90确定。

模锻件上的内圆角半径 R 应比外圆角半径 r 大，一般取 $R=(2\sim3)r$。

表 3-6　水平外圆角半径 *r*(mm)

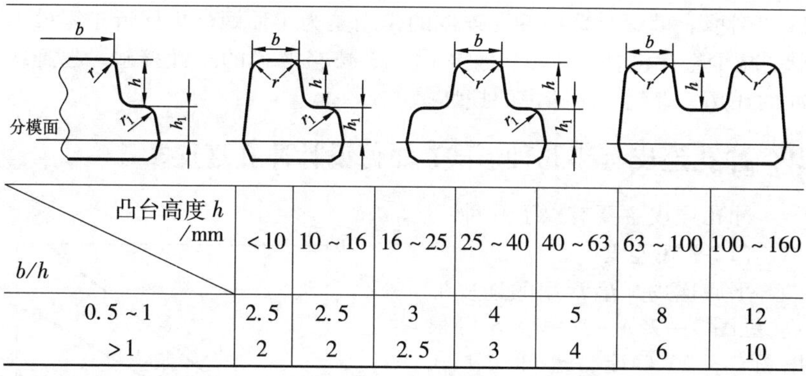

凸台高度 h /mm b/h	<10	10～16	16～25	25～40	40～63	63～100	100～160
0.5～1	2.5	2.5	3	4	5	8	12
>1	2	2	2.5	3	4	6	10

另外，圆角半径（r，R）的数值也可根据查表 3-7 确定。

表 3-7　锻件圆角半径(mm)

h/b	r	R
≤2	$0.05h+0.5$	$2.5r+0.5$
>2～4	$0.06h+0.5$	$3.0r+0.5$
>4	$0.07h+0.5$	$3.5r+0.5$

在同一锻件上选定的圆角半径不宜过多。

为了制造模具时便于选用标准化刀具，圆角半径可按下列标准选定：1，1.5，2，3，4，5，6，8，10，12，15，20，25，30 mm。圆角半径大于 15 mm 时，逢 5 递增。

28. 什么是冲孔连皮？有何作用？

带孔的模锻件在模锻时不能直接获得透孔，在该部位留有一层较薄的金属，称为冲孔连皮（如图 3-25 所示）。

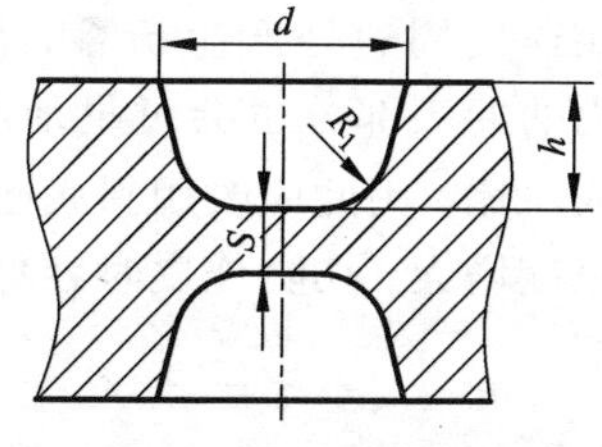

图 3-25　模锻件内孔连皮

铝合金模锻件不能直接锻出透

孔，必须在孔内保留一层连皮，然后在切边压力机或车、钻床上冲除或切削掉。模锻时采用冲孔连皮的作用是为了使锻件更接近于零件形状，减少金属消耗，缩短机加工时间，减轻锻模的刚性接触，起到缓冲的作用，避免金属锻模的损坏。

29. 冲孔连皮有哪几种形式？如何设计冲孔连皮？

冲孔连皮主要有以下几种：

(1)平底连皮

平底连皮是最常用的连皮形式(见图3－25)，其厚度 S 可根据图3－26确定，也可按下式计算：

$$S=0.45\sqrt{d-0.25h-5}+0.6\sqrt{h}$$

式中：d 为锻件内孔直径，mm；h 为锻件内孔深度，mm。

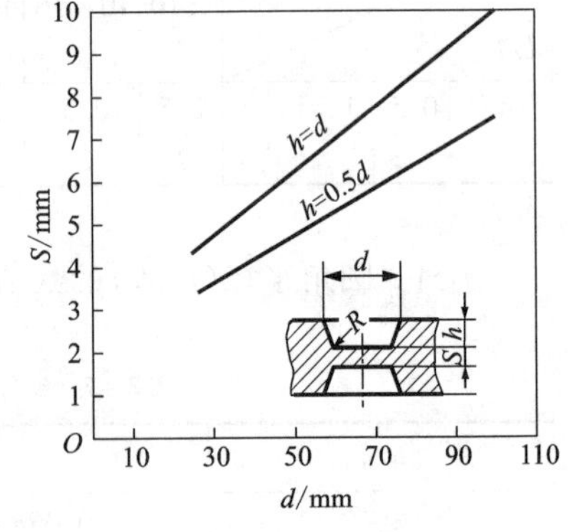

图3－26 平底连皮厚度确定

连皮上的圆角半径 R_1，因模锻成形过程中金属流动激烈，应比内圆角半径 R 大一些，可按下式确定：

$$R_1=R+0.1h+2$$

(2)斜底连皮

当锻件内孔较大时($d>2.5h$ 或 $d>60$ mm)，采用平底连皮则锻件内孔处的多余金属不易向四周排除，而且容易在连皮周边处产生折叠，型槽内的冲头部分也会过早地磨损或压塌，为此应改用斜底连皮，如图3－27所示。但斜底连皮周边的厚度增大，切除连皮时容易引起锻件形状走样。斜底连皮有关尺寸如下：

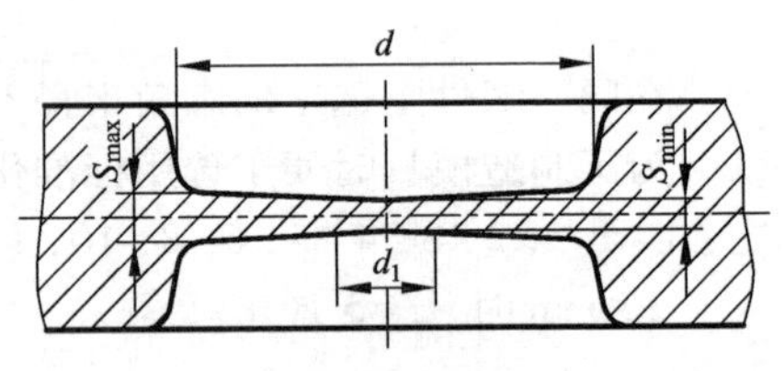

图3－27 斜底连皮

$$S_{大}=1.35S$$

$$S_{小}=0.65S$$

$$d_1 = 0.12d + S \text{ 或 } d_1 = (0.25 \sim 0.3)d$$

式中：S 按平底连皮计算。d_1 的大小应考虑到坯料在模膛中的定位情况，以及凸模上的斜度，应便于排除多余金属。设置 d_1 是毛坯在模膛的定位的需要，以及为了获得较大的冲头斜度，以排除多余的金属。

(3) 带仓连皮

若锻件形状复杂，需经预锻和终锻成形，在预锻型槽中可采用斜底连皮，而在终锻型槽中则可采用带仓连皮，如图 3－28 所示，这样，内孔中多余的金属不是全部向外排出，而是终锻时挤入连皮仓部，可以避免折叠。

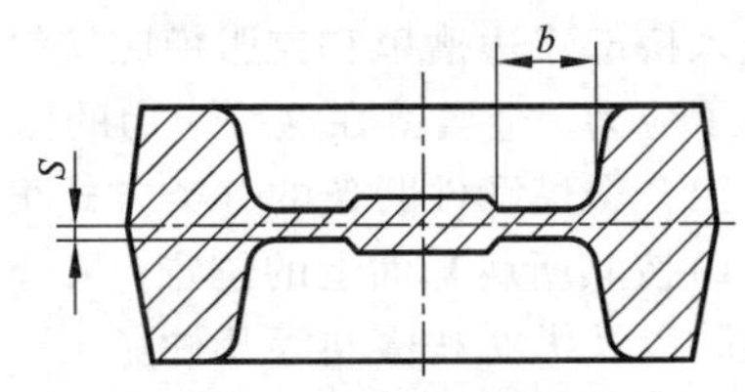

图 3－28　带仓连皮

带仓连皮的厚度 S 和宽度 b，按飞边槽桥部高度 h 和桥部宽度 b 确定，仓部容积应足够容纳预锻后斜底连皮上多余的金属。带仓连皮的优点是周边较薄，以便于切边时冲除，并可避免冲切时的形状走样。

(4) 拱底连皮

若锻件内孔很大（$d > 15h$），而高度又很小，金属向外流动困难，这时应采用拱底连皮（又称拱式带仓连皮），见图 3－29，可促使孔内金属排向四周，又可容纳较多的金属，避免产生折叠或穿肋等缺陷，减轻冲头磨损，减小锻击变形力，切边时也较容易。拱底连皮厚度和圆角半径按下式确定：

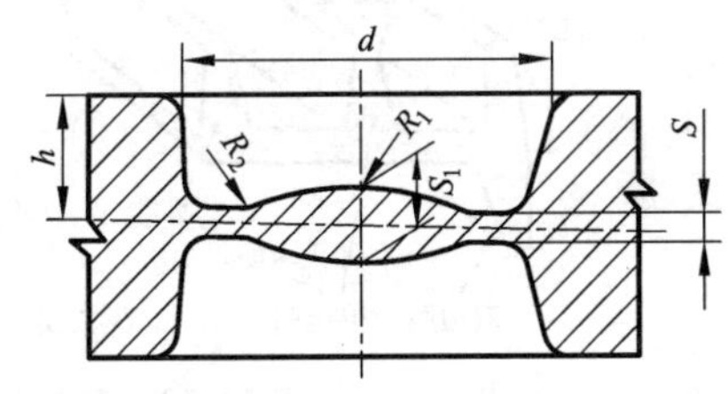

图 3－29　拱底连皮

$$S = 0.4\sqrt{d};\ R_1 = 5h$$

R_2 由作图确定。

30. 肋条和凸台的意义及作用是什么?

肋多数是零件的加强结构，作用是提高其抗弯曲和抗翘曲的能力，把局部的作用力分散到较大的平面上或者为了加强别的构件；长度一般超过高度并大于宽度的 3 倍以上；而凸台是连接、支承部分，其长、宽、高尺寸或直径和高度大致相等。

31. 铝合金锻件肋条有哪几种类型?

锻件上的肋条是将金属压入模腔相应深处而得到的。由于阻止金属流入桥部飞边槽里和克服模腔接触表面摩擦力的结果使变形坯料中产生了应力，金属就在这一应力的作用下来充填模腔使肋条成形。

铝合金模锻件肋条的分类方式很多。

1)按其所属基面上的位置，可分为内肋和外肋(侧墙)，单边肋和双边肋以及纵肋和横肋等几种。

2)根据肋的形状，又可分为直肋和弯曲肋(特殊情况为圆的)两种。

3)根据肋的数量，还可分为单肋的锻件和多肋的锻件(见图 3－30)。

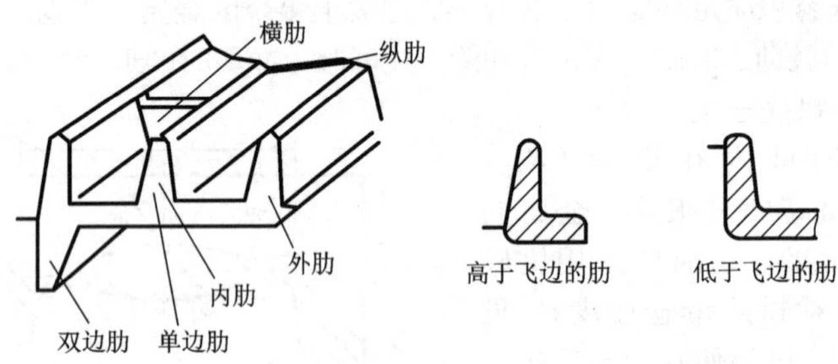

图 3－30 肋与凸台的形状与位置

4)根据肋条的成形特点可以分为 4 种类型(见图 3－31)，具体如下：

①肋条位于中心两侧为腹板，它是靠从模锻件的基体中挤压金属成形的。这种肋在几何上受到肋条下部金属体积和锻造压力大小的限制。如果不能从锻件基体(腹板)得到足够的金属，则在肋条的对面将形成类似“挤压缩尾”一样的缺陷。为了防止这种缺陷，腹板厚度应等于或大于肋条的厚度，或者在腹板的底面与肋条相对应的部位增加一个矮肋，如图所示。在锻造合金化程度较高的铝合金时，由于它们的

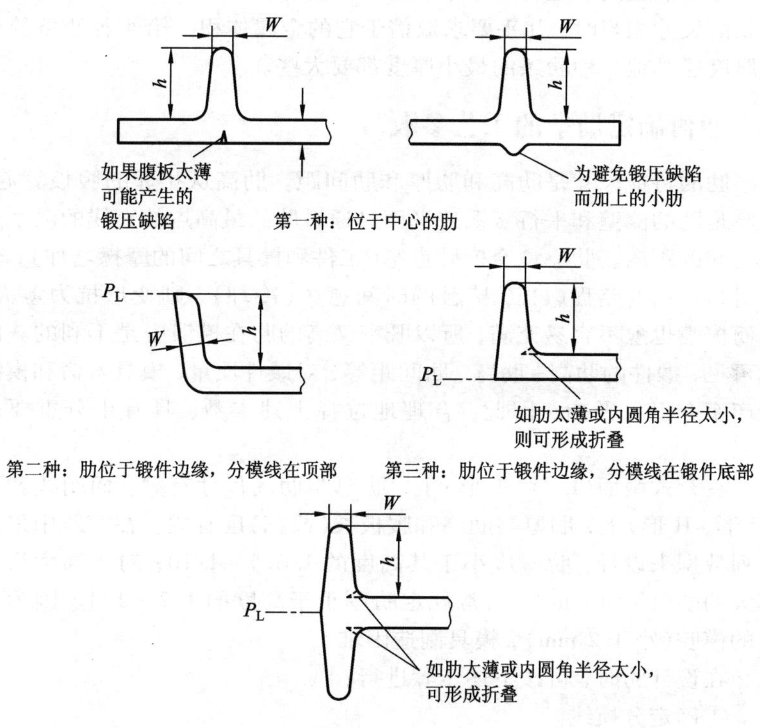

图 3－31　4 种典型肋条

锻造压力较高，肋条应该适当加厚一些。

②肋条位于模锻件的边缘，分模面在肋条的顶部(肋顶分模)，是采用反挤压成形的。这样的肋条不容易产生锻造缺陷，其厚度仅受金属材料特性的限制。采用这样设计可比其他 3 种类型的肋条薄一些。

③肋条也是位于模锻件的边缘，但分模面在其底部(肋底分模)，是采用压入成形(挤压成形)的。这种肋条也不会产生“挤压缩尾”，但可能在肋条的根部产生穿流，这在很大程度上限制了肋条的高度。这种肋条应比第二种肋条的厚度大一些，内圆角半径也应适当加大一些。

④肋条位于模锻件腹板的边缘，对称地排列在腹板两侧。这种肋

条是最难锻造的。这种肋条不仅容易产生穿流缺陷，而且在和第 3 种肋条的尺寸相当时，几乎要求双倍于它的金属体积。第 4 种肋条的最小厚度比其他 3 种肋条的最小厚度都要大些。

32. 如何确定肋条的工艺参数?

肋的特征尺寸是肋高和肋厚和肋间距。肋高从相邻的腹板算起，肋厚是肋的侧壁和平行于锻造平面且通过肋的最高点的直线的两个交点之间的距离。肋厚愈窄模膛愈窄(工件和模具之间的摩擦增加)，金属材料移动的路程愈长，接触的时间愈久(冷却)，则变形抗力愈大，因而模膛也愈不容易充满，所以既窄又高的肋在模锻中是不利的。由此可见，锻件的肋高、肋宽、肋间距等，对锻件质量、模具寿命和模锻生产率有很大影响。因此，合理地选择上述参数，具有十分重要的意义。

在开式截面(L 形、T 形)上，肋厚与肋高尺寸有关；而闭式截面(U 形、H 形)上，肋厚与肋高和腹板长(或宽)度有关。在实践中采用下列数据来设计：肋厚应小于其高度的 1/6. 5 ~ 1/10；对于高度尺寸不大的肋(约 10 mm)，通常规定肋厚小于高度的 1/2 ~ 1/4。因为太窄的模腔(小于 2 mm)，模具制造困难。

在设计肋时，可按下述步骤进行：

①确定分模线。

②肋的位置：两肋之间的距离应大于肋的高度。如果一个锻件上有几根肋，那么被肋围住的锻件部分至少在一侧有一根肋(最多一根)将它和飞边槽隔离开。

③确定断面：肋高和肋宽应按有关标准。肋的断面形状应尽可能在全长上不变化，如有必要变化，那么至少斜度和圆角半径仍应保持不变。

④确定模锻斜度。

⑤确定圆角半径。

肋厚不能低于最小值，否则便有产生“折叠”的危险。在某些情况下，可以用改变分模的方法来消除产生这种缺陷的原因(如采用肋顶分模)。肋根部的圆角半径有下限，因为肋型槽入口处圆角半径如果太小，该处便会迅速磨损和变形，从而使锻件在型槽内粘住。此外，圆角半径太小，并且坯料的断面未经过预备的变形，还可能产生分层的危险。因为当材料在充填肋部时，会从模壁上脱离。型槽底部的圆角半径应该足够大，以便于充满，否则便需要很大的压应力，成为模具上产生龟裂的一个原因。肋的位置在锻件中间的情况下，相邻的腹板厚度应和肋的尺寸协调，因为腹板太薄，就有肋根部的材料被拉入的危险。

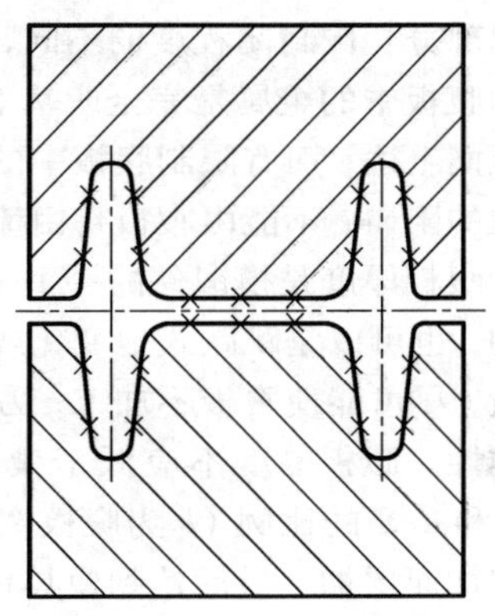

图 3－32　肋间距过小造成的锻造模具磨损

肋间距对于热模锻变形过程是一个有着显著影响的重要结构要素。一般情况下，最小肋间距主要取决于肋高。肋越高，肋间距应越大；最大肋间距主要取决于连接两肋的腹板厚度 S，腹板越厚，肋间距则可以越大。另外，最大和最小肋间距还与锻件材质有关。平行肋的肋间距应大于或等于肋的高度，而环形肋的最小内径则不得小于肋高的 1.5 倍。a_{max} 和 a_{min} 极限尺寸列于表 3－8 中。图 3－32 为两肋很高而肋间距过小时，而造成的锻造模具凸起部位(连接两肋的腹板)过快的磨损(×××——剧烈磨损部位)。

表 3－8　肋间距 a

H/mm	<5	5～10	10～16	16～25	25～35.5	35.5～50	50～71	71～100
a_{min}	—	10	15	25	35	50	65	80
a_{max}	35S			30S		25S		

33. 什么是腹板？如何确定腹板厚度？

连接肋、凸台或其他凸起部位之间呈薄板状的部分称为腹板。按凸起部分包围封闭程度的不同，腹板可分为无限制和有限制两种。无限制腹板中的金属是完全或基本不受肋和其他凸出部位的阻碍，由腹板流向毛边；而有限制腹板中的金属则是基本或完全受肋和其他凸出部位的阻碍，不能由腹板自由流向毛边。

腹板厚度是模锻件的一个主要结构要素，腹板的厚度可以是不变化的，也可以是跳跃式地变化或连续变化。一方面要考虑到减轻锻件重量，尽可能使腹板不加工；另一方面要考虑到获得最小腹板厚度的可能性。腹板厚度不应低于最小的数值，因为锻造时的压应力随着 b/S 和 d/S 的比例（b 为腹板宽度，d 为腹板的直径，S 为腹板厚度）的增加而增加。最后达到模具材料的强度值。此时刻来到以前，弹性变形早就发生了，最大的变形发生在腹板的中心。

最小腹板厚度的确定，主要取决于模锻件材料的物理性能、工艺性能、腹板的宽厚比、腹板的长宽比和腹板的面积。在其他条件相同的情况下，腹板的面积越大，则其厚度应越大，腹板的长宽比越大，则其厚度越小。

肋与腹板结合，可以形成开式断面或闭式断面。断面的形状对腹板厚度有较大的影响，在开式断面中，腹板的宽度因肋的存在而减小，实际宽度等于 $a_1 = a - a_2$，而 a_1/S 小于同样宽度的平面断面的 a/S。此外，开式断面上的肋有助于保持腹板的热量，因此改善了模锻条件。因而，在同等条件下，开式断面的腹板厚度可以比平板断面的腹板厚度小。

在闭式断面中，腹板的宽度 a_1 也因肋的存在而减小，但此处薄的腹板的形成条件要比开式断面的复杂得多，因为接近毛边处的多余金属很难流入位于腹板边缘的肋中。因此，只能在一定程度上认为，开式和闭式断面上的薄板形成条件是近似的。

闭式腹板上的减轻孔，可用作多余金属的补充容纳区，实际上减小了腹板的宽度。在该情况下，可以认为开式或闭式断面中的薄腹板的成型是相同的。

为了有效地利用减轻孔作为多于金属的容纳区，孔的面积应不小于薄的腹板面积的50%。

铝合金模锻件腹板厚度允许最小尺寸如表3－9所示，Ⅰ为开式断面，Ⅱ为闭式断面。

表3－9　各种截面的腹板厚度 S

模锻件在分模面上的投影面积/cm^2	≤25	25~80	80~160	160~250	250~500	500~850	850~1180	1180~2000	2000~3150
Ⅰ	1.5	2.0	2.5	3.0	4.0	5.0	5.5	7.0	8.0
Ⅱ	2.0	2.5	3.0	3.5	4.5	5.0	6.5	8.0	9.0

为了使金属能在肋间距较大的闭式断面中容易流动，有时将腹板做成斜面，从腹板中心向肋的方向逐渐变厚。在该情况下，断面中心部分的腹板厚度按下式确定，对于工字形断面：

$$S_1 = S - (L + R)\tan\gamma$$

对于槽型断面：

$$S_1 = S - 1/2(L + R)\tan\gamma$$

式中：S 为腹板厚度；L 和 R 为通常是图纸上已指出的尺寸；γ 为腹板倾角。

34. 终锻模膛设计的主要内容是什么?

终锻模膛是锻件最后成形的模膛，通过它获得带飞边的锻件。终锻模膛根据热锻件图设计，也是按照热锻件图进行加工制造和检验的，终锻模膛设计的主要内容，是绘制热锻件图、确定飞边槽及钳口尺寸。

终锻模膛由模膛本体、飞边槽和钳口3部分组成。终锻模膛本体的形状尺寸与热锻件图完全相同。因此锻模图中终锻模膛本体部分尺寸标注极少，但是应在锻模图技术条件注明：终锻模膛未注尺寸处按照热锻件图制造。

35. 水压机锻模是怎样构成的?

水压机锻模通常由上、下模块组成，锻模可以做成整体或镶块模。如果是开式模锻，模槽四周有毛边槽与之相连；闭式模锻型槽的四周则没有毛边槽。

为避免偏心锻造，水压机上锻模均为单模膛，其结构比锤锻模要简单一些。水压机锻模由模膛、飞边槽、导柱和锁扣、钳口、顶出器、起重孔、燕尾和键槽等要素构成。

36. 水压机锻模飞边槽的结构有哪些种类？怎样设计飞边槽尺寸？

表3-10为是目前水压机上模锻经常选用的飞边槽结构及尺寸数据，仅供参考。

表3-10　水压机上模锻飞边槽参考尺寸

编号	主要尺寸/mm					简图
	h	b	b_1	h_1	R	
1	3	12	80	12	3	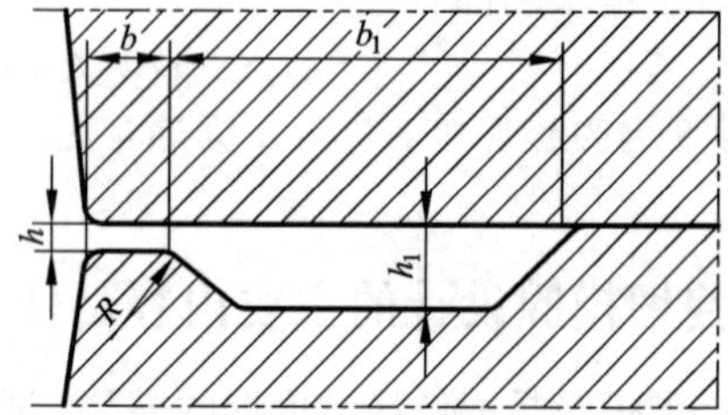
2	3	12	80	12	3	
3	3	12	100	15	3	
4	3	12	60	15	3	
5	3	15	80	15	3	
6	3	15	100	15	3	
7	3	15	80	15	3	
8	5	15	80	15	5	
9	5	15	100	15	5	
10	5	15	120	15	5	
11	5	20	150	25	5	
12	5	15	70	15	6	
13	7	15	80	15	8	
14	7	15	100	15	8	
15	8	25	150	25	10	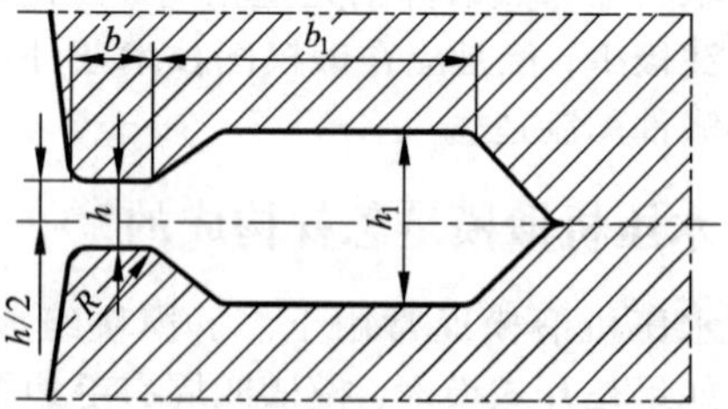
16	3	15	80	12	3	
17	3	15	100	12	3	
18	5	15	80	15	5	
19	5	15	100	15	5	
20	5	15	120	15	5	
21	7	15	80	15	8	
22	7	15	100	15	8	
23	7	15	120	15	8	
24	8	25	150	15	10	

续表3－10

编号	主要尺寸/mm					简图
	h	b	b_1	h_1	R	
25	3	12	60	12	3	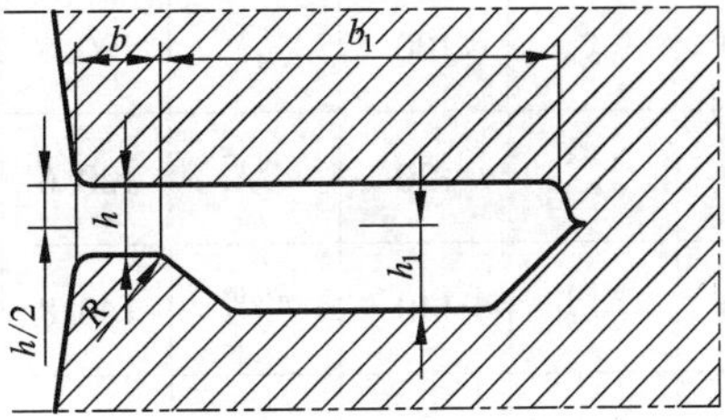
26	3	12	80	12	3	
27	3	12	80	15	3	
28	3	12	100	15	3	
29	3	15	60	15	3	
30	3	15	80	15	3	
31	3	15	100	15	3	
32	5	15	80	15	5	
33	5	15	100	15	5	
34	5	15	120	15	5	
35	5	20	150	25	5	
36	5	15	70	15	6	
37	7	15	80	15	8	
38	7	15	100	15	8	
39	8	25	150	25	10	

37. 水压机锻模导柱与导柱孔的形式、尺寸规格是怎样的？如何布置？

导柱的作用是防止上下模错移，保证上下模膛的对中，对于错移力很大的水平分模的锻件，锻模除了应设有导柱之外，还要设置锁扣。

图3－33为水压机锻模的导柱和导柱孔形式，其尺寸配合关系见表3－11。

锻模的错移力既取决于锻件在分模面上的投影面积，又取决于锻件的形状。因此，在选取导柱直径时既要考虑到锻件在分模面上的投影面积，还要考虑到锻件形状。在一般情况下可根据锻件在分模面上的投影面积来选取导柱直径，见表3－12，对于错移力很大的锻件，可根据所选取的直径再加以修正。

表 3－11 导柱和导柱孔尺寸(mm)

导柱直径 d_3		下模导柱孔直径 d_1		上模导柱孔直径 d_2		下模导柱孔深度 H_1	上模导柱孔深度 H_2
尺寸	偏差	尺寸	偏差	尺寸	偏差		
60	$^{0.135}_{0.075}$	60	$^{+0.06}_{0}$	60.4	$^{+0.06}_{0}$	75	H_2 由模膛深度和原坯料高度决定，即当上模模膛接触原坯料时，最好导柱能深入导柱孔 25～35 mm
80	$^{0.135}_{0.075}$	80	$^{+0.06}_{0}$	80.4	$^{+0.06}_{0}$	95	
100	$^{0.160}_{0.090}$	100	$^{+0.07}_{0}$	100.6	$^{+0.07}_{0}$	120	
120	$^{0.165}_{0.090}$	120	$^{+0.07}_{0}$	120.6	$^{+0.08}_{0}$	140	
140	$^{0.185}_{0.105}$	140	$^{+0.08}_{0}$	140.8	$^{+0.08}_{0}$	165	
160	$^{0.200}_{0.120}$	160	$^{+0.08}_{0}$	160.860	$^{+0.08}_{0}$	190	
180	$^{0.200}_{0.120}$	180	$^{+0.08}_{0}$	181	$^{+0.09}_{0}$	215	
200	$^{0.230}_{0.140}$	200	$^{+0.09}_{0}$	201	$^{+0.09}_{0}$	240	

表 3－12 导柱直径的选取

锻件在分模面上的投影面积/cm^2	推荐所选取导柱的直径/mm
≤400	60
>400～1000	80
>1000～2500	100
>2500～4000	120
>4000～5500	140
>5500～8000	160
>8000～10000	180
>10000	200

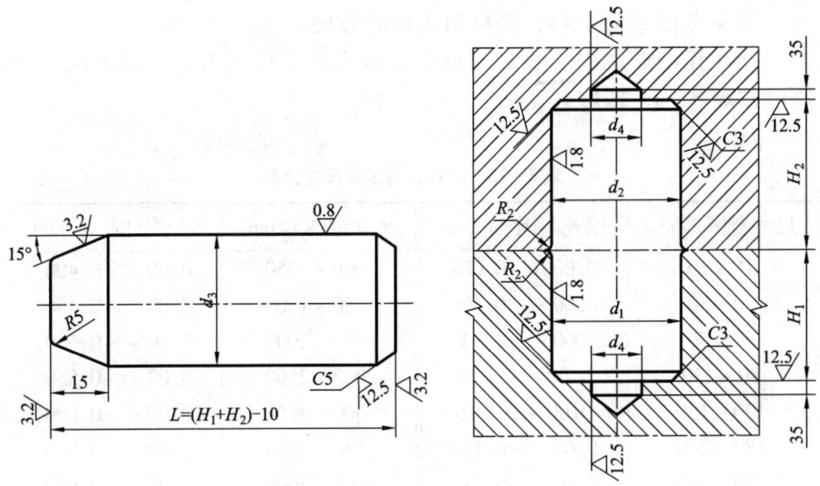

图 3－33　导柱和导柱孔形式

注：导柱材料一般采用 5CrMnMo 或 5CrNiMo，热处理硬度（HRC）＝38～41

导柱在锻模上的布置如图 3－34 所示，其布置原则为：

①一块锻模上要同时配备两个导柱，且两导柱间的距离越大越好。

②导柱孔中心线离模块边缘的距离不应小于导柱的直径。

③导柱最好布置在毛边槽的外边，在不得已占据飞边槽的宽度的情况下，不能大于整个飞边槽宽度的 1/4。

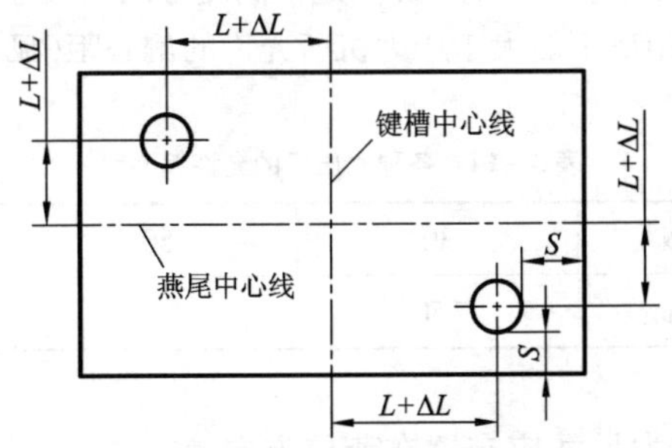

图 3－34　导柱在锻模上的布置

④要考虑到上下料、放料和起料的方便。

导柱孔以燕尾中心线和键槽中心线作为定位基准，孔间距尺寸公差可按表 3－13 选取。

表 3－13　导柱孔的定位尺寸公差

尺寸范围 L/mm	偏差范围 ΔL/mm	尺寸范围 L/mm	偏差范围 ΔL/mm
18～30	0.00～－0.084	1000～1250	0.00～－0.400
30～50	0.00～－0.100	1250～1600	0.00～－0.450
50～80	000～－0.12	1600～2000	0.00～－0.500
80～120	0.00～－0.14	2000～2500	0.00～－0.550
120～180	0.00～－0.16	2500～3150	0.00～－0.600
180～260	0.00～－0.185	3150～4000	0.00～－0.700
260～360	0.00～－0.215	4000～5000	0.00～－0.800
360～500	0.00～－0.250	5000～6300	0.00～－0.900
500～630	0.00～－0.280	6300～8000	0.00～－1.000
630～800	0.00～－0.300	8000～10000	0.00～－1.200
800～1000	0.00～－0.350		

38. 水压机锻模模膛在模块上的布置原则

由于水压机上锻模均为单模膛，因此与锤上锻模相比模膛的布置相对简单。

①尽可能地使模膛中心（压力中心）与锻模中心（即压力机中心线）重合，以减少压力机的偏心载荷，提高锻件高度方向的尺寸精度。模膛中心偏离锻模中心的距离不能大于压力机所允许的偏心距（见表 3－14）。

表 3－14　各种水压机的允许偏心距

设备吨位/MN	30	50	100
允许偏心距/mm	150	200	250

②锻件的最大尺寸应布置在燕尾方向。

③左右对称件以及其他轴对称件要尽可能采用一模多件，这样既

能节约模具钢和提高生产率，又利于锻模保温(因模块增大了)，便于成形。

④要根据设备，炉子的布置情况考虑生产过程中操作方便的问题。

39. 如何选择模块尺寸?

模块的长度和宽度主要根据模锻件外形尺寸、飞边槽、模壁厚度、导柱、锁扣等尺寸大小和锻件压力中心在模块上的布置结果来确定。

模块高度尺寸主要根据模膛深度来确定，同时要参考水压机上下模座的间距来决定，见表3-15和图3-35。

表3-15　模膛深度与模块最小高度的相应数值(mm)

模膛最大深度 h_{max}	<32	32~40	40~50	50~60	60~80	80~100	100~120	120~160	160~200
模块最小高度 H_0	170	190	210	230	260	290	320	390	450

根据模锻的模膛布置，并考虑到最小壁厚、模块最小高度等因素，得出所必需的模块最小轮廓尺寸，选取工厂标准模块中相近的较大值。

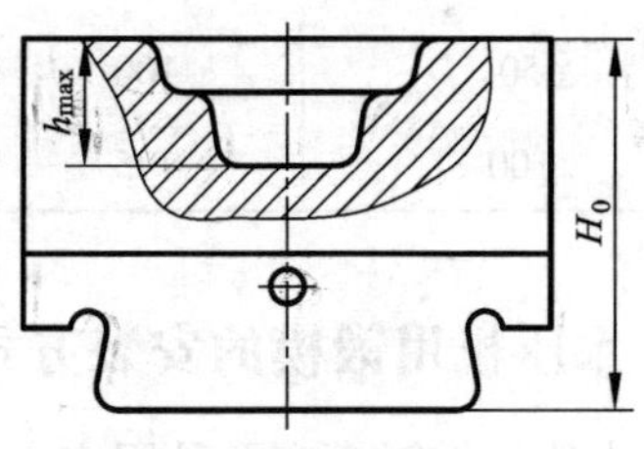

图3-35　模块最小高度

最后根据设备要求进行检验。例如一万吨水压机，模块尺寸不能小于1700×550×500。

40. 如何设计水压机锻模顶料器?

顶料器的作用是从模膛中顶出锻件，它用于模膛很深、形状复杂、起料困难的开式模锻和闭式模锻以及精密模锻。

图3-36是顶料器的装配工作图，其有关参数列于表3-16中。

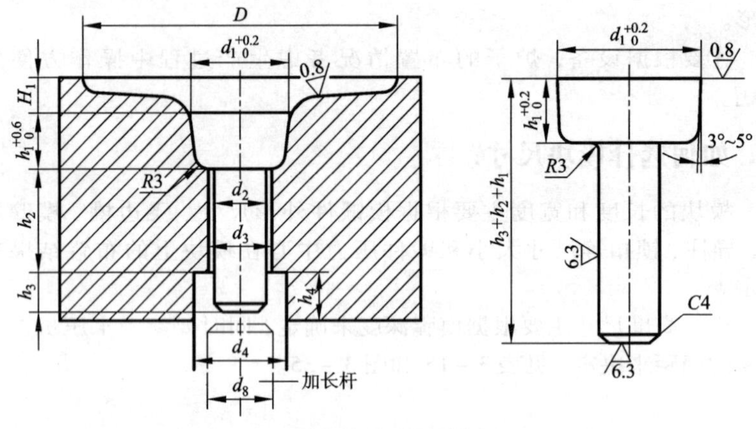

图 3-36 顶料器

表 3-16 各种吨位水压机有关顶料器的一些参数

参数 设备/MN	加长杆直径 d_g /mm	顶出模座高度 H /mm	顶杆行程 /mm	顶出力 /kN
30	90	60	750	200
50	100	130	750	250
100	125	150	1200	270

41. 水压机用锻模的安装方式有哪些?

水压机上锻模有两种固定方法：第一种是用楔子和键紧固；第二种是用卡爪紧固。

(1)楔子和键紧固法

这种紧固方法类似于锤锻模，结构较为简单，适用于小型模锻水压机的锻模固定或自由锻水压机上锻模固定(见图 3-37)。但是用于大中型模锻水压机上则存在如下缺点：

①一台水压机需要多套模座，这不仅浪费钢材，而且模座更换很不方便。

②锻模装卸过程中操作者劳动强度大、操作时间长而且不安全。

③由于锻模燕尾尺寸已经标准化，所以需要把锻模加工到规定的燕尾标准，就必然要增加锻模加工过程中的切削加工量。

④燕尾加工精度要求高。

⑤这种装卡在重复交变载荷作用下，锻模易松动，以致压坏导柱、导柱孔和锁扣。

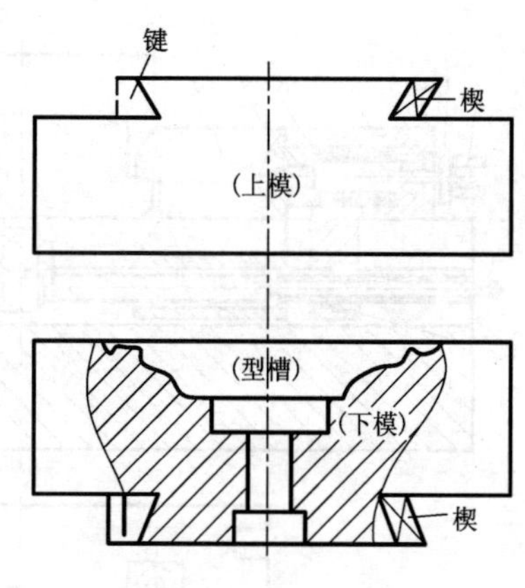

图3-37　楔子和键紧固

(2)风动楔铁紧固法

这种方法在“楔子和键紧固法”的基础上加上风动缸，适用于各种类型模锻水压机的锻模固定，其特点是：

①一台水压机更换多套锻模时，不必更换楔铁。

②不必用人工紧固楔铁，既降低工人劳动强度，又安全可靠。

③结构简单，占用空间小，维修方便。

(3)卡爪紧固法

卡爪紧固法分两种：丝杠双动式卡爪紧固法(见图3-38)和液压驱动式卡爪紧固法，如图3-39所示。

卡爪紧固法的主要优点是：

①模尾为无极变化，所以一套模座可以代替用楔子紧固时的多套模座，这不仅节省了大量钢材，而且不需更换模座。

②锻模装卸快，安全可靠，大大降低了体力劳动强度。

③消除了锻模与模座间的间隙，有效地防止了锻模的松动。

④由于模尾无级，减少了对锻模的加工，节省了工时和锻模材料，并相对提高锻模强度等。

丝杠双动式卡爪紧固法适用于中型水压机。

液压驱动式卡爪紧固法适合于大型水压机，其缺点是：易漏油，需要油压系统，且胶皮软管易断裂。

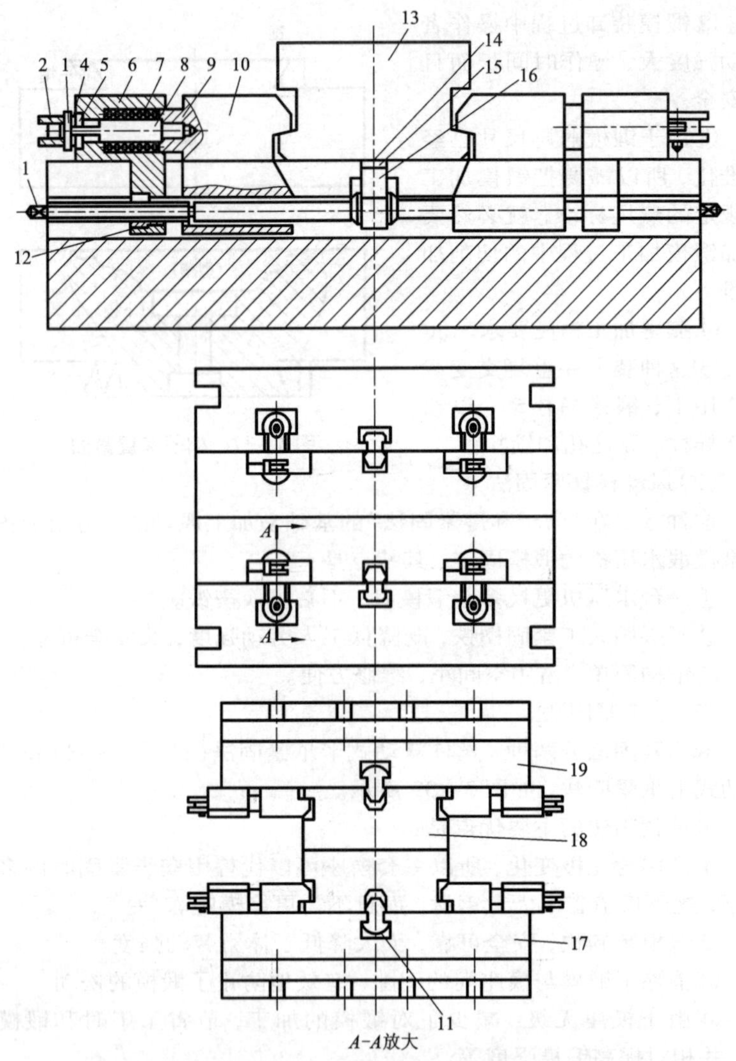

图 3-38 丝杠双动式卡爪

1—左右旋丝杠；2—偏心手柄；3—销轴；4—开口销；5—凸轮垫；6—尾座；7—弹簧；8—拉杆；9—定位螺丝；10—卡爪；11—定位键；12—螺母；13—下模；14—盖板；15—螺钉；16 轴支承；17 下座；18—上模；19—上座

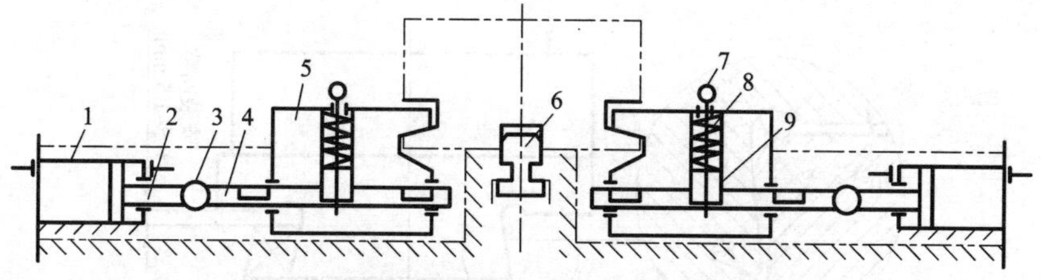

图3-39　液压驱动式卡爪

1—液压缸；2—活塞杆；3—活结；4—爪杆；5—卡爪；6—键；7—拉杆；8—弹簧；9—圆柱销子

42. 水压机锻模如何安装、调整?

(1)安装

将上横梁抬起，用起重设备将上、下模成对地吊到锻造设备上。用撬杠将锻模拨向靠键的一侧，落下上横梁，打紧斜楔，将上、下模固紧。开动设备轻轻地空击，再打紧斜楔。没有锁扣的锻模需查看检验角，看上、下模之间是否有错移。若无错移，进行首件试锻，并检验首件。首件合格后，装模工作才告结束。

(2)锻模安装后的检查方法

①用扳手检查各紧固螺钉，要拧紧，不得松动。

②用量具进行检查其装配的平行度及垂直度。

③每次更换锻模时，对设备的装夹面都应仔细观察，并及时调整、修理。

④检查锻模的两肩与模座或锤头间的间隙，两者之间应保持0.5～1.5 mm的间隙(见图3-40)，以保证燕尾底面作为主要承击面，避免产生燕尾裂纹。

(3)锻模的调整

锻模的调整主要针对错移。带有锁扣和导柱的锻模安装以后，一般不应出现错模，但应注意使锁扣和导柱的间隙分布均匀。如发生错模，则需修模。

锻模错移调整的方法：

①纵向错移，即前后错移，可通过定位键两侧的垫片调整。应事先准备好0.5～5 mm厚的各种垫片供调整时使用，一般只调上模。如

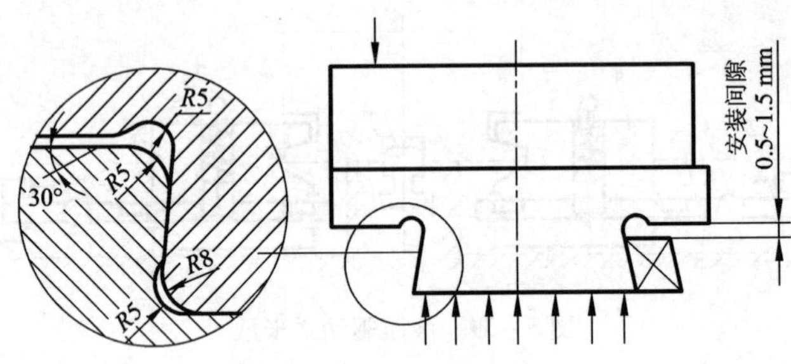

图 3－40 正确的紧固方式

错移量过大时，也可以上、下模同时调整。

②横向错移，即左右错移，可根据错移的大小，退出和打紧机架两侧的斜楔，必要时可加垫片，达到调整的目的。

③转动，即上、下模之间转动了一个角度，这时可采用两块专用的斜模状的垫片，左、右两侧前后地放在燕尾侧面，使错移角度消除。

43. 水压机模锻成形工序主要包括哪些工步？有何作用？

模锻成形工序主要包括两类工步。

(1)制坯包括镦粗、拔长、滚挤、卡压、成形、弯曲等工步

制坯工步的作用是改变毛坯的形状，合理分配坯料体积，以适应锻件横截面形状和尺寸的要求，使金属较好地充满型槽。

(2)模锻包括预锻和终锻工步

其作用是使经制坯的坯料得到冷锻件图所要求的形状和尺寸。每类锻件都需要终锻工步，而预锻工步应根据具体情况决定是否采用。例如模锻那些容易产生折叠和不易充满的锻件常采用预锻工步。

44. 如何确定各类锻件的制坯工步？

制订模锻工艺过程的主要任务之一是确定制坯工步。短轴类锻件与长轴类锻件的制坯工步有本质上的区别，因而确定方法不同，甚至坯料的计算方法也不一样。

制坯工步是从坯料到终锻或预锻工步之间的变形工步，通过制坯使坯料变成易于终锻成形的毛坯。包括镦粗、拔长、滚挤、卡压、成形和弯曲等。

(1)短轴类锻件的制坯工步

短轴类模锻件一般使用镦粗制坯，形状复杂的宜用镦粗 + 成形制坯。在短轴类锻件制坯时，要求得到的坯料，其纵截面的形状和尺寸符合终锻时对材料体积分配的要求。其目的是避免终锻产生充不满或折纹等缺陷，从而起到提高锻件表面质量和提高锻模寿命的作用。表3－17为短轴类锻件的分类简图及工艺特征。

表3－17　短轴类锻件的分类简图及工艺特征

组别	锻件简图	变形工步
普通短轴类锻件	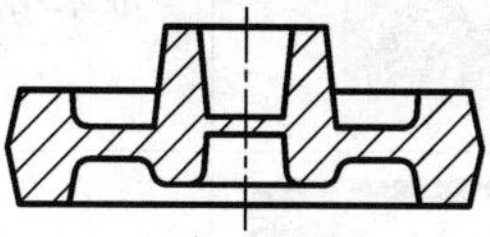	自由镦粗或镦粗
轮毂较高的法兰锻件	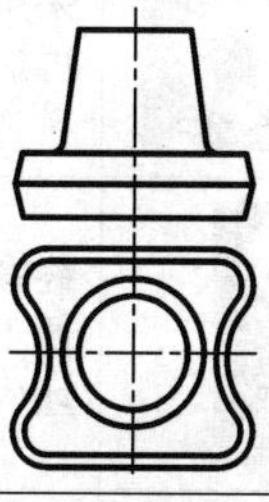	自由镦粗、成形镦粗
轮毂特高的法兰锻件	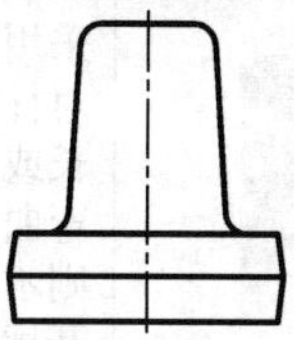	拔长
接近于圆形的锻件	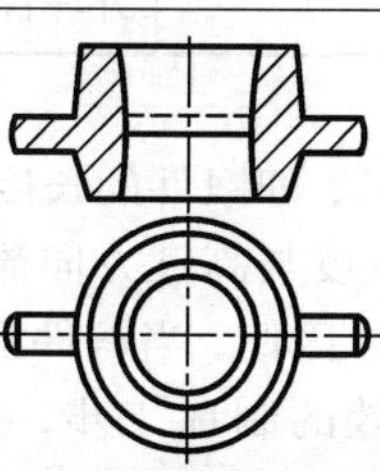	自由镦粗、压扁

(2)长轴类锻件制坯工步

长轴类锻件是铝合金模锻件最常见的一种类型，品种多、形状复杂。按锻件外形、主轴线和分模线的特征可分为4组。长轴类锻件的分类简图及工艺特征列于表3-18。

表3-18　长轴类锻件的分类简图及工艺特征

组别	简图	工艺过程特征
直长轴类锻件		一般采用局部拔长制坯或辊锻制坯
弯曲轴锻件	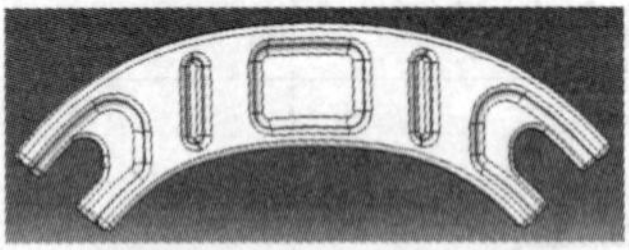	采用拔长制坯或拔长加滚挤制坯，再加上弯曲制坯或成形制坯
枝芽类锻件	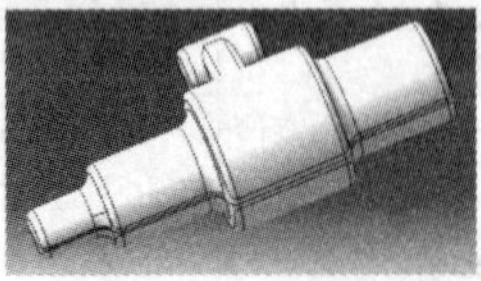	终锻前除可能需要拔长制坯外，为便于锻出枝芽，还可能进行成形制坯(毛压)或预锻
叉类锻件		采用拔长制坯或拔长加滚挤制坯外，对杆部较短的叉形锻件，除需要拔长或拔长加滚挤制坯外，还得进行弯曲制坯。而杆部较长的叉形锻件，则不必弯曲制坯，只需采用带有劈开坪台的预锻工步

长轴类锻件的轴线较长，即锻件的长度与宽度或高度的尺寸比值较大，模锻时金属主要沿宽度与高度方向流动，沿长度方向流动很小(即接近于平面变形方式)。因此，当锻件沿长度方向其截面面积变化较大时，必须考虑采用有效的制坯工步，使坯料形状接近锻件的形状，坯料的各截面面积等于锻件各相应截面面积加上飞边面积。

选择长轴类锻件模锻工步比较复杂，需要根据具体模锻件的形状进行具体分析。

1)对于截面比较均匀的梁型模锻件，可以采挤压棒材或带板直接终锻。

2)对于截面不均匀、变形剧烈的的扁平长轴类模锻件，可以采用以下几种方案：

①(自由锻或制坯模)制坯+终锻。

②预锻+终锻。

③自由锻制坯+预锻+终锻。

3)对于弯曲轴线的长轴类锻件，其模锻方案有：

①自由锻制坯+终锻。

②弯曲模制坯+终锻。

4)对于工字形截曲和叉形工字形截面的锻件，其模锻方案有：

①当筋较矮时，采用自由锻或制坯模制坯+终锻。

②当筋较高时，自由锻制坯+预锻+终锻。

③当筋很高时，可采用制坯模制坯+预锻+终锻。

5)对于从一头向另一头逐渐减小的模锻件，模锻方案为：

辊锻制坯+终锻。

6)对于宽度不大，两端或一端较厚大的模锻件，其模锻方案为：

平锻机上局部镦头制坯+终锻。

45. 选择模锻成形工序时应注意哪些方面?

模锻成形工序是模锻工艺过程中最关键的组成部分之一，它关系到采取什么工步来锻制所需的锻件。根据锻件的分类方法和各类锻件的金属流动特点，模锻成形工序的选择与坯料规格有着密切的关系。由于每类锻件都必须有终锻工步，所以模锻成形工序的选择，实质上是选择制坯工步和预锻工步，这取决于锻件的形状、尺寸和现有的模锻设备的类型，而生产批量、设备大小、现有坯料的规格以及操作人员的技术水平等因素，对选择工步也有一定的影响。在选择模锻成形工序时还应考虑以下几点：

①成形工序各工步的尺寸和变形量，应根据模锻件材料的允许变形程度和临界变形程度确定，防止在模锻时产生裂纹和低倍粗晶组织。

②低塑性材料应选用提高静水压应力的成形方法。

③毛坯中的金属纤维方向要合理，避免形成明显弯折、切断、涡流等缺陷。

④根据锻件材料的塑性和锻造温度范围，以及对锻件金属纤维方向和形状、生产条件、生产量等因素的要求，选用自由锻制坯、专用设备制坯或模锻制坯。

⑤必须注明润滑剂及其涂敷方法和涂敷部位等。

⑥应明确规定模锻时的放料方向、清除氧化皮的方法、锤击力和欠压量的大小及从模膛中取出锻件的方法等。

46. 锤上模锻有哪些特点？锤上模锻有哪些方式？

与其他模锻设备相比，锤上模锻具有以下特点：

①工艺适应性广、设备造价低、打击能量可在操作中随意调整、毛坯能在同一模膛中轻重缓急多次锤击。

②在同一副锻模上就能实现镦粗、拔长、滚挤、弯曲、成形、预锻和终锻等各类工步，灵活地成形各种形状的锻件。

锤上模锻有多种不同方式：

①按照模锻时有无飞边，可分为开式模锻及闭式模锻。

②按照锻模上模膛个数的不同，可分为单模膛模锻和多模膛模锻。

③按照模块上终锻模膛上模锻件数的不同，可分为单件模锻（一模一件）和多件模锻（一模多件）等。

47. 锤上模锻件如何分类？各类锻件的特点是怎样的？

按照锻件形状特点，可以把锤上模锻件分成两大类，即短轴类和长轴类锻件。

（1）短轴类锻件

锻件高度方向（主轴线方向）的尺寸，比其他两个方向的尺寸小或者相近（锻件在分模面上的投影为圆形或长宽尺寸相差不大），锻件呈饼块形；模锻时，毛坯主轴线方向与打击方向相同，金属沿高度、宽度和长度方向同时流动，属于体积变形；终锻前通常采用镦粗或压扁进行制坯。

短轴类锻件按照锻件截面形状的复杂程度又分为 3 组。

①简单形状。锻件平面图形为圆形，无深孔或无薄辐板，如法兰、环、无薄辐板齿轮等。

②较复杂形状。如十字轴、有薄辐板齿轮等。

③复杂形状。如万向节叉、有深孔的突缘等。

(2) 长轴类锻件

锻件长度方向(主轴线方向)的尺寸远大于其他两个方向的尺寸；模锻时毛坯的主轴线方向与打击方向垂直，金属沿主轴线方向的流动阻力大，流动很小，主要是在垂直于主轴线的横截面内沿高度和宽度方向流动，属于平面变形；因此，当锻件沿主轴线方向其截面面积变化较大时，必须考虑采用有效的制坯方法，常采用拔长或滚挤作为基本制坯工步，此外，可能还需要其他制坯工步，以保证锻件饱满成形。

长轴类锻件按照锻件的主轴线的特征，又可以分为 4 组。

①直长轴锻件，锻件的主轴线为直线，如连杆和台阶轴等。

②弯曲轴锻件，锻件的主轴线呈弯曲形状。

③枝芽类锻件，锻件主轴线上带有突出部分，如同枝芽状。

④叉形类锻件，锻件头部呈叉状，杆部或长或短。

48. 锤上模锻工艺制订的主要内容是什么？锤上模锻的工艺过程是怎样的？

锤上模锻工艺制订的主要内容如下：

(1) 制订与模锻变形相关的工艺

①根据产品零件图绘制模锻件图。

②根据锻件形状尺寸和实际生产条件确定变形工艺方案，主要是工步的种类及顺序。

③进行工步(中间毛坯尺寸)设计和相应的模膛设计，设计顺序是先设计终锻模膛，再设计预锻模膛和制坯模膛(与变形过程相反)。

④计算并选用原始毛坯。

⑤确定设备吨位。

⑥锤锻模结构设计，绘制锻模图。

(2) 制订模锻变形前和变形后的工艺

①确定加热、冷却和热处理规范。

②确定切边工艺并设计切边模具。

③确定清理、校正等工艺和设备。

最后要汇总设计结果，填写模锻工艺卡片。

锤上模锻的工艺过程如下：

备料→切断→坯料加热→模锻→切取毛边→清理表面→热处理前检验→淬火→校正→时效→清理表面→成品检验→包装。

49. 锤锻模的结构是怎样的？一般是由哪儿部分组成？各部位分别有何作用？

锤锻模是由上下模组成的，模块借助燕尾、楔铁和键块紧固在锤头和下模座的燕尾槽中。上模和下模分别有燕尾、键槽、模膛、检验角、起重孔等。

燕尾——利用楔和垫片分别将上下模紧固于锤头和模座上，相对锤头和模座不发生垂直方向的移动。

键槽——模具固定在锤头或模座上是靠键装于键槽里的，起定位作用。

模膛——有预锻模膛、终锻模膛、制坯模膛、切断模膛等，起成形作用。

检验角——是制造模具的加工基准，也是安装和调整模具的检验基准。

起动孔——吊装模具用。

楔铁和键块的作用是使模块左右和前后方向不能移动，并且有微调的功能。

50. 锤上模锻的变形工步和模膛怎样分类？各有何作用？

锤上模锻时，毛坯加热后，在锻模模膛中变形成为带飞边的锻件，这一过程叫做模锻工序。锤上模锻工序一般分成若干变形工步逐步进行，每个工步有对应的模膛，各个模膛一般集中排布于同一副锻模上。工步的名称和所用的模膛的名称一致。

锤上模锻所用的模膛可以分为 3 类，具体见图 3－41。

(1)模锻模膛，包括预锻模膛和终锻模膛

终锻模膛是按热锻件图制造的，是获得锻件最后的形状和尺寸的

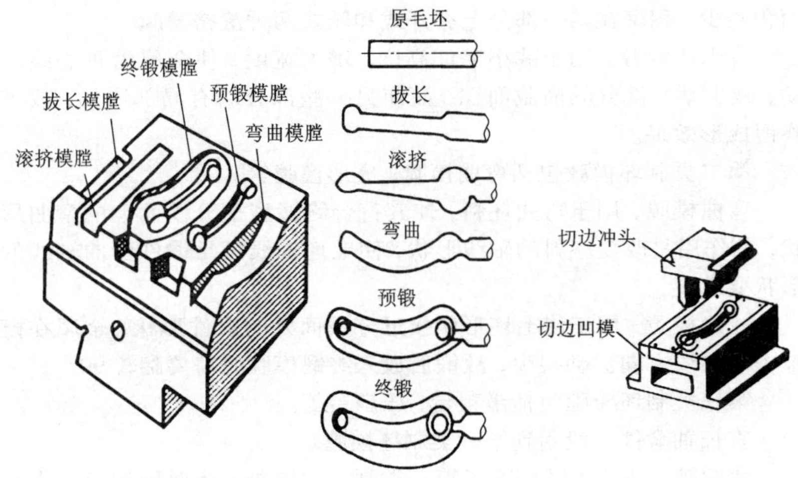

图 3－41　锤上模锻所用的常用模膛

模膛。各类锻件都要用到终锻模膛。终锻是模锻工序中最后也是最重要的变形工步，模锻件的形状尺寸就是靠终锻模膛来保证的。

预锻模膛是指外形接近终锻模膛、模锻斜度、圆角半径比终锻模膛略大的，一般情况下模膛四周不开设飞边槽的模膛。预锻模膛的作用是：

①使制坯后的毛坯进一步变形，使坯料接近锻件形状，保证终锻时容易充满模膛，获得饱满、无折叠、裂纹或其他缺陷的锻件。

②减少终锻模膛的磨损，提高锻模的使用寿命。

（2）制坯模膛

制坯是从原毛坯到终锻或预锻之间的变形工步，作用是初步改变原毛坯形状，将原始毛坯的金属进行与锻件的各横截面相适应的重新分配，使毛坯具有锻件的初形，使之容易预锻或终锻成形。各类锻件所用到的制坯模膛各不相同。根据金属变形量和变形方式，制坯模膛一般可以分成 3 类。

第一类制坯模膛包括：

①拔长模膛，用于拔长毛坯，并使其局部的横截面积减小。

②滚挤模膛，用于增加毛坯的横截面积，使毛坯的其他部分横截面积减少，积聚在某一部分上有开式和闭式两种滚挤模膛。

③卡压模膛，用于减小毛坯高度，增大宽度，使金属沿轴心线流动，减少某些部分的横截面积，而使另一些部分略有局部增加，改善终锻成形效果。

第二类制坯模膛包括弯曲模膛、成形模膛等。

弯曲模膛，用于弯曲坯料，使其符合终锻型槽分模面上的弯曲形状，其作用是改变坯料的轴线形状，使毛坯轴线满足锻件弯曲轴线的形状要求。

成形模膛，用于使毛坯形状接近分模面处的锻件形状；金属在模膛中沿轴线方向流动很少，故锻后放入终锻模膛时需要翻转90°。

第三类制坯模膛包括镦粗台、压扁台等。

直长轴锻件一般用到第一类制坯模膛。

弯曲轴、枝芽类锻件除了第一类制坯模膛外，还要用到第二类制坯模膛。

叉形类锻件一般要在预锻中用劈料台劈开头部。

短轴类锻件一般用到第三类制坯模膛。

(3) 切断模膛

切断模膛，分离锻件的模膛，用于一坯多件模锻时，把带飞边的锻件从长棒料上切割下来，以便继续在余下的棒料上模锻另一个锻件，也便于进行切边工作，获得单个成品模锻件。切断模膛一般开设在锻模的一角上，根据情况可将它放在前方或后方，当采用连续模锻的方法时，每锻出一件，都需要使用切断模膛将锻件与棒料分离。

51. 什么是单模膛模锻？单模膛模锻的操作过程是怎样的？什么是多模膛模锻？多模膛模锻的操作过程是怎样的？

(1) 锤上模锻时，如果锻件形状简单，可在单模膛内锻造成形，称为单模膛模锻。

将加热好的坯料直接放在下模的模膛内，然后进行若干次锤击，直至上、下模在分模面上接触为止，取出锻件，切去飞边，模锻过程结束。

(2) 锤上模锻时，对于形状复杂的锻件，必须经几个模膛锻造才能成形，称为多模膛模锻。

根据坯料的形状，首先在拔长模膛中拔长，然后在滚挤模膛中滚挤，使拔长过的坯料体积重新分配得更好，以适用锻件各个截面的要求。接着在弯曲模膛中进行弯曲，使坯料初具锻件形状，再在预锻模膛中锻出极其接近锻件形状的模锻件，最后放入终锻模膛中终锻成形，锻出符合图纸要求、具有清晰外形的锻件。取出锻件，切去飞边，模锻过程结束。

52. 拔长模膛的结构和类型是怎样的?

拔长模膛一般设置在模块的边部位置上，由坎部和仓部两部分组成，截面呈矩形，边缘开通。

拔长模膛的形式：

1)按模膛横截面形状分为开式和闭式两种形式，如图3－42所示。

①开式：横截面为矩形，这种形式结构简单，制造方便，应用较广。

②闭式：横截面为椭圆形，这种形式操作和制造比开式难一些，要求把坯料正确放置在模膛中，否则坯料易弯曲；但拔长效果好，而且被拔坯料表面较为光洁。适用于细长的锻件制坯，即 $L_{杆}/a_{杆}>15$ 的锻件($L_{杆}$为被拔长部分长度，$a_{杆}$为被拔长部分高度)。

2)按模膛在模块上的排列分直排和斜排两种形式，如图3－43所示。

①直排式：模膛中心线与燕尾中心线平行。其优点是可控制拔长尺寸和避免坯料弯曲，该排列形式应用较广。

②斜排式：模膛中心线与模块燕尾中心线呈一定夹角 α，适用于较长锻件，有利于增加承击面，一般在模具前左侧。一般夹角 α 可以取为10°，12°，15°，18°，20°等，但是不允许毛坯碰到锻锤机架。有切断模膛时，可将斜排拔长模膛与切断模膛一前一后安排在同一侧边，以便减小模块尺寸。斜排式形式应用于模膛数量较多，布排较紧的锻模上。其缺点是对拔长后的坯料长度不易控制。

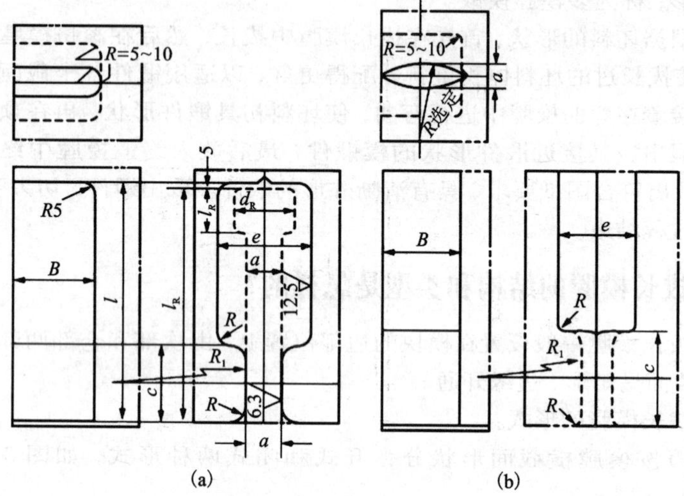

(a)　　　　　　　　　　(b)

图 3－42　拔长模膛的形式

(a)开式；(b)闭式

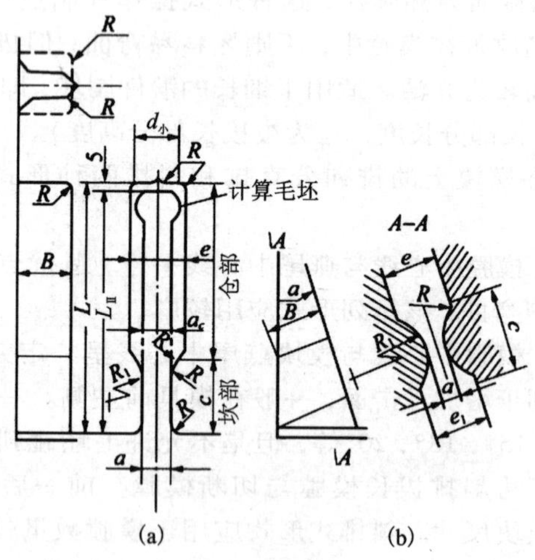

(a)　　　　　　　　　　(b)

图 3－43　拔长模膛

(a)直排式；(b)斜排式

53. 怎样设计拔长模膛？

拔长模膛以计算毛坯为依据进行设计，主要确定拔长坎高度 h，长度 c 和宽度 B。具体见表3－19。

表3－19　拔长模膛主要尺寸的确定(mm)

<table>
<tr><th>项目</th><th colspan="4">计算公式</th><th>符号说明</th></tr>
<tr><td rowspan="4">拔长坎长度 h</td><td colspan="4">拔长后不滚挤：$h = k_1 d_{min}$
拔长后滚挤：$h = k_2 \sqrt{\frac{V_{杆}}{L_{杆}}}$</td><td rowspan="4">$d_{min}$ 为计算毛坯的最小直径；$V_{杆}$ 为计算毛坯杆部体积；$L_{杆}$ 为计算毛坯杆部长度</td></tr>
<tr><td>$L_{杆}$</td><td><200</td><td>200～500</td><td>>500</td></tr>
<tr><td>k_1</td><td>0.85</td><td>0.8～0.75</td><td>0.7</td></tr>
<tr><td>k_2</td><td>0.9</td><td>0.85</td><td>0.8</td></tr>
<tr><td rowspan="3">拔长坎高度 l</td><td colspan="4">$l = k_3 d_p$</td><td rowspan="3">d_p 为毛坯直径；L_p 为毛坯长度</td></tr>
<tr><td>L_p</td><td><$1.5d_p$</td><td>$(1.5～3)d_p$</td><td>$(3～4)d_p$</td></tr>
<tr><td>k_3</td><td>1.1</td><td>1.3</td><td>1.5</td></tr>
<tr><td rowspan="3">模膛宽度 B</td><td colspan="4">$B = k_4 d_p + (10～20)$</td><td rowspan="3"></td></tr>
<tr><td>d_p</td><td><40</td><td>40～80</td><td>>80</td></tr>
<tr><td>k_4</td><td>1.5</td><td>1.3～1.4</td><td>1.2～1.3</td></tr>
<tr><td>模膛深度 e</td><td colspan="4">拔长后为一光杆 $e \geqslant 2h$
拔长后端头有一小头部 $e = 1.2d_{头}$，$e \geqslant 2h$</td><td></td></tr>
<tr><td>圆角圆弧半径</td><td colspan="4">$R = 0.25l$　$R_1 = 10R$</td><td></td></tr>
<tr><td>拔长模膛总长度</td><td colspan="4">$L = L_{拔} + (5～10)$</td><td></td></tr>
</table>

54. 滚挤模膛的结构和类型是怎样的?

滚挤模膛由钳口、模膛本体和毛刺槽只部分组成。钳口不仅是为了容纳夹钳，同时也是用来卡细毛坯，阻止头部金属流出模膛，以产生聚集效果。毛刺槽用来容纳滚挤时产生的端部毛刺。

滚挤模膛结构形式分为开式滚挤、闭式滚挤、混合式和非对称式。

开式滚挤模膛的截面呈矩形，侧面开通，如图3－44(a)所示。金属在开式滚挤模膛中的受力情况，如图3－44(b)所示，主要依靠摩擦阻力来限制金属的横向流动，使金属轴向流动，聚集金属效率较低，但是结构简单，制造方便，适用于截面变化不大的长轴类锻件。

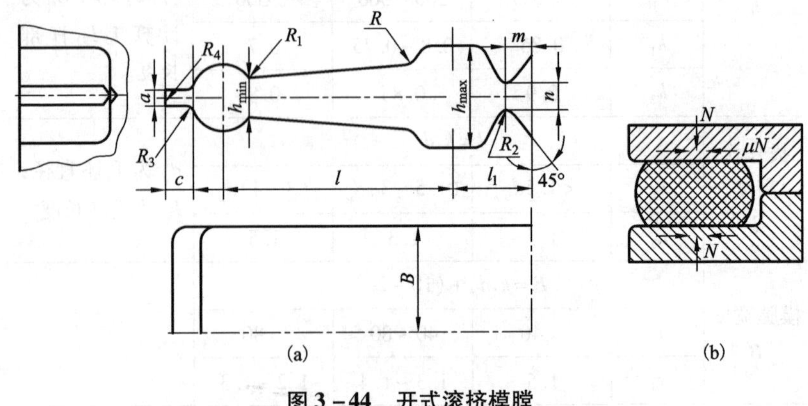

图3－44 开式滚挤模膛

闭式滚挤模膛的截面呈椭圆形，整个侧面封闭，如图3－45(a)所示。金属在闭式滚挤模膛中的受力情况，如图3－45(b)所示，除了摩擦阻力，还有模膛侧壁阻力共同限制横向流动，金属沿轴向流动较强烈，聚集效果好，适用于截面变化较大的锻件。

混合式滚挤模膛中杆部为闭式，头部为开式，适用于锻件头部有孔的情况。

非对称式滚挤模膛可以制出小对称的毛坯，适用于非对称轴类锻件。在不对称的头部应采用开式或增大该处的宽度，以利聚料。

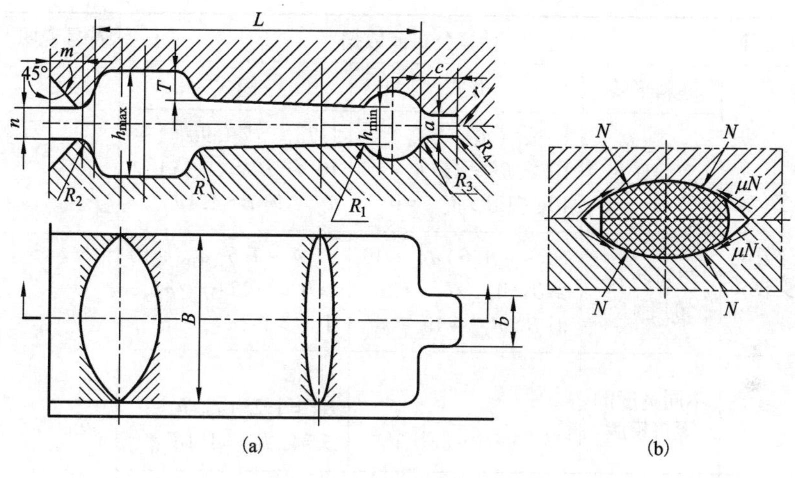

图 3-45 闭式滚挤模膛

55. 如何设计滚挤模膛？如何绘制滚挤模膛？

(1)滚挤模膛也是以计算毛坯为依据设计的。滚挤模膛尺寸具体见表 3-20。

表 3-20 滚挤模膛尺寸的确定(mm)

<table>
<tr><th>项目</th><th colspan="5">计算公式或数据</th><th>符号说明</th></tr>
<tr><td rowspan="6">模膛高度 h</td><td colspan="5">$h = kd_{计}$ k：系数按下表选取</td><td rowspan="6">$d_{计}$：计算毛坯相应处的直径
$d_{坯}$：坯料直径</td></tr>
<tr><td rowspan="2">$d_{坯}$/mm</td><td colspan="2">杆部</td><td rowspan="2">头部</td><td rowspan="2">拐点</td></tr>
<tr><td>开式</td><td>闭式</td></tr>
<tr><td><30</td><td>0.75</td><td>0.8</td><td>1.15</td><td>1.00</td></tr>
<tr><td>30~60</td><td>0.70</td><td>0.75</td><td>1.10</td><td>0.95</td></tr>
<tr><td>>60</td><td>0.65</td><td>0.70</td><td>1.05</td><td>0.90</td></tr>
</table>

续表 3-20

<table>
<tr><th>项目</th><th colspan="7">计算公式或数据</th><th>符号说明</th></tr>
<tr><td rowspan="4">模膛宽度 B</td><td>坯料形式</td><td colspan="3">开式</td><td colspan="3">闭式</td><td rowspan="4"></td></tr>
<tr><td>原始坯料</td><td colspan="3">$1.7\alpha_{坯}$（或 $1.5d_{坯}$）$+10 \geqslant B \geqslant A_{坯}/h_{min}+10$，但 $B > d_{max}+10$</td><td colspan="3">$1.7d_{坯}$（或 $1.9\alpha_{坯}$）$+10 \geqslant B \geqslant 1.15A_{坯}/h_{min}$，但 $B > 1.1d_{max}$</td></tr>
<tr><td>经过拔长的毛坯</td><td colspan="3">$(1.4\sim1.6)d_{坯}+10 \geqslant B \geqslant A_{杆均}/h_{min}+10$，但 $B > d_{max}+10$</td><td colspan="3">$(1.4\sim1.6)d_{坯}+10 \geqslant B \geqslant 1.25A_{杆均}/h_{min}$，但 $B > 1.1d_{max}$</td></tr>
<tr><td>不同宽度的滚挤模膛</td><td colspan="3"></td><td colspan="3">杆部：
$B_{杆}=1.25A_{杆均}/h_{min}$；
头部：$B_{头}=1.1d_{max}$</td></tr>
<tr><td>模膛长度 L</td><td colspan="7">$L = L_{计}(1+\delta)$</td><td>δ：收缩率</td></tr>
<tr><td>模膛钳口尺寸</td><td colspan="7">$n=0.2d_{坯}+6$　$m=(1\sim2)n$
$R=0.1\ d_{坯}+6$</td><td></td></tr>
<tr><td rowspan="7">毛刺槽尺寸</td><td></td><td>$d_{坯}$/mm</td><td>α</td><td>c</td><td>R_3</td><td>R_4</td><td>b</td><td rowspan="7"></td></tr>
<tr><td rowspan="4">无切刀</td><td><30</td><td>4</td><td>20</td><td>5</td><td>4</td><td>20</td></tr>
<tr><td>30～60</td><td>6</td><td>25</td><td>5</td><td>6</td><td>30</td></tr>
<tr><td>60～100</td><td>8</td><td>30</td><td>10</td><td>8</td><td>40</td></tr>
<tr><td>>100</td><td>10</td><td>35</td><td>10</td><td>10</td><td>50</td></tr>
<tr><td rowspan="2">有切刀</td><td><30</td><td>6</td><td>25</td><td>5</td><td>6</td><td>25</td></tr>
<tr><td>≥30</td><td>8</td><td>30</td><td>5</td><td>8</td><td>30</td></tr>
</table>

注：表中毛刺槽尺寸 b 的尺寸仅适用于闭式滚挤模膛。

（2）绘制滚挤模膛

①按计算毛坯的典型截面计算出各截面上的 h 和 B 值，将 h 从分模线对称标出，长度方向的尺寸应从锻模的前端基准注出。

②以大圆弧或直线将各点 h 连接，画出滚挤模膛的纵剖面，应尽

可能圆滑过渡，头部和杆部交界处应该用适当的圆弧连接，以利于金属流动。

③如果计算毛坯的杆部为水平线，杆部较长时，为了杆部金属易于流向头部，滚挤模膛可做成带斜度的，倾斜角取 2°~5°。

④转角处圆角半径 R 由相邻部分的台阶高度 T 确定：$R=(1.5\sim3)T+5$ mm。

56. 卡压模膛的类型和结构是怎样的？如何设计卡压模膛？

卡压模膛也有开式和闭式两种，但一般都用开式，如图 3-46 所示。

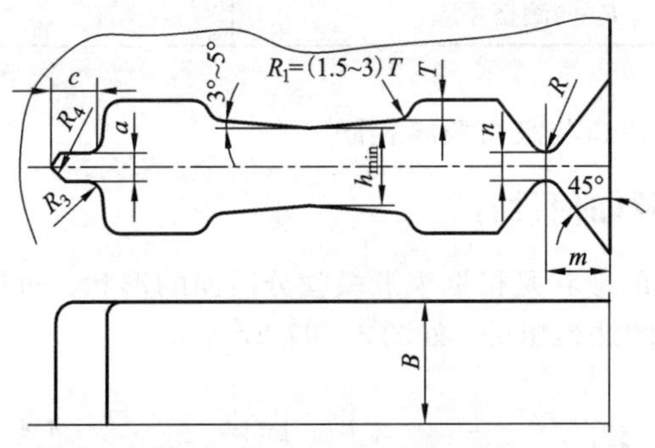

图 3-46　卡压模膛

卡压模膛的设计依据与开式滚挤模膛相同，实质就是开式滚挤模膛的特殊使用状态。其主要尺寸见表 3-21。

表 3-21　卡压模膛的尺寸计算(mm)

<table>
<tr><th>项目</th><th colspan="4">应用公式</th><th>符号说明</th></tr>
<tr><td rowspan="4">模膛高度 h</td><td colspan="4">$h=kd_{计}$　k：系数按下表选取</td><td rowspan="4">$d_{计}$：计算毛坯直径
$d_{坯}$：坯料直径</td></tr>
<tr><td>$d_{坯}$/mm</td><td><30</td><td>30~60</td><td>>60</td></tr>
<tr><td>杆部</td><td>0.75</td><td>0.65</td><td>0.60</td></tr>
<tr><td>头部</td><td>1.00</td><td>1.05</td><td>1.1</td></tr>
</table>

续表 3－21

项目	应用公式	符号说明
模膛宽度 B	$B = A_{坯}/h_{min} + (50 \sim 10)$	$A_{坯}$：坯料截面积 H_{min}：卡压模膛的最小深度
其他尺寸	$R = 0.2d_{坯} + 5$ $n = (0.2 \sim 0.3)d_{坯}$ $m = (1 \sim 2)n$ $a = 0.1d_{坯} + 3$ $c = 0.3d_{坯} + 15$ R_3、R_4 同滚挤模膛	见图 3－46

卡压模膛钳口与滚挤模膛相同。

57. 弯曲模膛如何设计?

弯曲模膛的形状是根据模锻模膛分模面的形状，即热锻件水平投影外形，用作图法得出的，如图 3－47 所示。

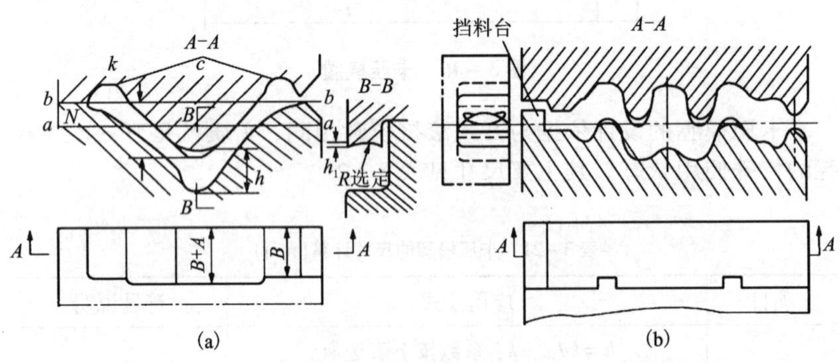

图 3－47　弯曲模膛

(a) 自由弯曲模膛；(b) 夹紧弯曲模膛

弯曲模膛的设计要点如下：

1) 弯曲模膛的纵截面形状，是根据模锻模膛在分模面上的投影形状，即热锻件水平投影外形，以作图法设计的。为了能将弯曲后的毛坯自由地放进模锻模膛内，并以镦粗方式充满，弯曲模膛各处的高度 h，应比分模面上锻件在相应部位的宽度 b 小，一般可以取 $h = b - (2 \sim 10)\,\mathrm{mm}$，也可以取 $h = (0.8 \sim 0.9)b$。大锻件取大值，小锻件取小值。

但是，在弯曲模膛中，一些金属必须充满较深的模膛处，所以模膛深度应适当做得大一些，而不必受上式的限制。另外，在锻件的急转角处的轮廓线小于模锻模膛的相应部分，如图3-48(a)所示，那么模锻时金属按最小阻力定律流动，必然会使两股金属对流的汇合处有一部分在模膛内，使锻件存在折纹。而当弯曲后的坯料在急转弯处的轮廓超出模锻模膛轮廓线外时，则折纹将排挤到飞边中消除，如图3-48(b)所示。但是，上述设计应保证急转角背面一边，能出最小的飞边 f，以便该处得以充满。

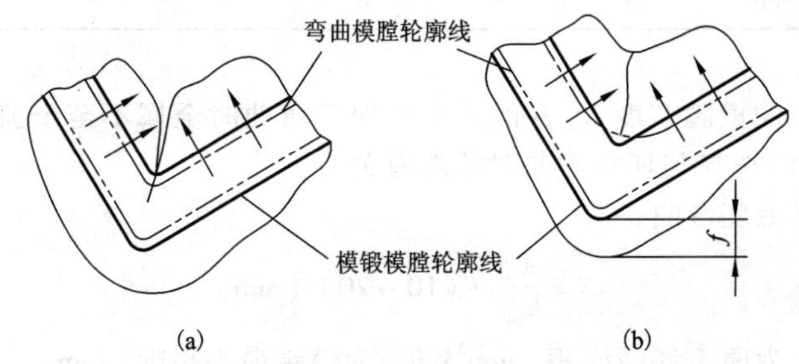

图3-48　急转弯处弯曲模膛的形状

(a)折纹在锻件内；(b)折纹在锻件外

2)为了弯曲操作和锻模加工制造方便，弯曲模膛分模面位置，应使上下模突出分模面部分的高度大致相等。

3)弯曲模膛在下模上应有两个定位支点，以支承压弯前的毛坯，此两支点的高度应使毛坯呈水平位置。当使用原毛坯压弯时，弯曲模膛末端应做出定位用的挡料台；如毛坯先经过滚挤制坯，则可利用模膛的钳口的颈部定位。

4)为了避免在弯曲过程中碰损毛坯端部而设置凹膛，在弯曲过程中，坯料尾端可能由上、下模所夹紧，而使坯料发生拉伸变形。为此，在模膛尾端制成坯料能自由弯曲的凹膛。当锻件尾端有较粗部分时，上述措施特别适用。

5）在弯曲模膛的深腔处，尺寸应加大。虽然此处模膛轮廓线超出锻件形状，但实际上在弯曲制坯过程中深腔处不可能填满。

6）为了防止压弯时，毛坯发生横向移动偏向一边，上模膛的突出部分在宽度方向应做成弧形凹坑。凹坑深度 $h_1 = (0.1 \sim 0.2)h$，h 为弯曲模膛转角深腔处的高度。

7）为了防止上下模突出部分发生碰撞，上、下模相互渗入处，下模空间应留有间隙 Δ，按表 3 – 22 选取。

表 3 – 22　间隙 Δ 值

锻锤吨位 t	1	2	3	5	10	16
Δ 值/mm	4	6	6	7	9	9

8）弯曲模膛宽度 B，B 的大小应保证弯曲时金属不至于流出模膛外面，B 的选择与坯料弯曲时状态有关。

①原毛坯弯曲：

$$B = \frac{A_{坯}}{h_{\min}} + (10 \sim 20)\ (\text{mm})$$

式中：$A_{坯}$ 为原毛坯截面积，mm^2；$h_{\min}$ 为模膛最小高度，mm。

②经过拔长、滚挤变形的毛坯弯曲：

$$B = \begin{cases} \dfrac{F_{\max}}{h_c} \\ \dfrac{F_c}{h_{\max}} \end{cases} + (10 \sim 20)\ \text{mm}\quad（取大者）$$

式中：$F_{\max}$ 为计算毛坯最大截面积，mm^2；$h_{\min}$ 为模膛最小高度，mm；F_c、h_c 为相应处的毛坯截面积、模膛高度。

9）弯曲模膛的钳口与卡压模膛和滚挤模膛相同。

58. 成形模膛的类型有哪些？如何设计成形模膛？

成形模膛分为对称成形模膛和非对称成形模膛两种形式。非对称成形模膛比较常用。其设计依据是锻件在水平面上的轮廓线形状和尺寸。在锻件头部，每边小 1 ~ 2 mm，杆部每边小 3 ~ 5 mm，杆部向头部过渡区做成 2° ~ 5°斜度，以利金属流动。

成形模膛纵截面形状如图 3 - 49 所示，成形模膛的形状按热锻件图水平投影作图法得出。成形模膛的设计原则和方法与弯曲模膛相同。但同时也应注意下列两点要求：

①应能将成形后的坯料取出，并使轮廓线的转角圆滑，因此，模膛的轮廓线有些地方允许超出模锻模膛轮廓线之外。

②模膛中由小截面转变到大截面的一段，要作弧形断面，以便获得平滑过渡的成形坯料外形。

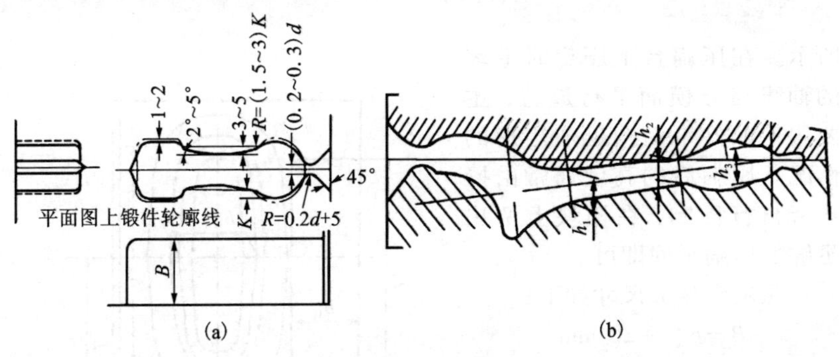

图 3 - 49　成形模膛

(a) 对称成形模膛；(b) 非对称成形模膛

59. 镦粗台和压扁台的结构是怎样的？如何设计？

镦粗台设置在模块边角上，一般安排在锻模的左前角上，是从分模面起在下模挖出的一个深度为 h_{dun} 的平台，如图 3 - 50 所示。镦粗台边缘应倒圆角 $R=\sim 10$ mm，以防镦粗时在毛坯上产生压痕。镦粗台宽度应比镦粗后毛坯直径大出 20 ~ 40 mm，所占面积略大于毛坯镦粗后的水平面尺寸。

设计镦粗台时，先通过制坯计算，确定镦粗后毛坯的直径 D_{dun}，再根据体积不变求出 h_{dun}。

压扁台也设置在模块边角上，一般安排在锻模左边，如图 3 - 51

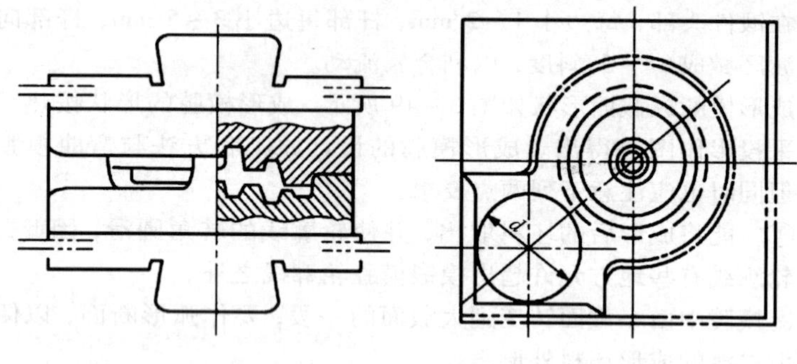

图 3-50　镦粗台

所示。在压扁台上压扁时毛坯的轴线与分模面平行放置，主要用于锻件平面图近似矩形的情况。压扁后的高度通常由操作者自行控制，在模块上留出足够的压扁平面即可。

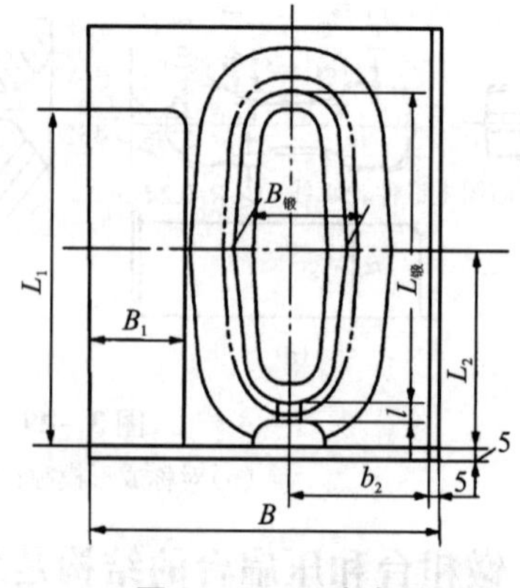

图 3-51　压扁台

压扁台相关尺寸如下：

$$B = b_{\text{bian}} + 20\ \text{mm}$$

$$L = l_{\text{bian}} + 40\ \text{mm}$$

式中：b_{bian} 和 l_{bian} 为压扁后毛坯的宽度和长度。

根据锻件形状的要求，在镦粗或压扁的同时也可以在毛坯上压出凹坑，兼有成形镦粗的作用。

为了节省锻模材料，镦粗台或压扁台可以占用部分飞边槽仓部，但应使平台与飞边槽平滑过渡连接。

60. 切断模膛的作用和结构是怎样的？如何设计？

切断模膛用在使用一个原坯料（棒料）进行锻造好几个锻件时，用切断模膛将已成形的锻件从棒料上切开，然后继续锻造下一个锻件，实现连续模锻，这种方法称一火多件，适用于锻件质量不大于 0.5 kg/件、原坯料（棒料）总长度不超过 600 mm 的模锻件生产。

根据切断模膛在锻模上的位置不同可分为前切刀（见图 3－52）和后切刀（见图 3－53）两种形式。

前切刀可位于锻模的右前角或左前角，前切刀操作方便，生产效率高，但切断的锻件易堆积在锻锤导轨旁。

后切刀通常放在左后角，由此切下的锻件直接落到锻锤后边的传送带上，送到下一工位。

采用前切刀还是后切刀，须根据各模膛间的相互位置、模具尺寸及操作方便与否来确定。

①前切刀，刃口部分尺寸已经标准化。其余部分尺寸根据带有飞边的锻件来设计，原则是将带飞边的锻件能自由地放置在切刀之内，即水平方向锻件最大轮廓不会碰到垂直的模壁，而锻件垂直方向的飞边也不应与模膛底面相碰。斜度 α 根据模膛布置的实际情况而定，一般取 15°，20°，25°，30°等。

②后切刀，切刀刃口部分尺寸与前切刀相同。其余部分的尺寸根据坯料直径来确定，以坯料能自由放入模膛，方便操作为原则。斜度 α 也是采用 15°，20°，25°，30°等。

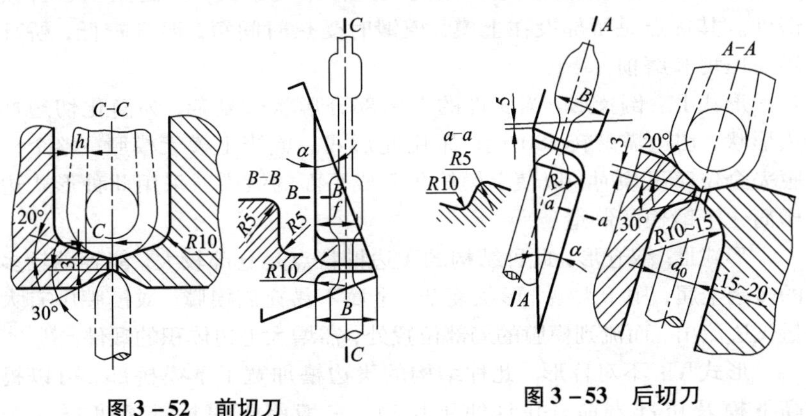

图 3－52　前切刀　　　　图 3－53　后切刀

61. 飞边槽的结构是怎样的？飞边槽及各部分分别有何作用？

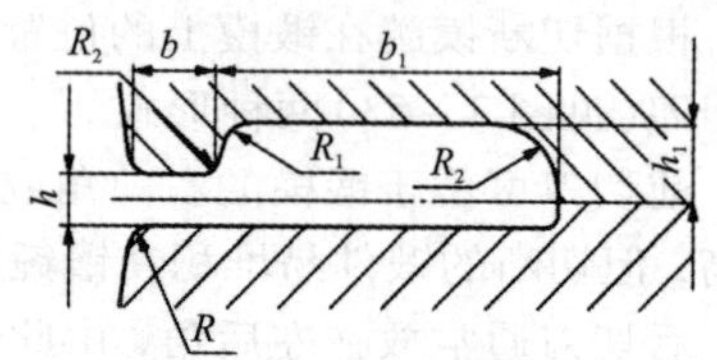

图 3－54 飞边槽的结构

飞边槽由桥部和仓部两个部分组成，如图 3－54 所示。桥部较扁平，它的主要作用是阻止金属外流，迫使金属充满模膛。同时，飞边槽桥部较薄，也有利于毛边在后续工序中切除。仓部则容积较大，作用是容纳多余金属，以免金属流到分模面上，影响上下锻模压靠。如果桥部高度 h 太小和宽度 b 太大，会产生过大的水平面方向的阻力，导致模锻不足，并使锻模过早磨损或压塌；如果高度 h 太大或宽度 b 太小，水平面方向的阻力偏小，产生较大的飞边，使模膛不易充满，同时桥部强度差而易压塌变形。如果入口圆角 r 太小，则容易压塌内陷，并影响锻件出模；如果 r 太大，则影响切边。

62. 飞边槽的形式及结构是怎样的？各种形式的特点是什么？

飞边槽的结构形式主要有以下几种，如图 3－55 所示。

形式Ⅰ：标准形，是最常用的飞边槽结构形式，广泛用于各种模锻件。其优点是桥部设在上模，模锻时受热时间短，温升较低，桥部不易压坍和磨损。

形式Ⅱ：倒置形，当锻件的上模部分形状较复杂，为简化切边冲头形状，切边需翻转 180°时，采用此形式。或当上模无模膛，整个模膛完全位于下模时，以使上模简化而成平面的锻模。采用此种形式边槽简化了锻模的制造。

形式Ⅲ：双仓形，此种结构的飞边槽特点是仓部较大，能容纳较多的多余金属，用于大型、形状复杂，金属不易充满模膛，或模膛中有大量飞边流出，而流到模膛的局部位置处，需增大毛边体积的锻件。

形式Ⅳ：不对称形，此种结构的飞边槽加宽了下模桥部，可以提高下模及桥部寿命，并且便于切边，一般将下模桥部宽度增大至 $(1.5 \sim 1.75)b$。

形式Ⅴ：带阻力沟形，为了更大地增加金属外流阻力，迫使金属

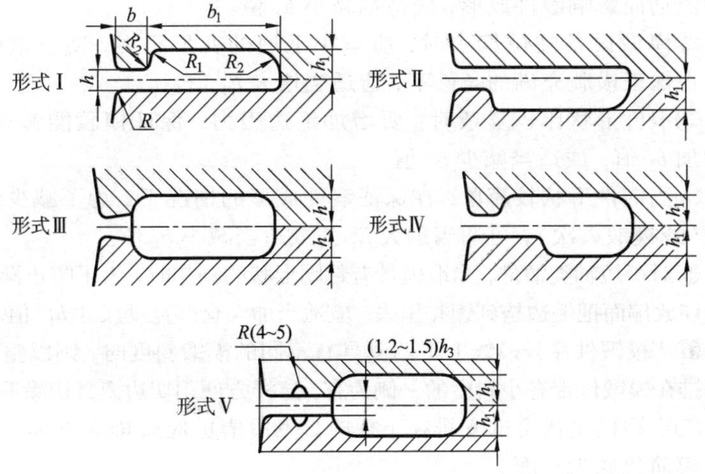

图 3－55　飞边槽的结构形式

充满深而复杂的模膛时采用此种形式，一般是在型槽的局部采用，多用于锻件形状复杂、难以充满的部位，如高肋、叉口与枝芽等处，有时为增大阻力可以采用多条沟槽。

63. 锤上模锻飞边槽尺寸怎样设计？如何用吨位法确定飞边槽的尺寸？

飞边槽尺寸没有统一的标准，锻件的尺寸、形状复杂程度以及单位压力等是选定飞边槽尺寸的主要依据，根据锻件外形和材料性能不同而有所区别。飞边槽的主要尺寸是模桥高度 h、模桥宽度 b 以及仓部的宽度与深度。根据上述分析，设计飞边槽，最主要的任务就是合理确定飞边槽桥部的宽度 b 和高度 h。

设计锤上飞边槽尺寸有两种方法：

1）吨位法。锻件在分模面上的投影面积既是选定飞边槽尺寸，也是选定设备吨位的主要依据，故生产中通常按锻造设备吨位来选定飞边槽尺寸，如表 3－23 所列。表 3－23 中的数值适用于一般情况（所用设备为锻锤），遇有下列特殊情况时，应作适当修正。

①当所选用的模锻设备吨位（压力）偏大时，要防止金属过快向飞

边槽流动而影响锻件成形，应适当减小 h_1 值。

②模锻设备吨位偏小时，应减小毛边的变形阻力，防止模锻不足。在保证模膛充满的条件下，应适当增大 h_1 值。

③锻件形状比较复杂时，要增加毛边阻力，保证模膛能够充满，应增加 b_1 值，或适当减少 h_1 值。

④当锻件形状较简单，在保证锻件成形的情况下，为了减少锤击次数(或模锻火次)，可适当加大 h_1 值或适当减小 b_1 值。

⑤对于短轴类锻件，当锻模带有封闭形状的锁扣时，为了防止操作时因毛坯放偏而把毛边挤到锁扣里去，应适当加大仓部宽度尺寸 b_{11} 值。

⑥当模锻件在分模线上下两侧具有不同的模锻斜度时，则以整个毛边安排在模锻件带有小斜度的一侧为宜，这样方便用切边模具切除毛边。

⑦当锻模型槽全部安排在下模时，飞边槽也应安排在下模，以便使上模简化成为平面。

表 3－23　飞边槽尺寸与锻锤吨位的关系

锻锤吨位 /kN	H /mm	h_1 /mm	B /mm	b_1 /mm	R /mm	$A_{飞边槽}$ /cm^2	备注
10	1～1.6	4	8	22～25	1.5	1.00～1.26	$b_1=30$
20	1.8～2.2	4	10	25～30	2.5	1.34～1.68	$b_1=40$
30	2.5～3.0	5	12	30～40	3	2.07～2.85	$b_1=45$
50	3.0～4.0	6	12～14	40～50	3	3.20～4.40	$b_1=55$
100	4.0～6.0	8	14～16	50～60	3	5.28～7.28	
160	6.0～9.0	10	16～18	60～80	4	8.33～12.79	

注：在使用本表时可对以下几方面的情况作以下适当变动：当同一锻件选用设备偏大时，h 值应适当减小。当同一锻件选用设备偏小时，为防 i 止打不靠，可在保证金属充满的情况下适当增大飞边桥部的高度；用压入法模锻复杂的锻件时，可适当增大尺寸 b 与 b_1；备注中 b_1 指模具中设有圆形锁扣的修正值。

2)计算法，根据模锻件在分模面上的投影面积，利用经验公式计算求出桥口高度 $h_飞$，然后根据 $h_飞$，查表 3-25 确定其他有关尺寸。

$$h_飞 = 0.015S$$

式中：S 为锻件在分模面上的投影面积，mm^2。

64. 锤上模锻锻模的典型结构及作用是什么?

锤上模锻锻模的典型结构如下：

①燕尾和键槽：燕尾和斜楔配合可使锻模固定在槽座或锤头上，防止锻模的脱出和左右移动。键槽和键配合起定位作用，防止锻模前后移动。

②检验角：锻模的 4 个侧面中有两个互相垂直的侧面对垂直度的要求比较高，这个侧面就构成所谓检验角。在制造模具时，检验角是模膛划线加工的基准面；在安装和调整没有锁扣的锻模时，它是检验上下模是否偏移的基准面，用手沿检验角抚摸，便可感觉到上下模是否对齐。

③锁扣：锁扣的作用是防止在锤击时上下模产生偏移，锁扣的形状有矩形、圆形和其他形状。回转形状的锻件用圆形套筒状锁扣，非回转形状的锻件用块状锁扣。

锁扣是上下模成对的，通常下模锁口为凸部，上模锁口为凹膛。

④钳口：钳口的作用是：供操作时放置钳子夹持坯料用，也便于将锻件从模膛中取出。在制造模具时，钳口作为检验模膛用的浇型的浇口。

⑤起重孔：作为起吊搬运模具用。

65. 锻模结构设计时应考虑哪些因素?

锻模结构设计时，应首先根据零件的尺寸、形状、技术要求、生产批量大小和车间的具体情况确定变形工艺和模锻设备；然后再设计锻模。设计锻模时，应保证获得满足尺寸精度要求的锻件；锻模应有足够强度和高寿命；锻模工作时应当稳定可靠、模具制造简单、锻模安装、调整、维修应简易；在保证模具强度的前提下尽量节省锻摸材料。

66. 燕尾和键槽的作用是什么?

锻模的燕尾及键槽通过装模零件定位键、固紧楔、垫片等与锤头及砧座相联结，以防止锻模的脱出和左右移动。键槽和键配合，可以起定位作用，防止锻模前后移动。锻模燕尾如图 3 – 56 所示，各种吨位锻锤的锤锻模燕尾尺寸可按表 3 – 24 进行查找和选取。

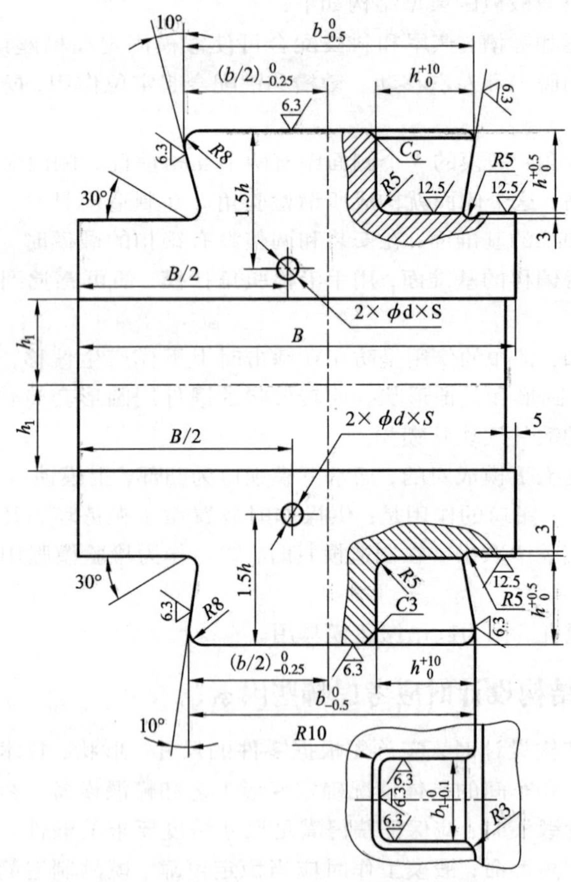

图 3 – 56　锻模燕尾及键槽

表 3-24　锤锻模燕尾和键槽尺寸(mm)

锻锤吨位/t	b	h	b_1			$d \times S$
			1	2	3	
0.5	160	45.5	45	48	51	30×60
1~2	200	50.5	50	53	56	30×60
3~5	300	65.5	75	78	81	30×60
10~16	400	80.5	100	103	106	50×100

备注：(1)初制键槽或焊后再加以铣削时，宽度 b_1 采取第一栏数字；在用铣削法修复时，应视磨损情况而用第二栏的数字。

(2)2 t 锤燕尾宽度，有些厂采用 260 mm，来增大锻模承受偏载能力。

67. 钳口的结构和作用是怎样的？钳口的尺寸怎样设计？

钳口是指在锻模的模锻模膛前面加工的空腔，它一般由夹钳口与钳口颈两部分组成，如图 3-57 所示。

钳口的主要用途是在模锻时放置棒料及钳夹头。在锻模制造时，钳口还可作为浇铸金属盐溶液的浇口，浇铸件用作检验模膛质量和合模状况。另外，水压机锻模的钳口主要作为锻件起模之用。

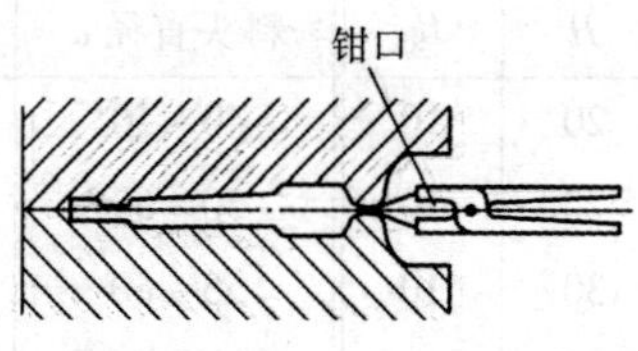

图 3-57　钳口示意图

常用钳口的形式及尺寸如图 3-58 所示，主要依据夹钳料头的直径及模膛壁厚等尺寸确定。应保证夹料钳子自由操作，在调头锻造时能放置下锻件的相邻端部(包括飞边)。

钳口颈尺寸根据锻件重量选定。

1)普通夹钳口尺寸(锻件质量 <10 kg)：根据钳夹料头直径 d 选定，见表 3-25。如果钳夹料头经过拔长变细，应以拔长后的直径选择钳口尺寸，见表 3-26。调头模锻时，夹钳口尺寸应满足搁置毛坯

和锻件头部(包括飞边)的要求。钳口颈长度 $l \geqslant 0.5S_{min}$，钳口长度 $l_1 \geqslant S_{min}$(S_{min}为锻模外壁最小厚度)。

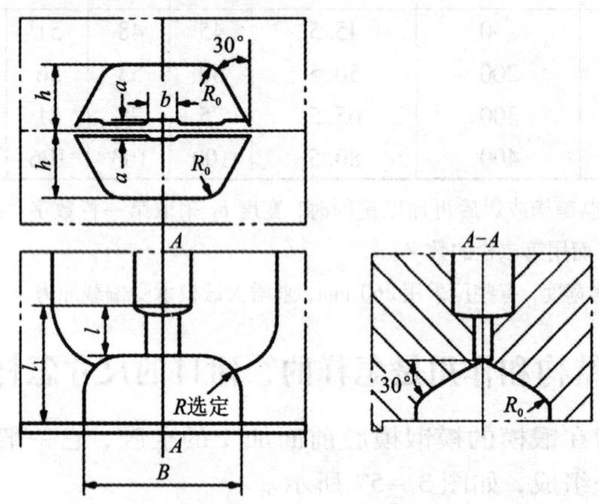

图3-58 常用钳口的形式及尺寸

表3-25 夹钳口尺寸(mm)

料头直径 d	B	H	R_0	料头直径 d	B	H	R_0
<18	50	20	10	40~50	90	40	15
18~28	60	25	10	50~55	100	45	15
28~35	70	30	10	55~60	110	50	15
35~40	80	35	15	60~65	120	55	15

表3-26 钳口颈尺寸(mm)

锻件重量/kg	b	a	锻件重量/kg	b	a
0.2		1	5~6.5	10	3
0.2~2	6	1.5	6.5~8	12	3.5
2~3.5	7	2	8~10	14	4
3.5~5	8	2.5	$l=0.5S_0$，S_0为锻模外壁最小壁厚		

2）特殊钳口

①短轴类锻件模锻时，一般不需始终用夹钳夹着操作，这时不需要钳夹料头，钳口只起到便于锻件出模和浇口的作用，可按图3－59和表3－27设计。

②如果钳口仅起浇口作用，则其宽度为：

$$B = G + 30\ (\text{mm})$$

式中：G为锻件质量，kg。

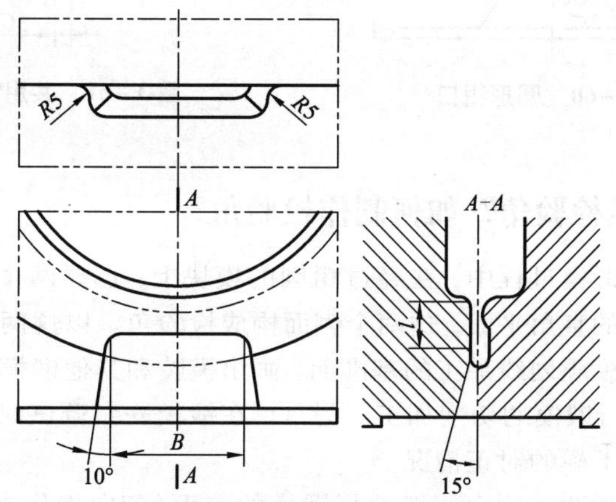

图3－59　短轴类锻件钳口

表3－27　短轴类锻件钳口宽度

锻锤吨位/t	<2	3	5	10
B/mm	50	65	80	100

（3）如果锻件质量大于10 kg，钳口应做成圆形（见图3－60）。钳口颈直径为$D=0.2G+10$ mm，但不大于30 mm；l_1和l自行选定。

（4）当预锻模膛与终锻模膛的钳口间壁c小于15 mm时，可开通连成一个共用钳口，便于加工制造，见图3－61。

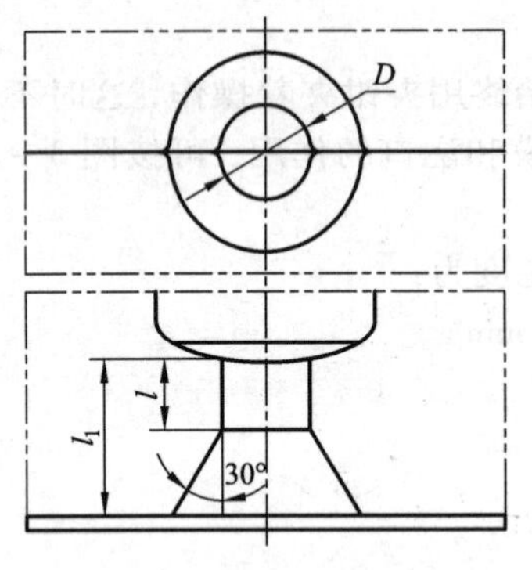

图3-60 圆形钳口

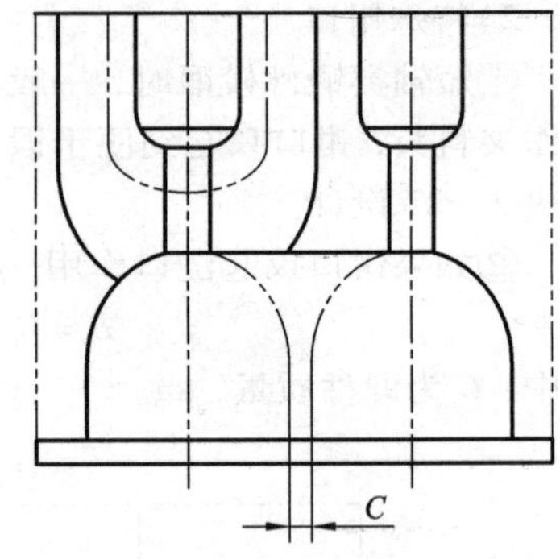

图3-61 共用钳口

68. 什么是检验角？如何制作检验角？

在制造锻模过程中，在经过粗刨的模块上，选择两个侧面，加工成准确相交的直角平面，这两个侧面构成检验角。以这两个互相垂直的平面作为模膛划线加工的基准面，画出模膛和其他锻模要素的形状位置，以进行锻模的切削加工。另外，在锻模安装调试时，检验角也用来检验上下模的对正情况。

检验角的两个侧面一般选择锻模的前面（朝向操作者的一面）和左右侧面之一（应该利用闭式制坯模膛一侧），刨进深度5 mm，高度50～100 mm。

69. 锻模锁扣有何作用？都有哪些类型？

锻模锁扣常用于下列情况：

①平衡错移力；

②起导向作用；

③便于检查和调整上下模块的错差情况，提高生产率。

按作用分类，常用的锻模锁扣有两种基本类型：

1）由弯曲分模锻件的分模而自然构成的锁扣，习惯上称这类锁扣为形状锁扣，用于具有落差的锻件上，以平衡模锻时产生的错移力。

形状锁扣又可分为以下形式：对称式、倾斜式、平衡块式和混合式。

①对称式，用于具有对称性的锻件，锻件的错移力由锻件本身平衡，故不需设计平衡块，有落差的小型锻件，可将两个模膛相对布排以抵消错移力，如图3－62所示。

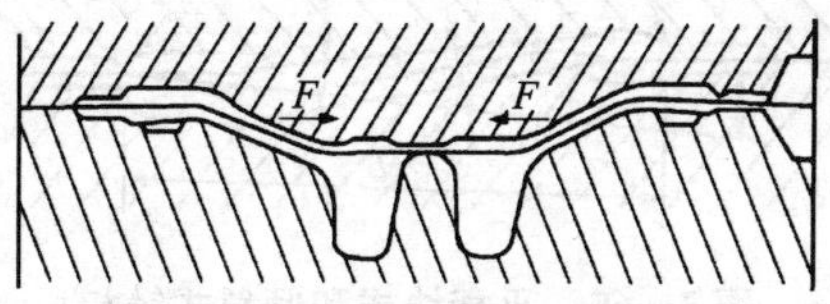

图3－62　对称式（对称模锻）

②倾斜式，将锻件倾斜一个角度，并使两端点位于同一水平面上。此时将使模锻斜度一部分增大而增大余量，另一部分减小而影响锻件出模。为了不使模锻斜度小于3°，且不显著加大余量，此式锁扣都在倾斜角小于7°和锻件落差小于15 mm时应用，如图3－63所示。

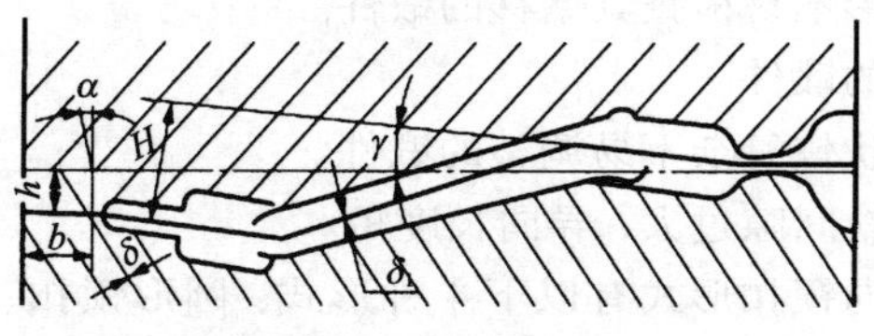

图3－63　倾斜式平衡

③平衡块式锁扣，采用平衡块以抵消错移力，当锻件的落差高度 h 在15～60 mm范围内采用，如图3－64所示。

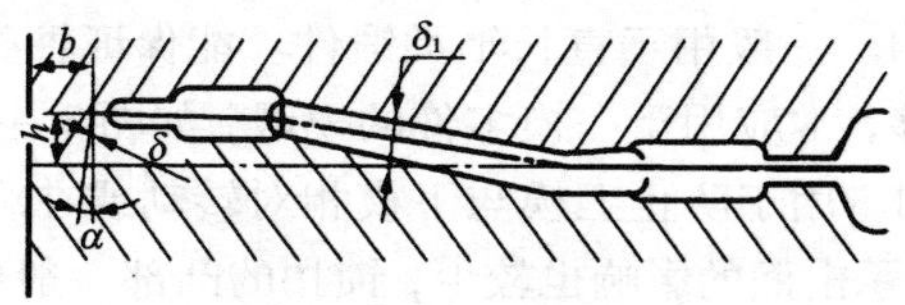

图3－64　平衡块式锁扣

④混合式锁扣，此式为倾斜式锁扣与平衡块式锁扣的组合，锻件的落差高度 $h>50$ mm 时，将锻件倾斜以减小锁扣平衡块高度 h，倾斜角 $\gamma<7°$，如图 3－65 所示。

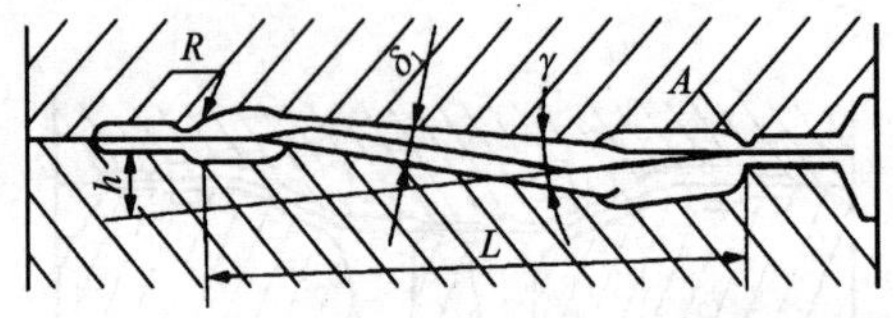

图 3－65　平衡块式和倾斜式锁扣

2）平分模面锻模的导向锁扣（一般锁扣），用于提高锻件质量，减小锻件错移量，便于上下模块的调整和提高生产率。

导向锁扣一般应用于下述情况：

①要求锻件错移小于 0.5 mm。

②锻件外形易产生偏差的的锻件。

③锻件外形不易检查其错移的锻件。

④冷切边的锻件。

⑤锻件形状较复杂不易调整的锻件。

⑥锤头导轨间隙过大，导向长度短。

常用的导向锁扣形式有以下 4 种形式：圆形锁扣、纵向锁扣、侧面锁扣、角锁扣。

①圆形锁扣。一般用于饼类锻件和环形锻件等回转体锻件。这些锻件很难确定其错移方向，锁扣的凹部多设在下模，使坯料摆放和锻件起模较方便，如图 3－66 所示。此外，正常生产时下模温度较高，可避免上下模热膨胀量不同而使锻模卡住。

②纵向锁扣。一般用于直长轴类锻件。能保证轴类锻件在直径方向有较小的错移，常应用于一模多件的模锻，如图 3－67 所示。

③侧面锁扣。用于防止上模与下模相对转动或在纵横任一方向发生错移，锁扣对承击面的影响也较少，锁扣的凸部一般做在下模，但是它的强度不如纵向锁扣，而且制造困难，采用较少，如图 3－68 所示。

④角锁扣。作用和侧面锁扣相似，但可在模块的空间位置设置 2

个或4个角锁扣，角锁扣的凸部一般做在下模，如图3－69所示。

侧面锁扣和角锁扣多用于形状很复杂的锻件，如带叉形、工字形断面的锻件。

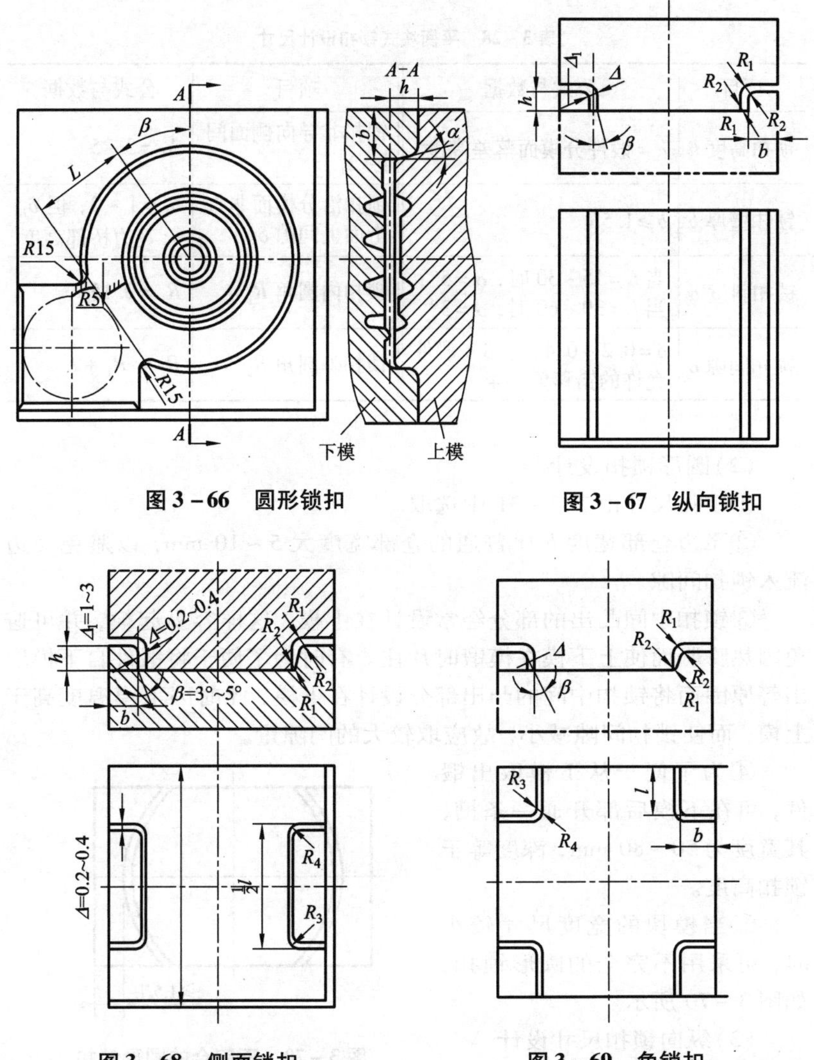

图3－66　圆形锁扣

图3－67　纵向锁扣

图3－68　侧面锁扣

图3－69　角锁扣

70. 如何设计锻模锁扣?

(1)平衡块式锁扣的设计见表3-28

表3-28 平衡块式锁扣设计尺寸

项目	公式与数据	项目	公式与数据
锁扣高度 h	h = 锻件分模面落差高度	锁扣非导向侧面间隙 Δ_1	$\Delta_1 = 3 \sim 5$
锁扣壁厚 b	$b \geqslant 1.5h$	锁扣沿分模面非打击面上间隙 δ_1	$\delta_1 = 1 \sim 2$，但 δ_1 < 飞边桥部高度
锁扣斜度 α	当 $h = 15 \sim 30$ 时，$\alpha = 5°$；当 $h = 30 \sim 60$ 时，$\alpha = 3°$	锁扣内圆角 R_1	$R_1 = 0.15h$
锁扣间隙 δ	$\delta = 0.2 \sim 0.4$，但 δ < 锻件允许的错移值一半	锁扣外圆角 R_2	$R_2 = R_1 + 2$

(2)圆形锁扣设计

①锁扣尺寸由表3-31中选取。

②飞边仓部宽度 b 比普通的仓部宽度大5~10 mm，以避免飞边流入锁扣间隙。

③锁扣中间凸出的部分经常设计在上模，这样容易起模，并可避免因热膨胀而使上下模在模锻时片住。有时为了便于将锻件自下模取出等原因而将锁扣中间的凸出部分设计在下模，此时因下模温度高于上模，而使锁扣间隙减小，故应取较大的间隙量。

④为了便于从下模取出锻件，可在下模后部开通一条槽，其宽度为50~80 mm，深度等于锁扣高度。

⑤当模块的宽度尺寸较小时，可采用不完全的圆形锁扣，如图3-70所示。

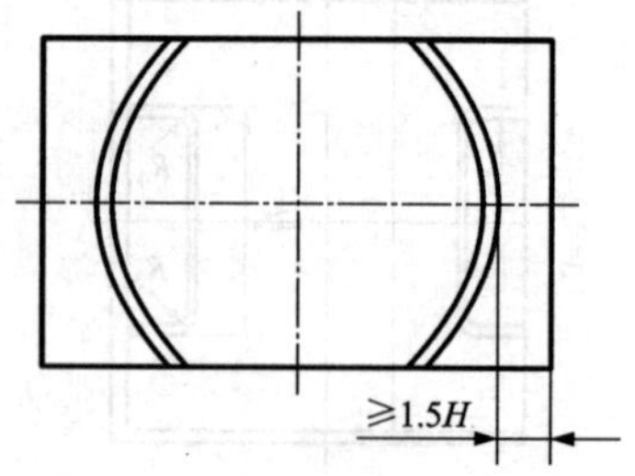

图3-70 不完全的圆形锁扣

(3)纵向锁扣尺寸设计

参考表3-29。

表3－29　圆形锁扣及纵向锁扣设计尺寸

锁扣尺寸 / 锻锤吨位/t	h	b	δ	Δ	α	R_1	R_2
1	25	35	0.2～0.4	1～2	5°	3	5
2	30	40	0.2～0.4	1～2	5°	3	5
3	35	45	0.2～0.4	1～2	3°	3	5
5	40	50	0.2～0.4	1～2	3°	5	8
10	50	60	0.2～0.4	1～2	3°	5	8
16	60	75	0.2～0.4	1～2	3°	5	8

（4）角锁扣的设计（其尺寸参考表3－30选定）。

（5）侧面锁扣设计

根据公式设计侧面锁扣：　$l_1 = L/2$

式中：L 为锻模长度，其他尺寸可参考表3－30。

表3－30　角锁扣及侧面锁扣设计尺寸（mm）

锁扣尺寸 / 锻锤吨位/t	h	b	δ	Δ	α	R_1	R_2	R_3	R_4	
1～1.5	30	50	75	0.2	5°	1	3	5	8	10
2	35	60	90	0.2	3°	1	3	5	9	12
3	40	70	100	0.3	3°	1	3	6	10	15
5	45	75	110	0.4	3°	1	5	8	12	15
10	55	90	150	0.5	3°	1.6	5	8	15	20
16	70	120	180	0.6	3°	1.5	6	10	20	25

设计锻模锁扣时应注意：

①为防止锁扣相碰撞，在锁扣上有斜面。

②上下模打靠时，锁扣间应该有间隙，间隙值与锻件允许的水平错移量有关。在未打靠之前，由于锁扣有斜面，因此间隙是变化的，锁扣的导向主要是在模锻的最后阶段起作用，因此与其他导向装置

(如热模锻压力机上模锻的导柱、导套)相比，导向的精度要差些。

③采用锁扣可以减小锻件的错差，但是也会带来一些负面影响，例如模具的承击面减小、模块尺寸增大、减少了模具可解新的次数、增加了制造费用等。因此，对于是否采用锁扣应进行权衡。

71. 什么是锻模中心和模膛中心？如何求得模膛中心？

锻模中心是锻模的燕尾中心线与键槽中心线的交点，当锻模固定在锻锤上时，锻模中心应与锤杆中心重合，锻模中心就是锻锤打击力的作用中心。

锻模中心与锤杆中心相重合，这样可以避免或减小偏心打击，否则将出现较大的偏心力矩，迫使锤头转动，加速导轨磨损，并使锤杆受到附加弯曲应力的作用，影响锤杆寿命；同时，还会造成上下模错移，降低锻件精度。

模膛中心是锻造时模膛中承受毛坯变形抗力合力的作用点。对平面分模的锻件，可近似地认为模膛中心就是模膛(包括飞边桥部)在分模面上投影面积的面心。

由于制坯模膛中的毛坯反作用力比模锻模膛要小，所以一般只计算模锻模膛的模膛中心。模膛中心可依据锻件在分模面上的面积重心确定，视模膛中金属变形力分布均匀与否有所不同。

①对于模膛中变形阻力均匀的情况(如锻件厚度均匀、加热温度均匀)，模膛中心即为模膛(包括飞边桥部)在分模面的水平投影的面积形心。对于简单规则的平面投影形状，可以通过几何计算得到形心位置；对于较复杂的形状，可用样板实测法寻找形心，如图 3－71 所示。首先将模膛(包括飞边桥部)的水平投影的形状，以厚薄均一的厚纸板(或塑料板、铁皮皆可)剪成，分别从纸板的侧面任意两点吊起两次，找出两垂线的交点，然后将纸板在交点处水平吊起，进行校核，直到纸板呈水平状态为止。此点位置即为所求的模膛中心。

②当变形阻力分布不均匀时，如模锻件形状复杂，尤其是锻件精度要求高的情况，模膛平面投影形心与模膛中心不能等同。模膛中心不仅与平面投影形状有关，还与各部位的变形抗力有关。一般地，模膛中心应由投影形心向变形阻力较大的一侧移动，例如图 3－72 所示的厚薄不均的锻件，厚度较薄的部位由于温度下降快，变形抗力上

升，所以模膛中心应当偏向较薄的一方。其移动距离由生产经验来确定。一般情况下不宜超过表 3－31 所示数据。

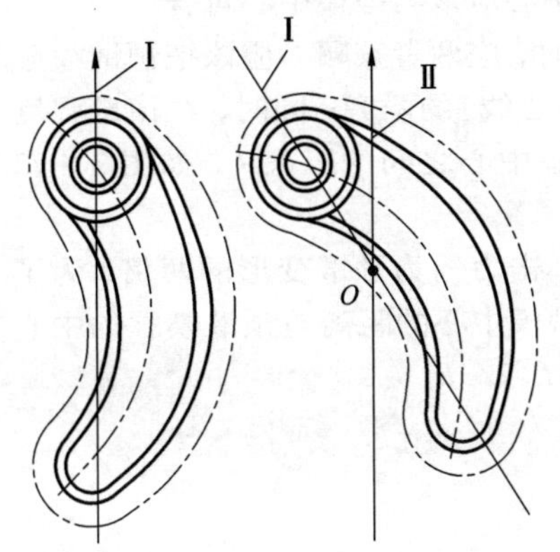

图 3－71　样板实测法求模膛中心

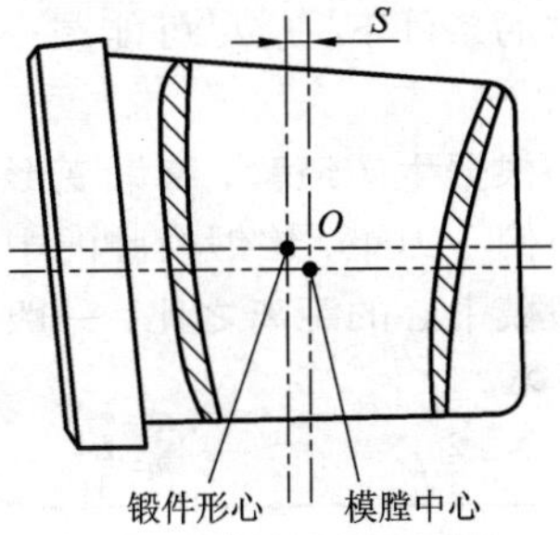

图 3－72　厚薄不均锻件的模膛中心

表 3－31　模膛中心偏移距离

锻锤吨位/t	1～2	3	5	10～16
S 值/mm	<15	<25	<35	<55

72. 锤锻模上模膛布排的原则是什么？如何布排模锻模膛？

在锤锻模上，模膛的排布原则是在能减少偏心打击的同时尽量使模锻操作方便。如果锻模上仅有一个模膛（单模膛锻模），只要使模膛中心与锻模中心一致即可。但锤上模锻往往都是多模膛模锻，一副锻模上排布多个模膛，这时偏心打击实际上是不可避免的，只能设法减轻其程度。当减少偏心打击和操作方便这两方面出现矛盾时，减少偏心打击是必须优先要考虑的因素。

由于在制坯模膛中打击变形时，坯料对上模的反作用力较小，即制坯模膛的偏置所产生的偏心打击危害较小；而模锻模膛如果偏置过大，则危害很大。因此，设计时要首先布排好终锻和预锻两模膛的位置，然后再根据它们的位置，模锻工艺程序与模膛数量布排其余模膛。

（1）模锻模膛布排注意事项：

1）当无预锻模膛时，终锻模膛中心应该与锻模中心重合。

2）当预锻和终锻模膛同时存在时，应两者兼顾。应该把预锻模膛和终锻模膛分设在锻模中心（燕尾中心线）的两旁；同时，在模壁强度允许的条件下，应尽可能减小两模膛中心之间的距离 L，如图 3－73 所示。

根据生产经验，终锻变形时的锤击力约为预锻变形的两倍，为了减小偏心力矩，终锻模膛的中心至锻模中心的距离与预锻模膛的中心至锻模中心的距离之比，一般为 $1/3L:2/3L$。

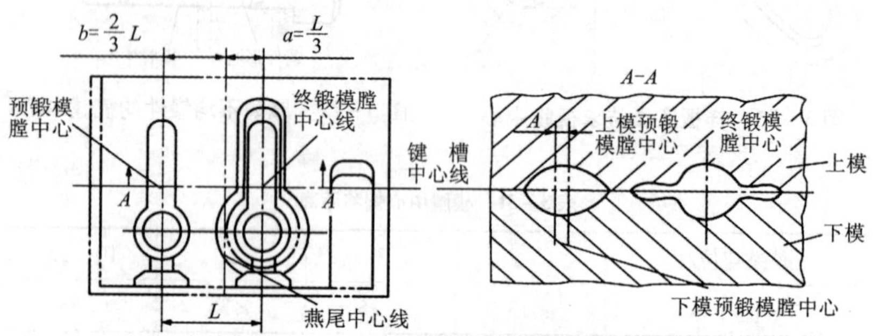

图 3－73　模锻模膛的左右排布

另外，需要注意以下内容：

①在锻模的前后方向上，预锻模膛和终锻模膛的中心应该尽可能位于键槽中心线上。

②在锻模左右方向上，终锻模膛中心至锻模中心的距离 a 不应超出表 3－32 所列的范围。

表 3－32　终锻模膛中心的允许偏移量

锻锤吨位/t	1	2	3	5	10
a/mm	25	40	50	60	70

③预锻模膛和终锻模膛中心都应该位于锻模燕尾宽度范围之内。

④模膛轮廓超出燕尾的宽度不应大于模膛宽度的1/3。

如果上述条件不能满足，可以考虑将预锻和终锻安排在两副锻模上（在两台锤上锻造，或者在一台锤上换模锻造），这样两个模膛中心便都可以处于锻模中心位置上，减少了偏心打击。

（2）具有落差的锻件，采用平衡锁扣平衡错移力时，模锻模膛布排注意事项：

具有落差的锻件，采用平衡锁扣平衡错移力时，模膛中心并不与键槽中心重合，而是沿着锁扣方向向前或向后偏离 b 值，目的是为了减少错差量与锁扣的磨损。有如下情况：

①平衡锁扣凸出部分在上模，如图3－74（a）所示。模膛中心应向平衡锁扣相反方向离开锻模中心，其距离 b_1 为：

$$b_1=(0.2\sim0.4)\ \mathrm{mm}$$

②平衡锁扣凸出部分在下模，如图3－74（b）所示。模膛中心应向平衡锁扣方向离开锻模中心，其距离 b_2 为：

$$b_2=(0.2\sim0.4)h$$

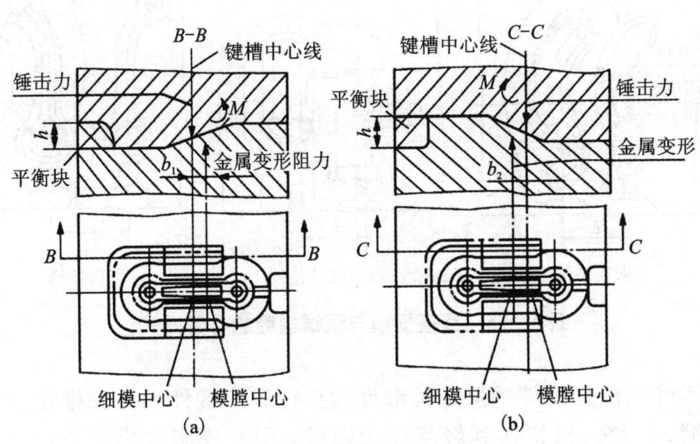

图3－74　带平衡锁扣模膛中心的布置

（a）　；（b）

（3）终锻模膛与预锻模膛的布置方式

终锻模膛与预锻模膛在模块平面上的布置有 3 种方式（如图 3 - 75 所示）。

①同向排列（平行排列）。两个模膛方向相同，终锻模膛和预锻模膛中心均在锻模键槽中心线上，*L* 值减小的同时锻件前后方向的错差好控制，操作方便，是最常用的布置方法。

②前后错开排列。预锻模膛和终锻模膛中心不在键槽中心线上。前后错开排列能减小 *L* 值，但增加了前后方向的错移量，用来布置宽度大而长度较小的锻件，要求预锻做得更为圆滑，以防止锻件产生折叠。

③反向排列。两个模膛的中心也都在键槽中心线上，但预锻模膛和终锻模膛反向布排，这样排列有时能减小 *L* 值，使两个模膛靠近；减小模膛距离，锻打时需将预锻件翻转 180°置入终锻，这对锻件充满有利。对于有不易充满部分的锻件，可以利用这种布置的特点，主要用于上下模对称的大型锻件。

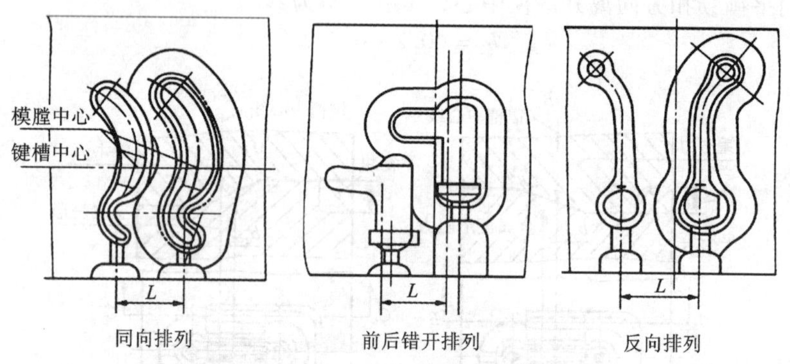

图 3 - 75 终锻模膛与预锻模膛的布置方式

④可以根据锻件重量选择锻件大头位置。锻件大头安排在靠近钳口一端，能够方便操作和轻易取出锻件，但若模膛太靠近钳口，会因为金属流出钳口较多而使头部不易充满；反之，将锻件大头放在钳口的对面，对金属充满模膛有利，如图 3 - 76 所示。

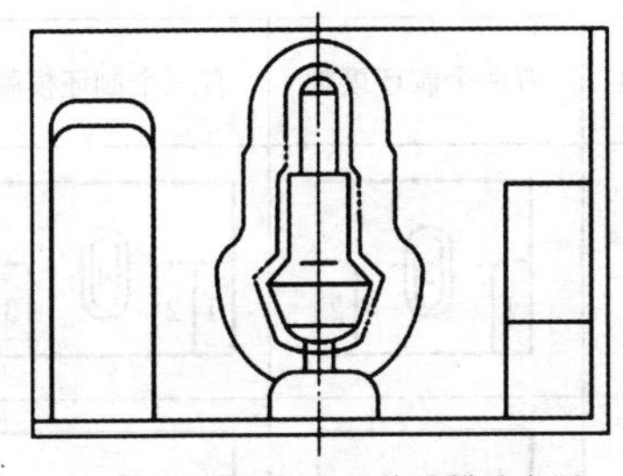

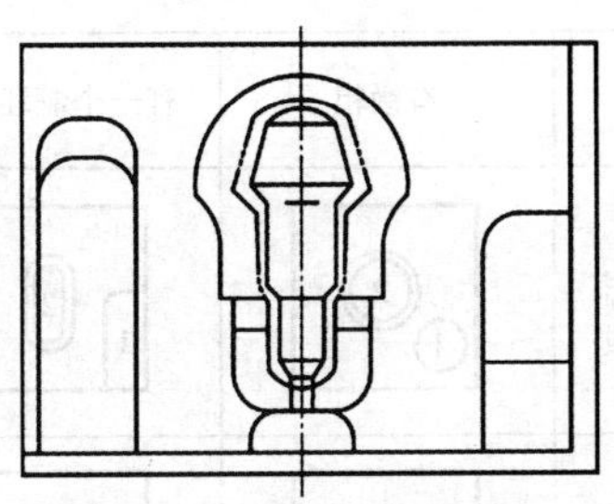

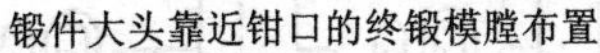

锻件大头靠近钳口的终锻模膛布置　　锻件大头在钳口对面的终锻模膛布置

图 3 – 76　锻件大头位置

73. 在锤锻模的模块上，制坯模膛如何布排?

在确定了预锻模膛和终锻模膛的位置后，就可以考虑制坯等模膛的布置问题。制坯模膛的布排原则是使模锻操作方便、省时、省力。

除终锻模膛和预锻模膛以外的其他模膛由于成形力较小，可布置在终锻模膛与预锻模膛两侧。具体原则如下：

①制坯模膛尽可能按工艺过程顺序排列，以减少毛坯往返移动的次数，操作时一般只让坯料运动方向改变一次，以缩短锻造操作时间。

②模膛的排列应与加热炉、切边压力机和吹风管的位置相适应。

③弯曲模膛的位置应使弯曲后的坯料能够以最简便的方式移动或翻转送入预锻或终锻模膛内。大型锻件锻造时，要多考虑工人操作的方便性。

④拔长模膛位置如在锻模右边，应采用直排式，如在左边，应采取斜式，这样可方便工人操作。

⑤切刀位置，前切刀一般位于锻模的右前角，后切刀一般位于锻模的左后角。

根据生产情况，模膛布置常见的各种方案如图 3 – 77 所示。

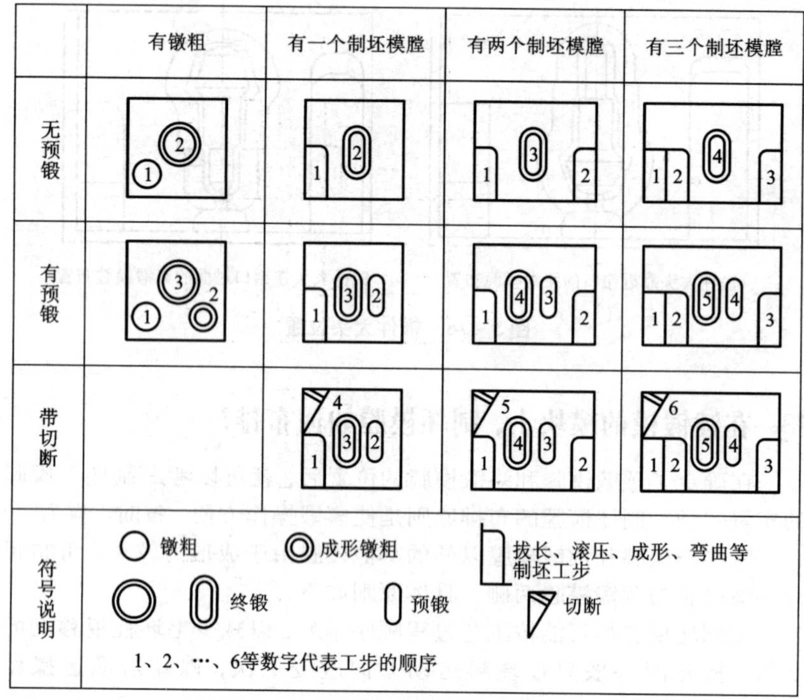

图 3－77　模膛布置常见的各种方案

74. 什么是模壁厚度？什么是锻模承击面积？如何设计？

(1) 模壁厚度

由模膛边缘到模块边缘的距离，以及相邻模膛之间的壁厚都称为模壁厚度。锻模模膛应有足够的壁厚，以保证锻模在工作中不致损坏；同时又要避免模块过大，浪费锻模材料，增加能源动力消耗，并且使模膛间距离加大，加重偏心打击的程度。应在保证足够强度的情况下尽可能减小。由于锻模的工作情况十分复杂，所以模膛壁厚根据经验确定，一般根据模膛深度、模壁斜度和模膛底部的圆角半径来确定最小的模壁厚度。确定模膛壁厚应考虑以下几个因素：

1) 模膛深度越大，侧壁斜度越小，壁与底的圆角半径越小，壁厚越小。

2）与模膛相邻的壁面斜度越小，壁厚越大，如相邻的是锻模外壁（斜度为零），则壁厚应最大。

3）在其他条件相同时，模膛的平面形状对模壁厚度的影响不同。如图3－78（a）的情况，模壁厚度可以小些；图3－78（b）和图3－78（c）的情况，模壁厚度则应相对大些。

模膛壁厚包括：终锻与预锻模膛的最小壁厚、模膛间距、制坯模膛的最小壁厚等。不同情况下的模壁厚度可根据有关手册选定。

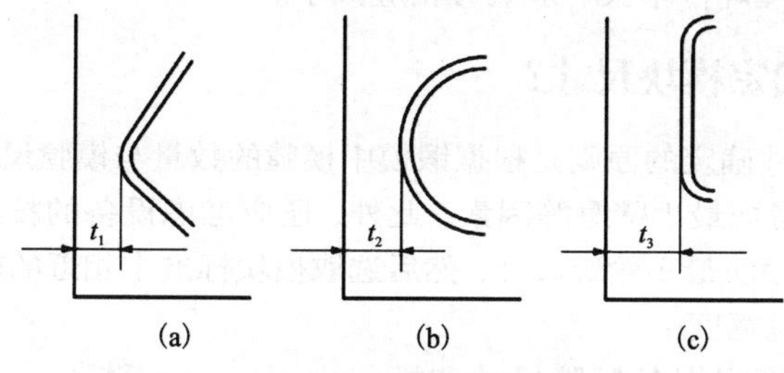

图3－78　模壁厚度

（2）锻模承击面积

模锻时，锻模应有足够的接触面积来阻止模面的下沉，这个上下模的接触表面面积即称为锻模承击面积，它是分模面减去模膛、飞边槽、钳口、锁扣（平面上有间隙时）等处后的面积，如图3－79所示。

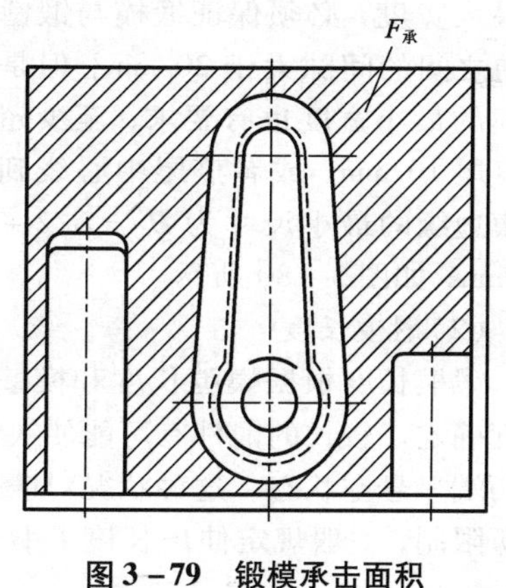

图3－79　锻模承击面积

承击面积不能太小，否则容易造成分模面压塌。但是承击面积过大会使模块过分增大。

通常承击面积的大小凭经验确定，表3－33为常用吨位锻锤的锻模承击面积最小允许值。

表 3-33 锻锤允许的最小承击面积

锻锤吨位/t	1	2	3	5	10	16
承击面积/cm^2	300	500	700	900	1600	2500

允许的最小承击面积 $F_{承}$，也可按下式确定：

$$F_{承} = (300 \sim 400) G \ (cm^2)$$

式中：G 为锻锤吨位，t。

随着锻锤吨位增大，系数可相应减小。

75. 如何确定模块尺寸？

模块尺寸确定的原则是根据锻模中模膛的数量与模膛尺寸、模膛的布排方法，考虑最小壁厚等因素；此外，还应考虑设备的技术规格，得出所必需的模块最小轮廓尺寸，然后选取模块标准中相近的较大值。

(1) 锻模宽度

锻模宽度根据各模膛尺寸和模壁厚度确定。锻模宽度过大，可能会使锻模与锻锤导轨相碰，因此锻模最大宽度，必须保证锻模与锻锤导轨之间的间隙大于 20 mm；但是锻模的最小宽度也有要求，至少超出燕尾 10 mm，或者燕尾中心线到锻模边缘的最小尺寸为 $B_1 = B/2 + 10$ mm，如图 3-80 所示。

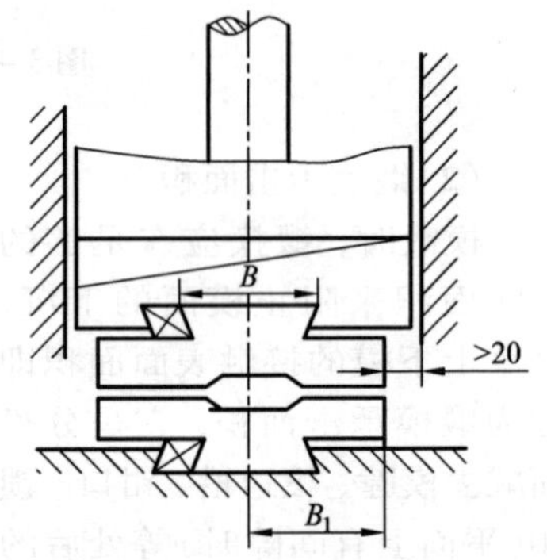

图 3-80 锻模宽度

(2) 锻模长度

锻模长度根据模膛长度和模壁厚度确定。较长的锻件有可能使锻模超长，伸到模座和锤头之外，锻模两端呈悬空状态。这种状况对锻模受力条件不利，对伸出长度 f 要有所限制，一般规定伸出长度 f 小于模块高度 H 的 1/3，如图 3-81 所示。

(3) 模块高度

模块高度是模块从分模面到燕尾平面之间的距离，如图 3-82 所示。

模块高度可根据终锻模膛最大深度和翻新次数的要求参考有关手册选定。允许的最小模块高度 H 根据终锻模膛最大深度确定，见表 3－34。

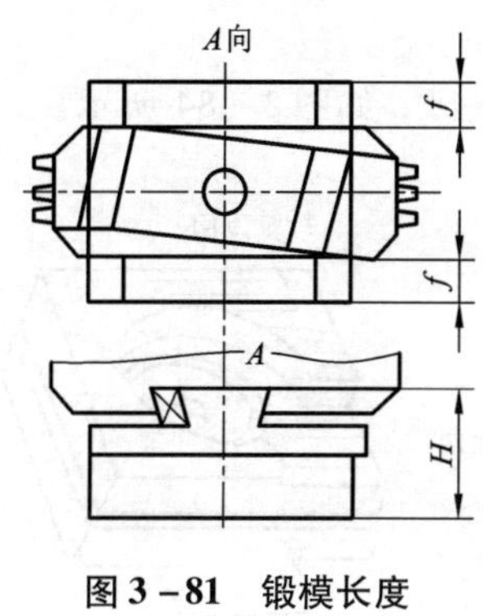

图 3－81　锻模长度

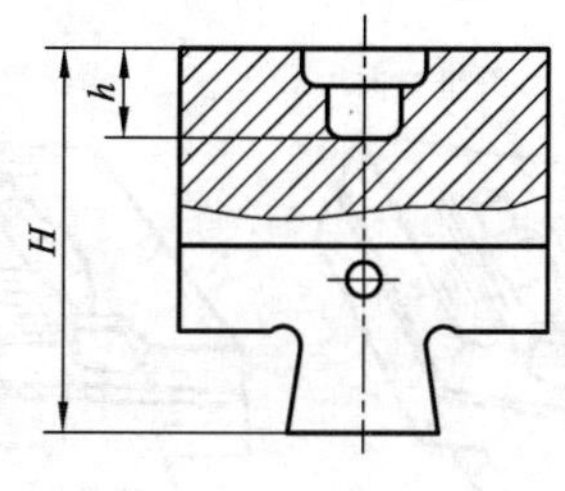

图 3－82 模块高度

表 3－34　最小模块高度

终锻模膛最大深度 h/mm	<32	32～40	40～50	50～60	60～80	80～100
最小模块高度 H/mm	170	190	210	230	260	290

上下模块的最小闭合高度应大于锻锤允许的最小闭合高度 H_{min}。考虑到锻模翻修的需要，通常锻模高度 H_m 是锻锤最小闭合高度 H_{min} 的 1.35～1.45 倍。

(4)锻模重量

为了保证锤头的运动性能，上模块质量最大不超过锤吨位的 35%，下模块重量不限。

76. 如何选择锤锻模的模块纤维方向?

锻模寿命与模块的纤维方向密切相关，严格保证模块纤维方向垂直于模锻方向，并使纤维在加工型槽时被切断得越少越好。否则模膛表面耐磨性能将下降，模壁容易产生剥落和断裂现象。

(1)长轴类锻件的锻模

1)当磨损是影响锻模寿命的主要原因时，模块纤维方向应与锻件轴线方向一致，这样被切断的金属纤维少，如图 3－83(a)所示。

2)当开裂是影响锻模寿命的主要原因时，模块纤维方向应与键槽中心线方向一致，这样裂纹不易发生和扩展，如图 3－83(b)所示。

(2)短轴类锻件的锻模

模块纤维方向应与键槽中心线方向一致，如图 3－84 所示。

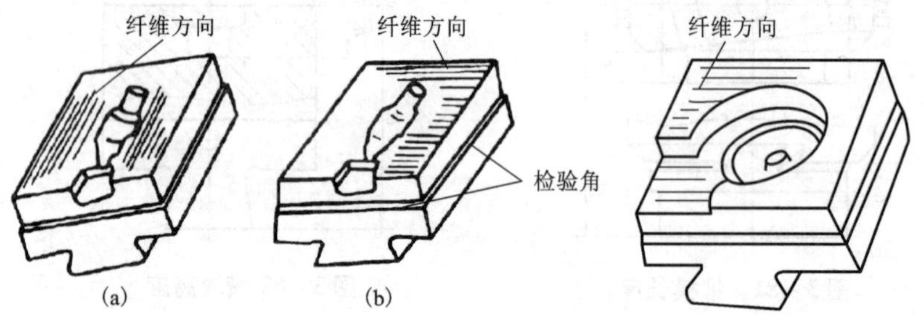

图 3－83 长轴类锻件锻模纤维方向　图 3－84 短轴类锻件锻模纤维方向

77. 如何安装锤锻模？

上下锻模是借助于燕尾、斜楔、固定键块和键槽紧固在锤头和模座的燕尾槽内的，要求紧固可靠并且安装调试方便，目前普遍采用楔铁和键块配合燕尾紧固的办法，实践证明效果良好。锤锻模的安装步骤如下：

①把需要安装的锻模吊放在锤旁。

②将锤头升起，把锤头支承在装模时要求的高度。

③将上、下锻模的定位键块打入定位键槽内，必要时可在固定键与键槽之间加 1～2 mm 厚的铁皮，打紧键块。

④将上下模块吊到锤上。

⑤用撬棍将锻模拨向有键的一面，再把垫片放在上模块键的顶面上，随着锤头的下降，垫片自然地滑跌在键的侧壁，嵌在锤头键槽与键之间。

⑥燕尾另一面插入斜楔，打紧，将上下模块分别紧固在模座和锤头上。

⑦开动锻锤，轻轻地空击，再打紧上下斜楔；没有锁扣的锻模需

仔细查看检验角判断上下模块之间是否对齐，有无错移。

⑧将模具和锤杆预热进行试锻。

⑨待试锻件检验合格后，装模工作就算完成了。

78. 热模锻压力机上模锻有怎样的工艺特点？

根据热模锻压力机的主要工作特性，热模锻压力机模锻的主要工艺特点有：

①热模锻压力机的滑块行程是一定的，由于滑块的运动速度较低，惯性力不大，金属在高度方向的流动充填能力较差，且金属在一次行程内完成变形，不能实现逐步变形，因而在一次行程中的金属的变形量大，则毛坯中部变形大且向水平方向流动较为强烈，以致形成较大的飞边，而深模膛不易充满；因此，对于形状复杂难于充满的锻件，必须经过制坯工步，使毛坯逐步接近锻件形状；同时在热模锻压力机上金属充填上、下模膛的能力并无明显差别。

②金属变形在一次行程内完成，坯料内外层几乎同时发生变形，因此变形均匀。锻件各处的力学性能基本一致，有利于提高锻件的内部质量。

③热模锻压力机的导向精度较高，并采用带有导柱的组合模，因而锻件尺寸精度高。

④模膛用镶块制作的，并被固定在通用模架上，因而可以节约大量的模具钢，同时，镶块更换也很方便。

⑤不适合拔长和滚压等制坯工步，需要在其他设备（如辊锻机、平锻机、空气锤等）上进行制坯。

⑥可以生产各类形状的锻件，尤其适宜那些主要靠镦粗方式成形的锻件、带杆部或不带杆部的挤压冲孔件，还可以进行热精压等工序，不太适合进行闭式模锻。

⑦由于热模锻压力机的静压力特性，金属在模膛内流动比较缓慢，这对于变形速度敏感性强的低塑性合金的成形十分有利，某些不适宜在锤上模锻的高温合金、镁合金等金属可以在热模锻压力机上进行锻造。

⑧热模锻压力机上模锻的工艺动作规则有序，可控性强，容易实现机械化、自动化，非常适合于组建自动化的模锻生产线。

79. 热模锻压力机模锻件如何分类？各类有什么特点？

根据形状和成形特点，热模锻压力机模锻件可以分为 3 类，见表 3－35。

表 3－35　热模锻压力机模锻件分类

<table>
<tr><th></th><th>特点</th><th colspan="6">细分类及特点</th></tr>
<tr><td rowspan="2">镦挤类锻件</td><td rowspan="2">锻件水平面投影为圆、方形或近似圆、方形</td><td colspan="2">第一组</td><td colspan="2">第二组</td><td colspan="2">第三组</td></tr>
<tr><td colspan="2">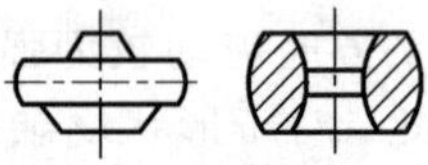以镦粗并略带压入方式成形的锻件</td><td colspan="2">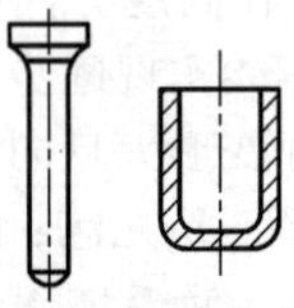以挤压并略带镦粗方式成形的锻件</td><td colspan="2">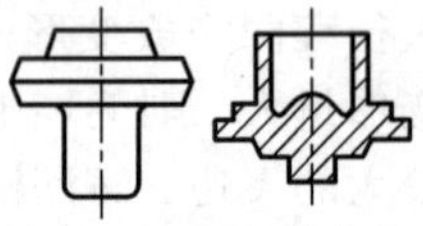挤压、压入和镦粗方式或其中二者均占有相当比例的锻件</td></tr>
<tr><td rowspan="2">长轴类锻件</td><td rowspan="2">锻件水平面投影的主轴线较长</td><td colspan="3">第一组</td><td colspan="3">第二组</td></tr>
<tr><td colspan="3">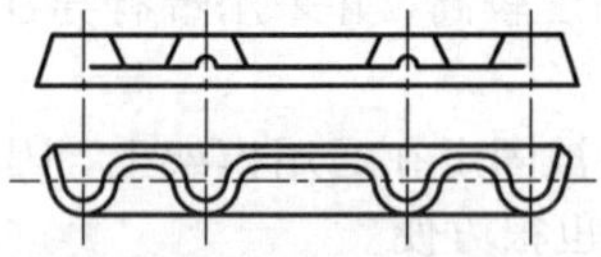沿主轴线各处截面积差别不大的锻件</td><td colspan="3">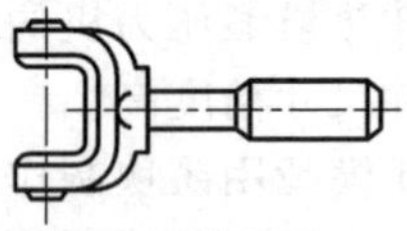沿主轴线各处截面积差别较大的锻件，主要采用较完备的制坯工步</td></tr>
<tr><td rowspan="2">弯曲类锻件</td><td rowspan="2">锻件水平面投影的主轴线呈弯曲线</td><td colspan="3">第一组</td><td colspan="3">第二组</td></tr>
<tr><td colspan="3">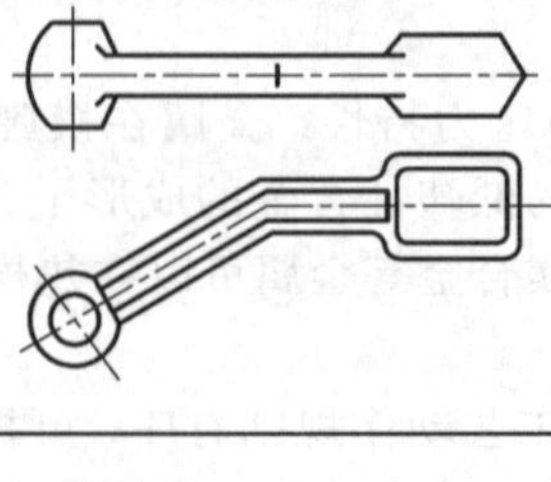</td><td colspan="3">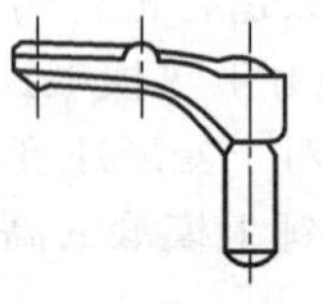</td></tr>
</table>

80. 热模锻压力机上的模锻件图设计有怎样的特点?

模锻件图的设计基本原则和方法与锤上模锻基本相同，但是针对热模锻压力机的结构和模锻工艺过程特征在选择某些参数时又有所不同。

(1)分模面

热模锻压力机上和锤上模锻件的分模面位置，在很多情况下是相同的，而且仅有一个分模面。但是，热模锻压力机有顶出装置，使锻件有可能顺利地从较深的模膛内取出，因此，可以立着锻造带长杆的锻件(即杆的轴线与滑块运动方向一致)，从而可按锻件成形的要求较灵活地选择分模面。如图 3－85 所示的杆形件，在锤上模锻时分模面为 $A-A$，即平放在模膛内，内孔无法锻出，毛边体积较多。在热模锻压力机上模锻，则可选 $B-B$ 为分模面，将坯料立放在模膛内局部镦粗并且冲出内孔。模锻后用顶料杆将锻件顶出。

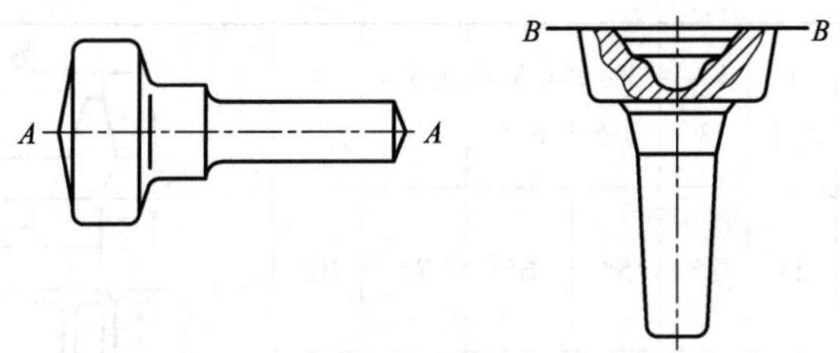

图 3－85　杆形件的不同分模方法

(2)加工余量和锻件公差

由于热模锻压力机导向精度高，因此，锻件的余量和公差值可以比锤上模锻相应地减小，可参考有关手册。

确定热模锻压力机模锻时的公差和余量应注意以下几点：

①由于热模锻压力机连杆机构的间隙及压机刚性的影响，模锻件的正偏差比锤上模锻时略大，而负偏差则略小。

②确定余量和公差时，应考虑加热方式。采用电加热时，锻件精度可以提高。

③对于长度大于500 mm的杆类锻件，每加长200 mm，其水平余量应加大0.5 mm。

④零件表面粗糙度在Ra0.80以上的部位，余量应加大0.25～0.5 mm。

(3)模锻斜度

在热模锻压力机上模锻时，决定模锻斜度的因素也和锤上模锻相同，若不采用顶杆从终锻模膛中取出锻件，则模锻斜度与锤上相同；若采用顶杆将锻件顶出，模锻斜度可以显著减小，在数值上一般可比锤上模锻时小一级，一般为2°～7°或更小，可参考有关手册，也可以按表3－36确定。

(4)圆角半径

确定热模锻压力机上模锻件的圆角半径参照锤上模锻件。一般未注明的圆角半径取2～3 mm。

表3－36 模锻斜度

l/b \ h/b	1以下	1～3	3～4.5	4.5～6.5	6.5～8	8以上
1.5以下	2°	3°	5°	6°	7°	10°
1.5以上	2°	2°	3°	5°	6°	7°

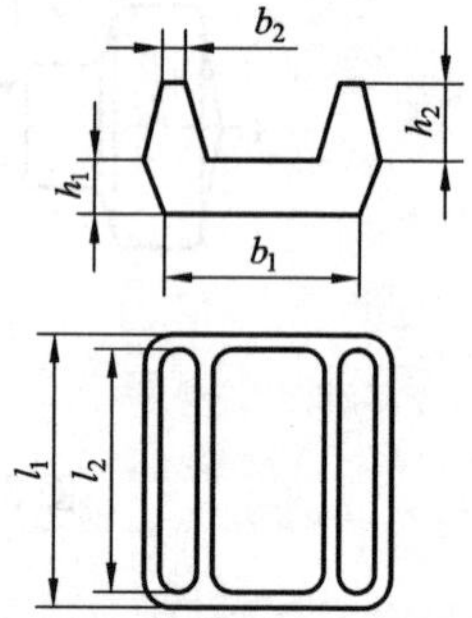

(5)冲孔连皮

冲孔连皮的形状和设计方法也同锤上模锻，在热模锻压力机上模锻的模锻件中，直径小于26 mm的孔一般不予冲出。需冲孔时，冲孔连皮厚度通常取6～8 mm。

81. 热模锻压力机上模锻如何选择变形工步？

热模锻压力机上，模锻工步有预锻和终锻；制坯工步主要有镦粗、成形、压扁、卡压、弯曲等；挤压既可以制坯，也可以作为模锻工步。

1）镦挤类锻件的变形工步常用的为镦粗、挤压、预锻、终锻。

第1组锻件，当其形状简单、各部分的高度差别不大时，可直接将原毛坯终锻，或镦粗后终锻。当锻件形状比较复杂，例如齿轮的轮缘与轮辐高度相差较大，或者有较高的轮毂，可以采用镦粗、终锻，或镦粗、预锻、终锻的工步。

第2组锻件，主要采用挤压工步，这组锻件根据其形状特点及复杂程度，可采用下列变形工步：挤压、终锻；镦粗、挤压（一次或二次）、终锻。

第3组锻件，通常将毛坯预先反挤压，而后翻转180°再用镦粗和压入法模锻。根据锻件形状的复杂程度，其变形工步为：挤压、终锻，或挤压、预锻、终锻。

2）长轴类锻件的变形工步与锤上长轴类锻件一样，先要绘出计算毛坯图，然后按 $\alpha-\beta$ 曲线确定制坯工步。

①对于沿主轴线截面变化不大的锻件，一般不需制坯，直接模锻。

②若锻件宽度与毛坯直径之比大于1.6～2时，应增加压扁工步。

③若锻件截面的变化不超过10%～15%，可采用卡压、终锻，或卡压、预锻、终锻工步。工步的选择和设计原则与锤上模锻相同。

④当锻件截面变化显著时，可在其他设备上制坯。形状复杂的长轴类锻件，预锻工步常是不可缺少的。

3）第三类锻件的变形工步需要采用弯曲工步。弯曲前是否需滚挤或拔长，同样要根据计算毛坯图和 $\alpha-\beta$ 曲线来确定。

82. 热模锻压力机上模锻锻模飞边槽如何设计？

热模锻压力机上模锻锻模飞边槽设计原则与锤上模锻基本相同。其主要区别是飞边槽没有承击面，在上下模面间之间留有的高度等于飞边桥部高度的间隙，其目的是防止压力机超载“闷车”。

由于热模锻压力机上模锻多采用了较完备的制坯和预锻工步，金属在终锻模膛内的变形主要以镦粗方式进行，飞边的阻力作用不像锤上模锻那么重要，而较多地起着排泄和容纳多余金属的作用。因此，飞边槽桥部及仓部的高度均比锤上要大一些。

一般情况下，当飞边槽仓部至模块边缘的距离小于 20 ~ 25 mm 时，可将仓部直接开通至模块边缘。

飞边槽结构形式及尺寸如表 3 - 37 所示。形式Ⅰ应用比较普遍，形式Ⅱ用于锻件形状较简单的情况；也可参考有关手册设计。

表 3 - 37 飞边槽结构及尺寸

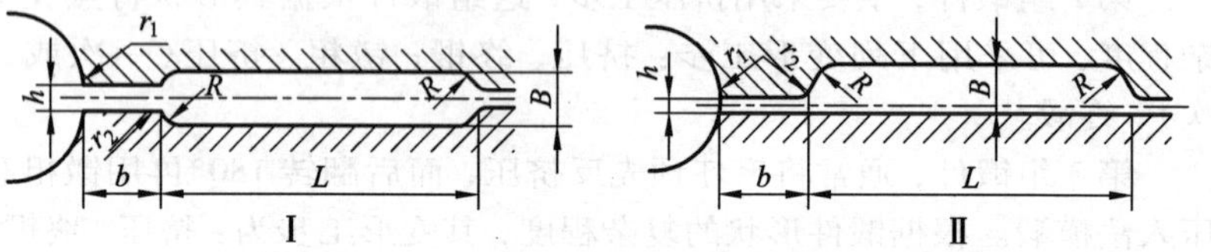

Ⅰ Ⅱ

尺寸/mm \ 吨位/kN	16000	20000	25000	31500	40000	80000	120000
h	2	3	4	5	5	6	8
b	10	10	12	15	15	20	24
B	10	10	10	10	10	12	18
L	40	40	50	50	50	60	60
r_1	1	1. 5	1. 5	2	2	2. 5	3
r_2	2	2	2	3	3	4	4

注：(1)在不易充满处，桥部宽度 b 可局部增大 50% ~70%。

(2)预锻模膛一般不开飞边槽，其分模面处的间隙要比终锻大 1 ~2 mm。

(3)圆角半径 r_1 要比终锻大 5 ~ 10 mm。当选用设备压力偏小时，也可以开飞边槽，其桥部高度 h 要比终锻大 1 ~2 mm，宽度 b 要大 2 ~4 mm。

83. 热模锻压力机上模锻预锻模如何设计?

预锻模图根据终锻模图设计，设计的原则是使预锻后的毛坯在终锻模膛中尽可能以镦粗方式成形。具体需要考虑以下设计要点：

①预锻模膛的高度比终锻模膛相应大 2 ~ 5 mm，宽度适当减小，并使预锻件的横截面积稍大于终锻件相应的横截面积。若终锻件的横截面呈圆形，则相应的预锻件横截面应为椭圆形，横截面的椭圆度约

为终锻件相应截面直径的 4% ~5%。

②合理分配预锻件各部分的体积，使终锻时多余的金属能合理地流动，避免产生缺陷。例如，需要冲孔的锻件，孔径不大时，预锻件与终锻件的内孔深度之差应该小于 5 mm(见图 3 -86)，以免终锻时内孔有较多的金属径向流动形成折叠。齿轮的轮毂部分，预锻工步的毛坯体积可比终锻工步大1% ~6%。当孔径较大时，还必须将终锻模膛的连皮设计成图 3 -87 所示的结构，以容纳连皮处多余的金属。

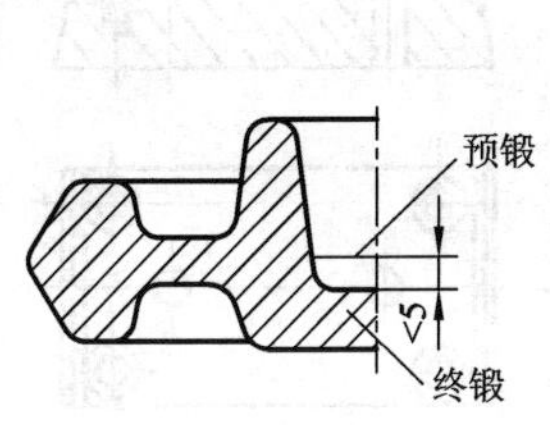

图 3 -86　预锻冲孔深度

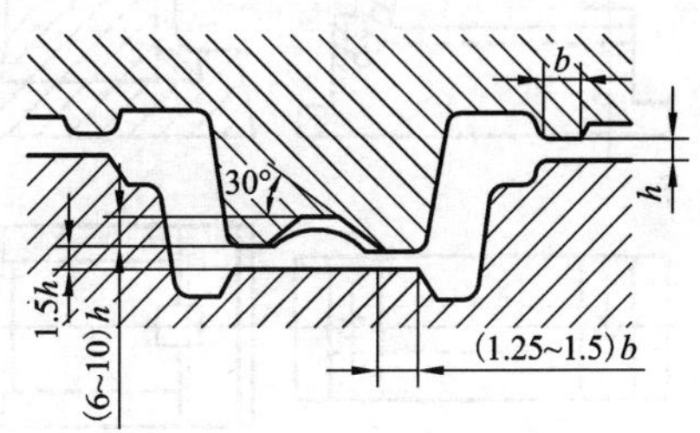

图 3 -87　终锻连皮结构

③终锻时毛坯靠压入方式成形时，预锻件形状与终锻件有显著差别，应该使预锻件的侧面在终锻模膛中，变形一开始就与模壁接触，从而限制金属的径向流动，迫使其流向模膛深处。

④预锻件在终锻模膛中应该能够方便而准确地定位，因此，预锻件上与定位相关的形状和尺寸应与终锻件相应吻合。

⑤形状简单的锻件，预锻模膛可以不设飞边槽。若设飞边槽，桥部高度应比终锻模膛相应大30% ~60%，桥部宽度和仓部高度可适当减小。

84. 热模锻压力机用模膛镶块的结构是怎样的?

热模锻压力机用锻模的模块，按照形状分为圆形和矩形两种。其中圆形模块加工方便，节省模具材料，适用于模锻回转体锻件；矩形模块可适用于模锻任何形状的锻件。

模块可为整体式或镶块式，镶块式模块如图 3 -88 所示。上、下模块可以是组合式的，分成两块或其中一个模块分成两块。分成两块后的一块为加工出模膛的镶块，一块为模座。这样就使模座不经常更换。其中图 3－88(a)、图 3－88(b)、图 3－88(c)是方形和矩形镶块组成的模块；而图 3－88(d)、图 3－88(e)是圆形镶块组成的模块。

镶块与模座之间可以采用螺钉紧固，也可以采用斜楔紧固。

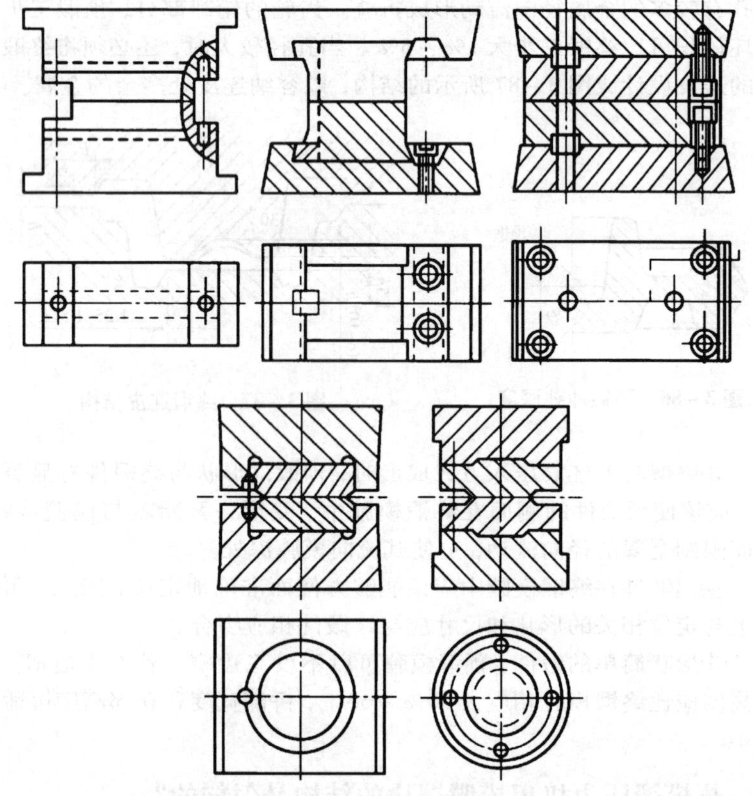

图 3－88 组合式模块

85. 如何设计热模锻压力机锻模的排气孔？

热模锻压力机上模锻与锤上模锻不同，热模锻压力机上金属变形在一次行程中完成。当模膛有深腔，聚积在模膛内的空气如果无法逸出，就会受到压缩而产生很大压力，阻止金属向模膛深腔处充填。因此，一般应该在模膛深腔金属最后充填处开设排气孔，如图 3－89 所示。排气孔的直径 d 为 $\phi1.2\sim2.0$ mm，孔深为 20～30 mm，后端可用 $\phi8\sim20$ mm 的通孔与通道连通，直至镶块底部。

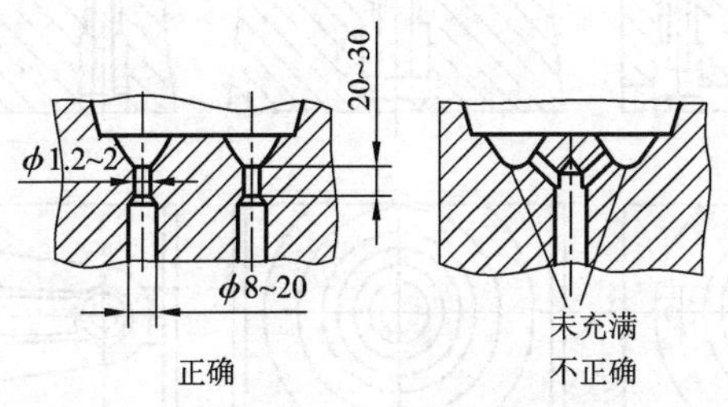

图 3－89　排气孔的布置

对于环形模膛，排气孔一般对称设置。对深而窄的模膛一般只在底部设置一个。

如模膛底部有顶出器或其他排气缝隙时，则不需要开排气孔。

86. 热模锻压力机锻模的顶出装置的结构是怎样的?

热模锻压力机的顶出器主要用于顶出预锻模膛或终锻模膛内的锻件。顶出器的位置，应根据锻件的具体情况而定，在模锻时尽量不要使顶料杆受载，如图 3－90 所示。

顶出装置的设计原则：

①一般情况下顶出器应顶在飞边上；

②对于具有较大孔的锻件，顶出器可以顶在冲孔连皮上，如图 3－90(a)、图 3－90(b)、图 3－90(c)所示；

③如果顶出器必须顶在锻件本体上，则尽可能顶在加工表面上，如图 3－90(d)、图 3－90(e)、图 3－90(f)所示。

④顶出器也可以是模膛的一个组成部分。例如冲孔连皮直径较小的锻件，为了保证镶块模中凸模的强度，在冲孔深度不大时，可采用图 3－90(e)所示的顶出器，凸模做在顶出器上，便于维修或更换。

为防止顶杆弯曲，设计时应注意顶杆不能太细，一般取 $\phi10\sim30$ mm。应有足够长度的导向部分，顶杆孔与顶杆之间留有 0.1～0.3 mm 的间隙。

顶杆周围的间隙也能起排气作用。

镶块中顶出器的上下运动是靠热模锻压力机顶杆的动作实现的。

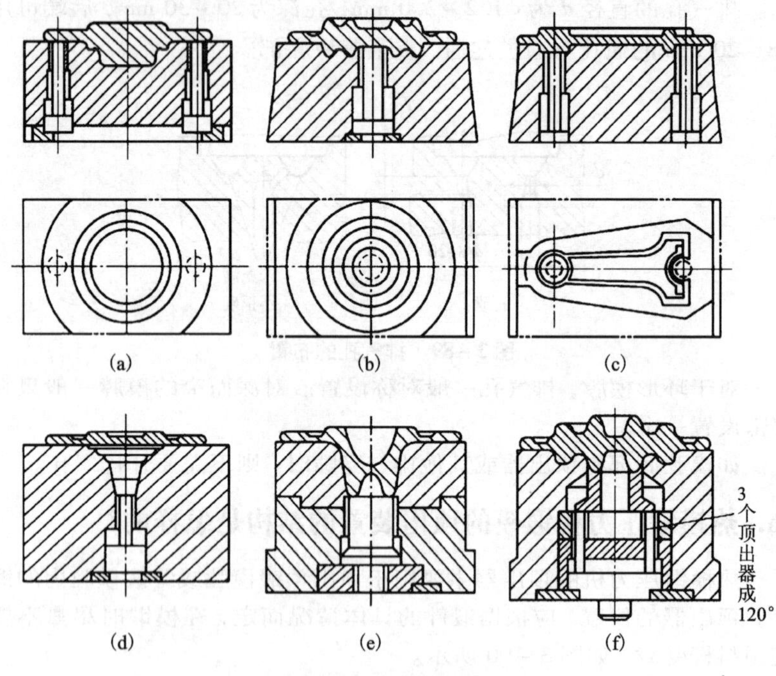

图 3-90　顶出器的位置

热模锻压力机的顶杆数目有 1～5 个。当热模锻压力机顶杆的数目、位置与镶块上的顶出器不相符合时，需要设计杠杆式顶杆装置，把热模锻压力机顶杆的动作，通过杠杆均匀地传递到镶块的各个顶出器上去。当锻件从模膛中取出后，顶料装置在自重的作用下，回复到原来的位置。

⑤顶出机构。模座上的顶出装置起着把锻压机顶杆的作用力传递到模块里的顶杆上去的作用。一般模座上的顶出装置的行程不使用锻压机顶杆的全行程，因为过大的行程将影响模座的强度而且使结构复杂。大行程的顶出机构只在型槽深而又仅有 0°30′～1°的模锻斜度时才采用。对模锻斜度为 2°～5°，深为 50～70 mm 的型槽，行程为 20～30 mm 的顶出机构已能满足使用要求，表 3-38 列出了不同吨位的锻压机通常需用的顶出机构的行程。

表3-38　常用的模座上顶出机构的行程/单位

锻压机压力/t	常用的顶出机构的行程	锻压机压力/t	常用的顶出机构的行程
630	10~12	2000~2500	18~25
1000	13~18	3150~4000	20~30
1600	15~20		

图3-91为直通式顶出机构，仅能从终锻槽中顶出锻件；图3-92为横担式顶出机构，可使顶杆作用到多个型槽上去，图3-93为杠杆—横担式顶出机构。

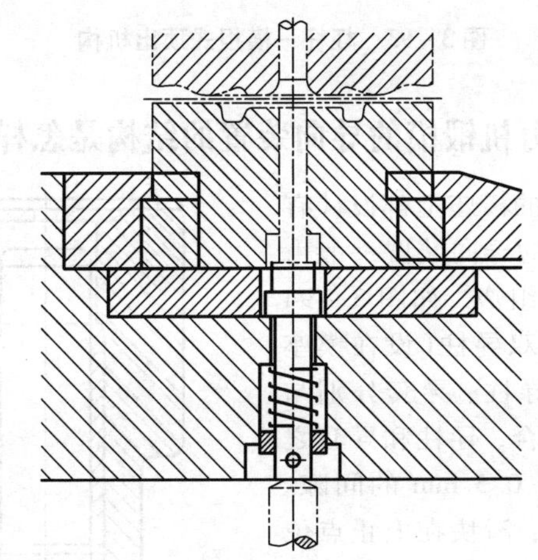

图3-91　直通式顶出机构

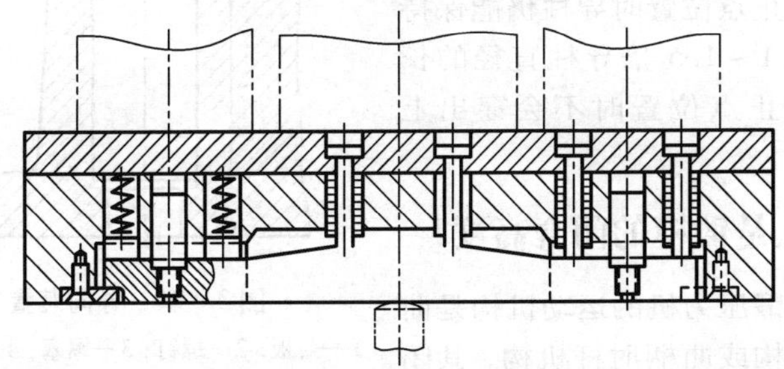

图3-92　横担式顶出机构

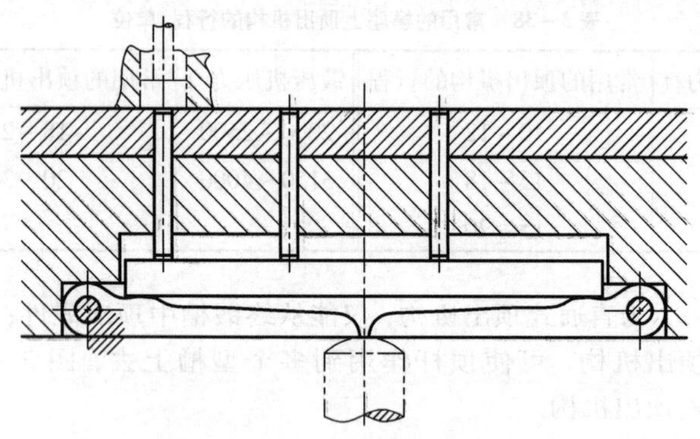

图 3 –93　杠杆—横担式顶出机构

87. 热模锻压力机锻模的导向装置的结构是怎样的?

通常锻压机的模座上都设计有导向机构，锻模的导向装置一般由导柱—导套机构组成，如图 3 –94 所示。一般采用双导柱(设在模座后面或侧面)。导柱、导套分别与上下模座紧密配合，导柱和导套之间则保证 0. 25 ~0. 5 mm 的间隙。导柱长度应保证：滑块在上止点位置时导柱不能脱离导套，尽可能使压机在上止点位置时导柱仍能保持在导套内 1 ~1. 5 倍导柱直径的长度；在下止点位置时不会穿出上模座。

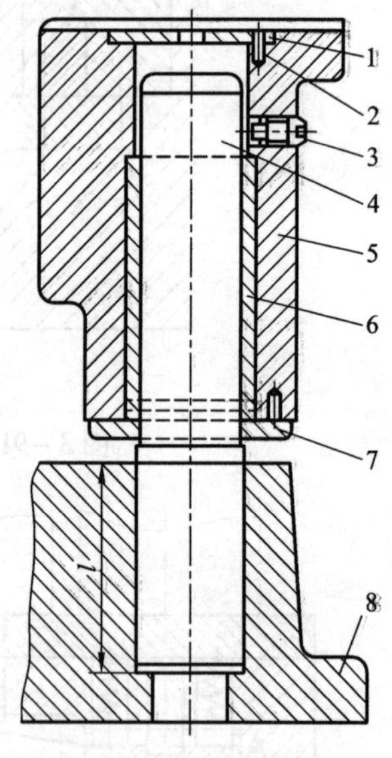

图 3 –94　导向装置

1—盖板; 2—螺钉; 3—螺塞; 4—导柱;
5—上模座;6—导套;7—端盖;8—下模座

88. 什么是锻模的闭合高度?

热模锻压力机的运动机构是曲柄连杆机构或曲柄肘杆机构，其闭合高度由热模锻压力机的结构决定。锻模的轮廓形状和尺寸，根据热模锻压力机的工作空间尺寸及镶块尺寸设计。滑块在最上位置时，上下镶块之间的开口高度应大于毛坯放入模膛以及从模膛中顺利取出锻件所需的操作空间高度。热模锻压力机的行程固定，因此模具在闭合状态，各零件在高度方向上的尺寸关系如图3－95所示，即

$$H=2(h_1+h_2+h_3)+h_n$$

式中：H为模具的闭合高度；h_1为上下模座厚度；h_2为上下垫板厚度；h_3为上下锻块高度；h_n为上下模间隙。

热模锻压力机模具的闭合高度H要比它的最小闭合高度大，模具的闭合高度H应满足下式要求。

$$H=H_{min}+0.5a$$

式中：H_{min}为热模锻压力机最小闭合高度；a为工作台最大调节量。

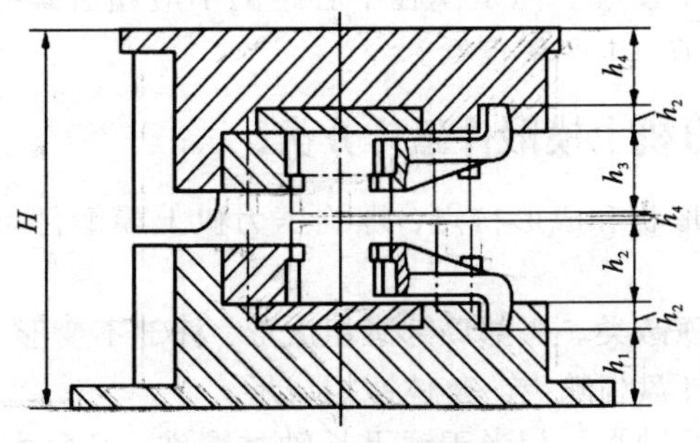

图3－95 模具闭合高度

89. 螺旋压力机上模锻有何工艺特点?

螺旋压力机模锻的主要工艺特点有：

①在一个模膛内可进行多次打击变形，从而可以为大变形工序（如镦粗、挤压等）提供大的变形能量；同时也可为小变形工序（如终锻、精压等）提供较大的变形力，能满足各种主要模锻工序的性能要求，通用性强，生产的模锻件品种多。

②螺旋压力机行程不固定，锻件精度不受设备弹性变形的影响，宜于进行精密模锻（如精锻齿轮、叶片等）和闭式模锻。设备具有顶出装置，可以锻出小模锻斜度（甚至无模锻斜度）的锻件。某些锻件可以

立起来顶镦。

③由于单位时间内的行程次数少，行程速度较低，所以金属变形过程中的再结晶现象能够充分进行。较适合模锻再结晶速度较低的低塑性合金材料。

④设备打击速度低，螺旋压力机模具所受冲击小，既可采用整体式锻模，又可以采用组合式模具，工艺灵活性强；可以采用镶块模、拼焊模甚至铸铁模具，模具费用大为降低；可以采用T形螺栓固定模具，无须调整闭合高度，模具安装调整简便。

⑤除模锻外，还可以完成切边、弯曲、精压、校正、挤压和板料冲压等工序。

⑥螺旋压力机承受偏心载荷的能力差，一般情况下只进行单模膛锻造，用自由锻锤、辊锻机等设备制坯。在偏心载荷不大的情况下，也可以布置两个模膛。但是模膛中心距离不应超过螺杆节圆的半径。打击力不易调节，生产率较低。

90. 螺旋压力机上模锻件怎样分类?

根据锻件形状和成形特点，螺旋压力机上模锻件可以分为4类，见表3-39。

第一类：顶镦类。头部局部镦粗成形，杆部不变形。

第二类：杯盘齿轮类。整体镦粗成形。

第三类：长轴类。相当于锤上长轴类锻件，又分为直长轴、弯曲轴、枝芽类

第四类：叉形类锻件。两向凹坑类，如法兰、三通阀体等。

表3-39 螺旋压力机上模锻件分类

类别	图例	备注
顶镦类		头部局部镦粗成形，杆部不变形

续表 3-39

类别	图例	备注
杯盘齿轮类	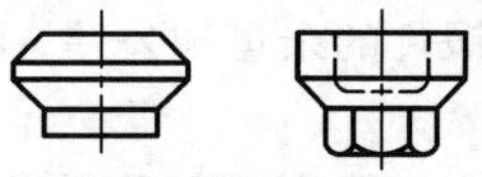	整体镦粗成形
长轴类	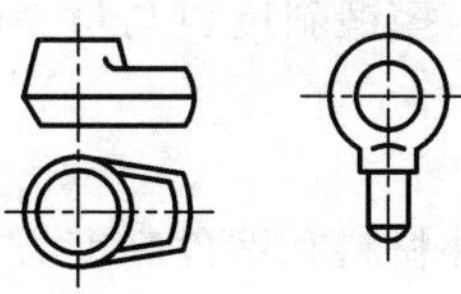	相当于锤上长轴类锻件，又分为直长轴、弯曲轴、枝芽类
叉形类锻件	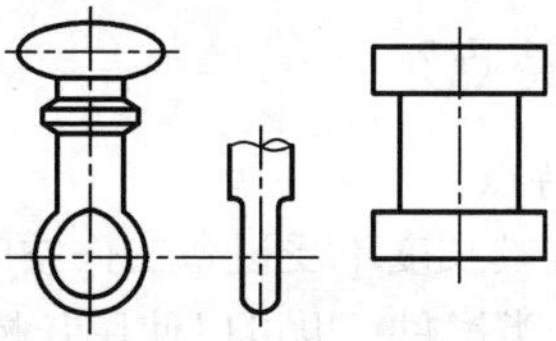	两向凹坑类

91. 螺旋压力机上模锻件图设计有何特点？

模锻件图的设计基本原则与锤上模锻和热模锻压力机模锻基本相同，但是由于螺旋压力机带有顶杆装置，可以顶出模锻件，同时可将凹模顶出。因此，螺旋压力机模锻件的设计方法及某些参数选择时又有所不同。

(1)分模面位置的选择

①根据模锻件形状的不同，分模面可以为一个或多个。采用组合凹模，可得到两个方向上有凹坑、凹挡的锻件，如三通阀体等。

②当采用无飞边或小飞边模锻时，分模面一般设在金属最后充满处。

③在确定分模面时，由于螺旋压力机上开式模锻多为无钳口模锻，如不采用顶杆装置，应注意减少模膛深度尺寸，以利于锻件出模。

(2)加工余量和公差的确定

由于螺旋压力机上开式模锻多为无钳口模锻，螺旋压力机上模锻时不易去除氧化皮。一般模锻件的表面粗糙度大于锤上模锻件尤其是多火次模锻时，若采用少无氧化加热措施，螺旋压力机上饼类模锻件和轴类模锻件的余量和公差可达到与锤上模锻件相同，顶镦类锻件的余量和公差可参考平锻机模锻件的余量和公差，可参考有关手册。

(3)模锻斜度的选择

螺旋压力机模锻斜度的大小取决于有无顶杆，有顶杆时模锻斜度约为无顶杆时的1/2或更小。模锻斜度也与材料的相对尺寸和材料种类有关，可参考有关手册。

(4)圆角半径的确定

圆角半径主要取决于锻件材料和锻件高度方向尺寸，可参考有关手册。

92. 平锻机上模锻有何特点?

平锻机上模锻有如下特点：

①锻造时毛坯水平放置其长度不受设备工作空间的限制，可锻出立式锻造设备难以锻造的长杆类锻件，也可以使用长棒料连续模锻。

②有两个互相垂直的分模面，可以锻出一般锻造设备难以成形的、在两个方向具有凹挡、凹孔的锻件。

③锻件质量好，加工余量小，表面光洁，没有或很少有飞边。

④可以进行开式模锻和闭式模锻，能实现聚集、冲孔、穿孔、翻边、切边、弯曲、压扁、切断、预锻、终锻等各种工步，特别适合于锻造局部顶镦类型的锻件。

⑤生产率高，一般不需要配备切边、校正、精整等辅助设备。采用水平分模的平锻机时，操作方便，容易实现机械化和自动化。

⑥对原毛坯尺寸要求较高，一般采用高精度热轧钢材或冷拔整径钢材，否则凹模会夹不紧棒料或在凹模间产生大的纵向毛刺；模膛中的氧化皮不易清除，最好采用少氧化或无氧化加热。

93. 平锻机上模锻件怎样分类?

根据模锻件形状和成形特点，平锻机上模锻件可分为3类，见表3－40。

表3-40　平锻机上模锻件分类

锻件类别		简图	特点
第一类 带头部的无孔(或不通孔)杆类			①一般按锻件杆部选用原材料直径；②多为单件模锻，后定料方式；③工步常为聚集、预成形和终锻；④采用开式模锻时需要有切边工步
第二类 无杆部锻件	第1组 有通孔	第1组	尽量按孔径选用原材料直径；终锻后由穿孔工步分离
	第2组 无孔或有不通孔	第2组	根据工艺需要选用原材料直径；终锻后由切断工步分离
第三类 管材镦粗			按锻件杆部的管子规格选用原材料直径；多为单件模锻，后定料方式；工步常为聚集、预成形及终锻

94. 如何设计平锻机上的模锻件图？

平锻机上模锻件图的设计方法如下：

(1)分模面位置的选择

对于采用后挡板定位的局部镦粗类锻件，因为棒料尺寸精度会影响变形部分金属体积，大多采用开式模锻，分模面的位置选在锻件最大轮廓处。图3-96是分模面分别选在最大轮廓的前端面、中间和后端面的3种形式。图3-96(a)分模面的优点是凸模结构简单，能够保证头部和杆部的同心度。对非回转体锻件，还可以简化模具的调整工作，其缺点是切边时容易产生纵向毛刺；图3－96(b)分模面的优点是便于检查和及时发现凸模和凹模的错移，切边时可以获得较好的品质；采用图3－96(c)分模面，锻件全部在凸模内成形，锻件内外径的同心度好，但锻件在切边模膛内不容易定位坯，并且锻件和杆部毛之间容易产生错移。

(2)加工余量和公差的确定

根据零件每一部分的直径 D 和该直径相对应的长度尺寸和设备吨位，可参考有关手册选取加工余量和公差。

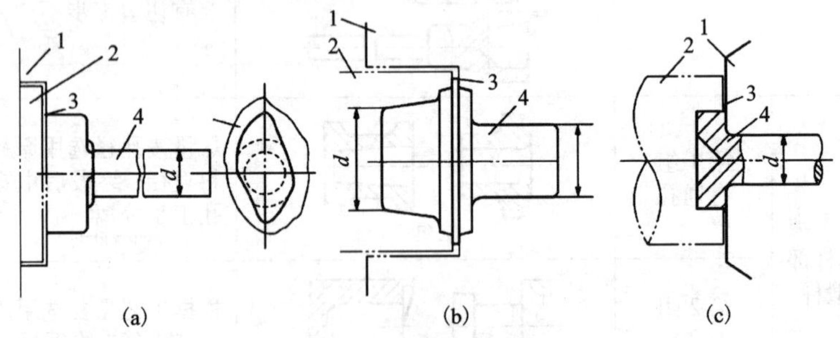

图3－96　平锻件的分模面选择

(a)分模面在前端面；(b)分模面在镦粗后大端的中部；(c)分模面在后端面

1—凹模；2—凸模；3—飞边；4—局部镦粗件

(3)模锻斜度

平锻件具有两个互相垂直的分模面，所以模锻斜度可以取小一些，甚至仅需要在一部分部位带有模锻斜度。平锻件模锻斜度的选择，取决于平锻分模面的位置。

当在凹模中成形带凹挡的锻件时，为保证凸模回程时不把锻件内孔“拉毛”，凹挡内的模具能顺利取出，内孔应有模锻斜度 α；锻件在凸模内成形的部分，则需要设计外模锻斜度 β；带双凸缘的锻件，在内侧壁上，应有模锻斜度 γ，具体数值可参考有关手册。也按表3－41确定。

(4)圆角半径，可按下式计算

1)在凹模中成形部分

$$\text{外圆角半径 } r_1 = (\Delta H + \Delta D)/2 + a \ (\text{mm})$$

式中：ΔH 为锻件的高度加工余量；ΔD 为锻件的径向加工余量；a 为零件的倒角值或圆角半径值。

$$内圆角半径\ R_1 = 0.2\Delta + 0.1\ (\mathrm{mm})$$

式中：Δ 为内圆角部位的深度。

2）在冲头中成形部分

$$外圆角半径\ r_2 = 0.1H + 1.0\ (\mathrm{mm})$$

内圆角半径 $R_2 = 0.2H + 1.0$（mm）

式中：H 为冲头中成形部分深度。

表3-41　平锻件的模锻斜度

锻件内孔壁斜度			
H/d	<1	1~5	>5
α	15′~30′	30′~1°	1°30′
锻件在凸模内成形时的模锻斜度			
H/d	<1	1~5	>5
β	15′	30′	1°
锻件凹腔部分内壁模锻斜度			
Δ/mm	<10	10~20	20~30
γ	5°~7°	7°~10°	10°~12°

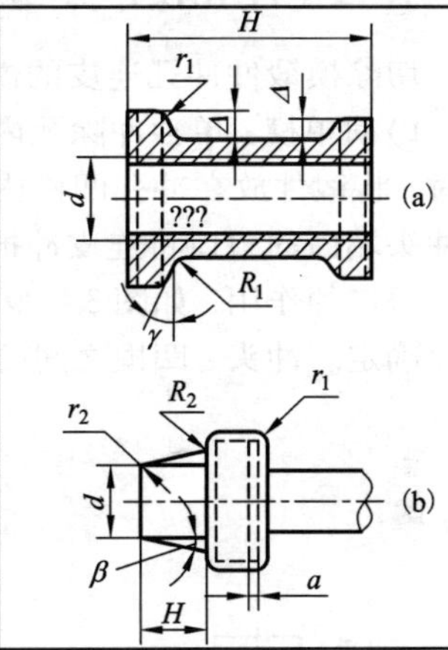

95. 什么是切边模？切边模一般由哪儿部分组成？各部位分别有何作用？

切除开式模锻件飞边的模具叫切边模，如图3-97所示。

切边模一般由切边凹模、切边凸模，凸模座、卸飞边装置等组成。切边时，切边凸模压在锻件上、锻件周围的飞边在切边凹模刃口的作用下被剪切，并与锻件分离。切边凸模一般只起传递压力的作用，推动锻件，而凹模的刃口则起剪切作用。

切边凹模有整体式和组合式两种。整体式凹模适用于中小型锻件，特别是形状简单、对称的锻件。组合式凹模由两块以上的凹模镶块组成，热处理时不易淬裂，变形小，便于修磨、调整、更换，多用于大型或形状复杂的锻件。组合式切边凹模刃口磨损后，可将各分块接触面磨去一层，修整刃口恢复使用。对于受力受热条件差，最易磨损的部位应单独分为一块，便于调整、修模、更新。

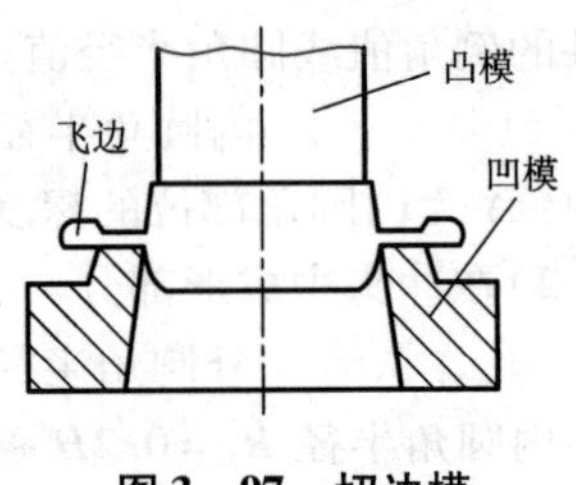

图 3－97　切边模

96. 什么是冲孔模？分哪几类？有何特点？

切除模锻件冲孔连皮的模具叫冲孔模，如图 3－98 所示。

1）简单模：单独冲除孔内连皮只能用来完成冲孔这一个工序。冲孔时，将锻件放在冲孔凹模内，冲孔凹模只起支撑锻件的作用，靠冲孔冲头端面的刃口将连皮冲掉，冲孔凸模既起传递压力的作用，又起剪切刃口的作用，如图 3－99 所示。冲头刃口部分的尺寸按锻件冲孔尺寸确定。冲头、凹模之间的间隙靠扩大凹模孔尺寸保证。

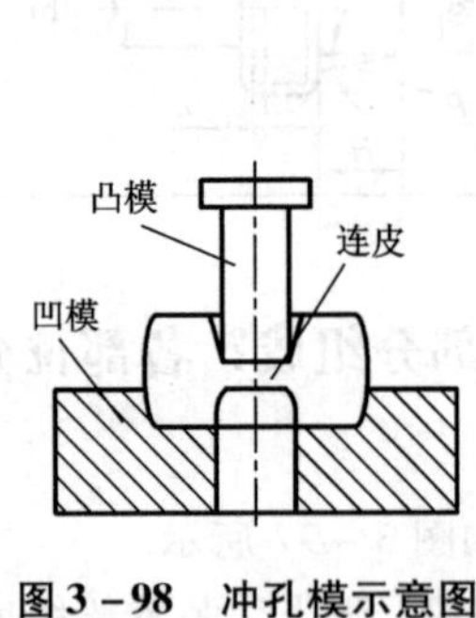

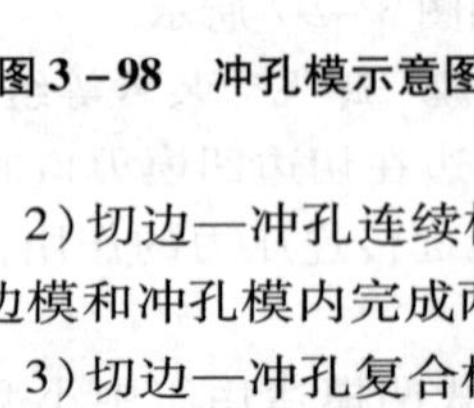

图 3－98　冲孔模示意图

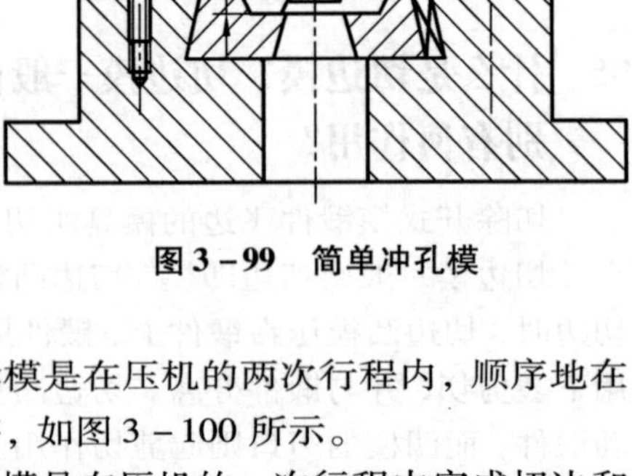

图 3－99　简单冲孔模

2）切边—冲孔连续模：连续模是在压机的两次行程内，顺序地在切边模和冲孔模内完成两道工序，如图 3－100 所示。

3）切边—冲孔复合模：复合模是在压机的一次行程中完成切边和

冲孔两个工序，如图 3－101 所示。

切边—冲孔复合模的结构与工作过程如图 3－101 所示。压力机滑块处于上死点时，拉杆 5 通过其头部将托架 6 托住，使横梁 15 及顶件器 12 处于最高位置。将锻件置于顶件器上。滑块下行时，拉杆与冲

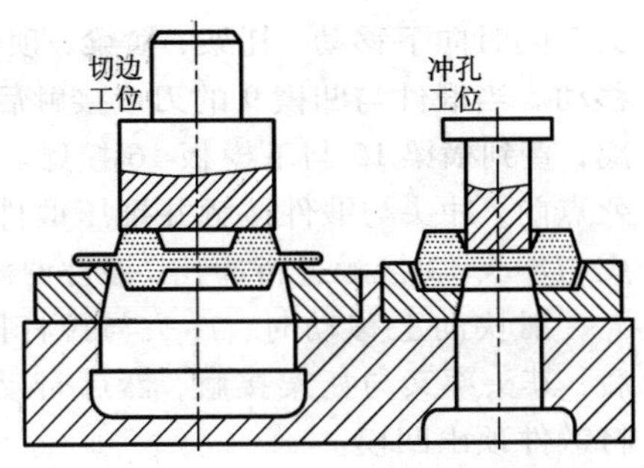

图 3－100　切边－冲孔连续模

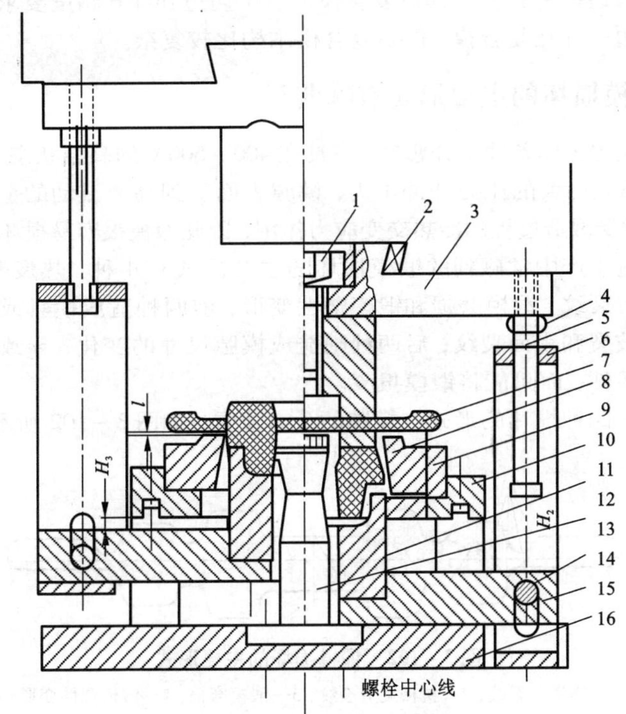

图 3－101　切边—冲孔复合模

1—螺栓；2—楔；3—上模板；4—螺母；5—拉杆；6—托架；7—凸模；8—锻件；9—凹模；10—垫板；11—支承板；12—顶件器；13—冲头；14—螺栓；15—横梁；16—下模板

头7同时向下移动，托架、横梁、顶件器及其上的锻件靠自重也向下移动。当锻件与凹模9的刃口接触后，顶件器仍继续下移，与锻件脱离，直到横梁15与下模板16接触。此后，拉杆继续下移，在到达下死点前，冲头与锻件接触并推压锻件，将毛边切除，进而锻件内孔连皮与冲头13接触进行冲孔，锻件便落在顶件器上。

滑块向上移动时，冲头与拉杆同时上移，当拉杆上移一段距离后，其头部又与托架接触，然后带动托架、横梁与顶件器一起上移，将锻件顶出凹模。

锻件批量不大时，宜采用简单模；大批量生产时，为提高生产率应采用切边—冲孔连续模或复合模。对于切边和冲孔精度要求高时可采用切边—冲孔复合模，但是复合模结构比较复杂。

97. 锻模损坏的主要形式有哪些?

锻模的工作条件十分恶劣，模具在400～500℃的高温状态下工作，工作时承受巨大的压力和冲击力，模膛表面受到高速流动的金属的摩擦，同时受锻造过程的冷热交变应力作用，因此锻模很容易损坏。

锻造生产中常碰到的锻模损坏的主要形式有4种：热疲劳裂纹、机械疲劳裂纹、锻模磨损和锻模塑性变形，前两种造成模具或模膛等部位的破裂和表面裂纹；后两种则造成模膛尺寸的变化，导致锻不出合格的锻件，而只能将锻模报废。

以上四种损坏的形式在模膛的分布位置，如图3－102所示。

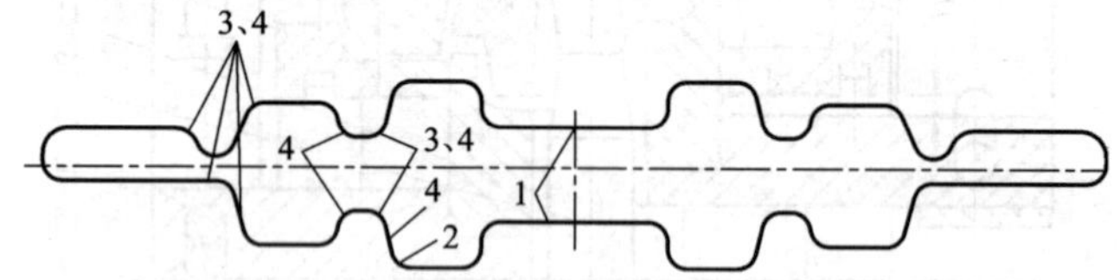

图3－102 锻模损坏的主要形式

1—热疲劳裂纹；2—机械疲劳裂纹；3—锻模磨损；4—锻模塑性变形

98. 锻模损坏的产生原因是什么？应如何防止?

1）热疲劳裂纹。由于模具受到反复加热和冷却，引起温度急剧变化，使锻模表面受到拉、压应力的作用，从而发生网状裂纹即龟裂。

在发生龟裂后，坯料的金属将会像楔子一样压入裂纹之内，使裂纹进一步扩展，导致锻模开裂。

2）机械疲劳裂纹该裂纹。是由于模具受到巨大的、反复交变的应力作用而造成的。这种裂纹常发生在模膛内应力集中的圆角、沟槽等部位，并且，在锻模的固定部分的燕尾和肩部的转角处也易于发生。

3）磨损金属在模膛内高速流动与模膛表面发生强烈的摩擦而产生磨损。磨损的大小受到模膛表面的粗糙度的好坏、润滑条件和模膛内的氧化皮清除等因素的影响，特别是在飞边槽桥部，金属流动最快，磨损程度最大。而采用压入法充满模膛，其磨损要比用镦粗法充满得大。

4）塑性变形由于锻模在高温下发生软化，同时又受到巨大的工作压力，使应力超过锻模材料的屈服点而造成塑性变形。最易发生塑性变形部位是在模膛内的圆角处凸出部分和飞边槽桥部等。

防止锻模损坏的主要措施有：

①选用高温硬度和强度高的锻模材料。

②选用合适的模具热处理规范，改善锻模内部质量。

③进行合理的锻模设计，适当增大模锻斜度，圆角半径，使锻件更易脱模，设计型槽时应使模具有足够的承击面积，并选用合理的飞边槽。

④提高模具加工质量，提高模膛表面光洁度。

⑤使用锻模要遵守工艺操作规程，注意维护，使用前模具要预热，严防冷打击，并控制终锻温度，仔细清除氧化皮，提高操作水平。

⑥保持锻锤良好状态，保证锻模燕尾基面与锤头或模座的燕尾槽的良好接触。

⑦使用适当的冷却润滑剂，但应避免急冷急热，并尽量少用油类润滑剂，防止型槽过早变形。

99. 热模锻常用的润滑剂有哪些？使用时要注意什么？

锻造时润滑锻模可以降低坯料与模具的接触摩擦和模具工作温度，提高模具寿命，降低锻造时所需动能。

热模锻常用的润滑剂有重油、盐水、胶体石墨（油剂）、二硫化钼等。使用时要注意各种润滑剂的使用范围和优缺点。例如：①重油。

用于形状复杂难于起模的锻件。它具有润滑均匀、资源丰富、防锈等优点，但使用时烟气大，不卫生，操作不便，模膛温度易升高、易塌模、易使模具裂纹扩张。②盐水。是一种冷却模膛效果好，同时起润滑作用且价廉的冷却润滑剂，使用方便，卫生条件好，但对锻压设备有腐蚀作用。③胶体石墨(油剂)。是一种良好的冷却润滑剂，适用于轻合金锻件的润滑。④二硫化钼。润滑锻模效果好，但成本高，多用于精锻模具的润滑。

100. 如何选择锻模材料?

由于各类锻模其工作条件不同，工作状态不同，对模具材料性能除了基本的强度和刚度等要求以外，还需要各有所侧重。应按照能满足使用性能要求，充分发挥材料潜力，经济合理的原则选择，通常应遵循以下几个原则。

(1)根据各类锻模对模具材料性能的基本要求选择

各类锻模的使用要求见表3－42。

表3－42 各类锻模的使用要求

锻模种类	使用要求
热锻模具	硬度、耐冲击性、耐热疲劳性
热镦模具	耐热疲劳性
热挤压模具	耐磨性、红硬性、耐热疲劳性
高速锻模具	韧度、硬度、耐热疲劳性
精密模锻模具	高温强度、抗回火稳定性、耐磨耐热疲劳性
热辊轧模具	耐热疲劳性
冷镦模具	硬度、耐磨性、耐冲击性
压印模具	强度、硬度
冷切边，冲孔模	硬度、耐磨性、耐冲击性

（2）根据锻模常用钢的性能选材

锻模常用钢的性能比较见表3－43。

（3）针对锻模失效形式选材的原则

影响锻模失效的因素很多，主要有锻模结构、模锻件的条件（如材质、温度、硬度、形状复杂程度等）、模具材料及其热处理等。就模具材料本身主要影响因素是模具钢的化学成分和冶金质量。如果锻模是早期断裂应选用韧性较好的材料；如果锻模是由于磨损失效，则应选用合金元素较高的高强度模具钢，或钢结硬质合金、硬质合金等；如果锻模是由于磨损或局部堆塌，则应选用室温和高温强度较高的材料；对于大型模块则应注意选择淬透性较好的钢材。

表3－43 锻模常用钢的性能比较

钢号		使用硬度（HRC）	切削性耐磨性	耐冲击性能	韧度	淬火不变形性	淬硬深度	红硬性	切削性能	脱碳敏感性
碳素钢	T7T8	54～60	差	差	中等	较差	浅	差	好	大
	T9～T13	56～65	较差	较差	较好	较差	浅	差	好	大
合金钢	Cr12MoV	55～63	较好	好	差	好	深	较好	较差	较小
	5CrMnMo	30～47	差	中等	中等	中等	中	较差	较好	较大
	5CrNiMn	30～47	差	中等	较好	中等	中	较差	较好	较大
	3Cr2W8V	45～54	较差	较好	中等	较好	深	较好	较差	较小
	4Cr5MoSiV	40～54	差	较好	中等	较好	深	较差	较好	中等
	4Cr3Mo3W2V	44～54	差	较好	中等	较好	深	较好	较好	中等
	3CrMo3VNb	40～54	差	较好	中等	较好	深	较好	较好	中等
	4Cr3W4Mo2VTiNb	48～56	较差	较好	中等	较好	深	较好	较好	中等
	5Cr4W5Mo2V		较差	较好	较差	中等	深	较好	较好	中等

（4）根据最低成本选材的原则

锻模的费用包括锻模材料费用、加工费用和使用维护费用。其中锻模材料费用根据用途不同占锻模费用比例不同，热锻模具材料的费用约占30%以上。实际选材时应根据生产加工产品的批量大小和生产方式来选，因为不同模具材料的使用寿命、抗磨损能力等不同也直接影响总体成本和效益。

另外，在锻模选材时，还要注意凸模和凹模、型腔和模芯应选用不同种类的钢材。此外，还必须加大凸模和凹模间、型腔和模芯间的硬度差。这对于提高锻模寿命大有好处。铝合金模锻用锻模最常用的模具钢有5CrNiMo、5CrMnMo、3Cr2W8V、4Cr5MoSiV1。

101. 锻模的翻修原则和方法是什么?

在锻模工作中，若发现其主要部位损坏过于严重，无法随机修理时，应卸下锻模由模具维修工进行翻修。

(1)翻修的原则如下：

①模具零件的换取或部分更新，一定要满足原锻模图样设计要求。

②翻修后的锻模各部件配合精度，要达到原设计要求，并要重新进行研配和调整。

③翻修后的锻模，经再次试锻后，一定要达到质量要求。

④锻模检修周期，一定要适应生产的需求。

(2)翻修方法如下：

模具翻修一般采用两种方法，即嵌镶法和更新法。

嵌镶法即在模具部分部位损坏时，可在原件的基础上嵌镶一块相应形状的镶块，修磨后达到原尺寸精度和形状。

更新法是指将零件更换新的，并要符合原损坏零件的精度和质量。

(3)翻新模具的步骤：

①擦净被损坏模具的油污、杂物。

②全面检查各部位尺寸、精度、表面质量状况，并做好记录，填写修理卡片。

③确定翻修方案及翻修部位。

④拆卸模具。在拆卸时，不需要翻新的部位尽量不要拆卸。

⑤加工制作的更换的零件和部件。

⑥装配、试冲、调整。

⑦记录修配档案和使用效果

102. 锻模的管理方法是怎样的?

(1)在用锻模的管理

①新制的锻模必须有模具说明书。模具说明书中要注明:锻模类别、钢号、轮廓尺寸、重量、燕尾尺寸、热处理制度和硬度等。

②新锻模热处理前后的超声检验结论,应由超声波检查人员填写在模具说明书上。

③新制造的锻模,模膛内应刻有锻件代号、合金牌号,毛边槽上也应刻有合金牌号,在其外侧面上刻有钢号、锻模号码、重量及制造年月等印记。超声检验编号打在燕尾一端底部规定处。

④新制造的锻模,应由检查人员按照图纸对模膛尺寸、导柱(锁扣)与孔尺寸偏差、表面粗糙度、燕尾尺寸和合模情况等进行检查,只有当检查人员确认合格,并在模具说明书上签字后,方能将模具说明书交锻造车间保存。

⑤应在新锻模的外侧显著位置上标明锻模号码。

⑥锻模试模合格后,由检查人员将划线结论填写在模具说明书上。

⑦锻模修模或打光时,模具说明书应交给制模车间,经检查合格并签字后返回锻造车间。

⑧按规定对模锻一定件数的锻模进行试模划线检查。每次试模划线结论,由检查人员填写在模具说明书上。没有试模划线合格结论的锻模,不得继续使用。

⑨在生产中,当发现锻模的导柱或锁扣啃伤,模膛碰伤或有裂纹时,应及时安排修理,并将修模部位及其结果记录在模具说明书上。锻模修完后,要再次试模,每次修模情况及划线结论,检查人员均应填写在模具说明书上。

⑩锻模每使用一次,要在模具说明书上登记一次,并将每次生产的模锻件数量认真填写在模具说明书上。

(2)库存锻模的管理

①对半年以上不用的锻模,上、下锻模(一套)要合在一起存放在锻模库内,其模膛必须涂以防腐油脂。

②锻模两行之间的间隔应不小于 1000 mm,一行中每隔 10 ~ 12 m 留出一个通道,其宽度不小于 1000 mm;每行内锻模之间的间隔应不小于

100 mm；堆放锻模的高度不得高于3套，堆放时按锻模号码分组排列。

③每半年至少要检查一次锻模的防腐情况，发现有腐蚀现象，要及时处理并应重新涂油。

④锻模库内应做到地面平整、清洁、干燥。

⑤库存锻模再次投产时，要经过除油、除锈处理，并进行如下检查：

a. 拔模时，要垫上60～100 mm厚的铝块。按锻模实物对照模具说明书、锻件图、锻模卡进行检查，一旦发现缺陷，就应在投产前予以消除。

b. 模膛的表面粗糙度检查：对于一般模锻件为*Ra*1.6；对于精密模锻为*Ra*0.8～0.2。硬度：不小于HRC31。

c. 模膛内应无碰伤、裂纹，并刻有锻件代号、合金牌号；毛边槽内也要刻有合金牌号，并应与锻件图上的合金牌号相符。

103. 铝合金模锻生产常用的清理方法有哪些?

在模锻工序之间、终锻以后以及在需要检验之前，铝合金模锻件都要进行清理。常用的表面清理方法是先蚀洗后修伤。

(1)蚀洗

蚀洗是铝合金模锻生产中最为广泛的一种清理方法，用以清除残余的润滑剂和氧化薄膜，使锻件表面上缺陷清晰地显示出来。铝合金锻件的蚀洗程序如表3－44所示。

蚀洗时锻件在料筐中的放置，应使槽液能顺利流出，不积存在制件内，以免蚀洗不净或残留槽液腐蚀锻件。

表3－44 铝合金蚀洗程序

蚀洗程序	设备名称	槽液成分	工作制度	用途
1	碱槽	10%～20% NaOH	50～70℃，5～20 min	脱脂
2	水槽	流动的冷水	室温，3～5 min	冲洗残液
3	酸槽	10%～30% HNO_3	室温，5～10 min	中和，光洁
4	水槽	冷水	室温	冲洗残液
5	水槽	热水	60～80℃	彻底冲洗，便于吹干

(2)修伤

模锻件蚀洗后随即进行修伤，修伤是铝合金模锻工艺中重要一环。由于铝合金在高温下很软、黏性大，容易产生各种表面缺陷。模锻之前坯料及模锻工序之间、终锻以后锻件表面上的毛刺、裂纹和折叠等缺陷都必须清除干净，否则缺陷进一步扩大，会引起锻件报废。

修伤常用的工具有：风动小铣刀、电动小铣刀、风铲及扁铲等，但不允许用砂轮、锉刀，因铝合金的粉末易将缺陷填塞而形成隐患。对肋根裂纹、折叠等类似缺陷，按锻件位置及圆角半径的大小来选择形状或大小不同的铣刀。清除面积较大及较深的缺陷，用厚度较厚，外径较大的铣刀，这样铣削面积大，速度快。缺陷修除后的凹坑，要圆滑过渡，其宽度应为其深度的5～10倍，不允许留下棱角。对面积大、缺陷浅的情况，如表面轻微腐蚀的锻件，可用砂布轮抛光打磨。

修伤清理后的锻件(尤其是对折叠、裂纹缺陷)，必须进行再次检查，以便确定是否已修伤彻底。如不彻底，需作第二次清理，直到缺陷完全清除为止。

104. 模锻过程中会产生哪些缺陷？应如何预防？

模锻过程中的主要缺陷及预防措施如下：

(1)模锻件局部充填不足(未成型)

1)主要特征。

局部充填不足是指金属未能完全充满模具型腔。锻件凸起部分的顶端或棱角充填不足的现象，主要发生在模锻件的筋条、凸肩转角等处，使锻件轮廓不清晰，这是模锻件常见的一种缺陷。

2)产生原因及危害。

①模锻毛坯尺寸设计不合理(过小)，或部分与模锻件对应截面处坯料体积过小。

②在模锻过程中毛坯加热不足导致金属流动性不好。

③预锻模和制坯模设计不合理。

④设备吨位不够或锤击次数太少。

⑤坯料在模具型腔中摆放的位置不当。

⑥模具型腔过于粗糙或模锻操作过程中润滑不足或过量。

⑦某些模锻件设计不合理，局部筋条过高、过窄。

⑧模膛磨损过大。

局部充填不足将直接导致模锻件无法满足零件加工。

3）预防措施。

①合理设计预锻模和制坯模使之与终锻模匹配，合理设计毛料尺寸和形状。

②在保证正常的变形温度和润滑条件下，采用多火次模锻。

③当设备压力不足时，应利用压力机的一火多次模压（或在锻锤上多次打击）来模压模锻件，每次压缩后一定要润滑模具型腔的表面。

④锻造时合理操作。

⑤模膛出现较大磨损时应适时修模。

（2）模锻不足（欠压过大）

1）主要特征。锻件在与分模面垂直方向上的所有尺寸都增大，即超过了图样上规定的尺寸。

2）产生原因及危害。

①飞边设计不合理，飞边桥部阻力过大和仓部太小。

②锻压设备吨位不足。

③毛坯体积偏大。

④锻造温度偏低。

⑤终锻模膛磨损过大等。

模锻件欠压超差，导致机械加工余量加大。

3）预防措施。

在同一锻模内及最佳锻造变形条件下重新模锻。

（3）错移

1）主要特征。模锻件上半部相对下半部沿分模面产生了错位，称为模锻件错移。

2）产生原因及危害。

①模具制作的精度不够，锻模上平衡错移的锁扣或导柱精度不够。

②锻模安装不正或锤头与导轨之间间隙过大。

③导柱、导壁磨损过大或被啃坏。

④操作者操作不当，在安装时模具装卡不紧，砧座攒动，或模具装反、上下模错180°。

错移缺陷的直接后果是无法满足零件加工。

3)预防措施。严格控制模具制作的精度，保证锁口和导柱硬度，操作者操作时认真检查模具严格执行规程。

(4)锻造过程中的翘曲变形

1)主要特征。大型薄壁细筋的长轴类模锻件或长杆类自由锻件在锻造及冷却过程中发生的翘曲变形。

2)产生原因及危害。由于锻造过程中产生的残余应力和冷却不均匀引起的应力相互作用而引起；由于出模起料时撬弯所致；或是由于长杆类自由锻件在拔长后未进行整体平整。

3)预防措施。

①降低冷却速度，铝合金锻件常用的冷却方式是空冷，即锻件均匀地摆在地面上在静止的空气中冷却。

②出模时如发现锻件弯曲应及时在模内平整。

③长杆类自由锻件在拔长后及时进行整体平整。

(5)模锻件折叠

1)主要特征。在模锻件的筋下内圆弧等处由于局部金属对流(回流)产生的重叠或线状痕迹。

①表面呈线条状或片层状(有的表面还凹陷粗糙)，经蚀洗后呈黑色或褐色条纹，有时连续、有时不连续，其长短、深浅不一，用扁铲沿折叠方向铲除时分层开裂。

②折叠与其周围金属流线方向一致，如图3－103(a)所示。

③折叠尾端一般呈小圆角，如图3－103(b)所示。有时，在折叠之前先有折皱，这时尾端一般呈枝叉形(或鸡爪形)，如图3－103(c)所示。

④折缝与金属流线方向一致，是沿晶的，且断面处光滑无凸凹不平，经氧化蚀洗后多呈黑色或褐色。

⑤折叠末端经淬火后多伴有裂纹产生。

2)产生原因及危害。

①模锻件设计时，腹板与筋交角处的连接圆角半径太小，筋太窄、太高，腹板太薄，筋间距太大。另外，模锻件各断面形状和大小变化太剧烈，难于选择坯料，使金属流动复杂。

②坯料太大或太小，且形状不合理，使金属分配不当。

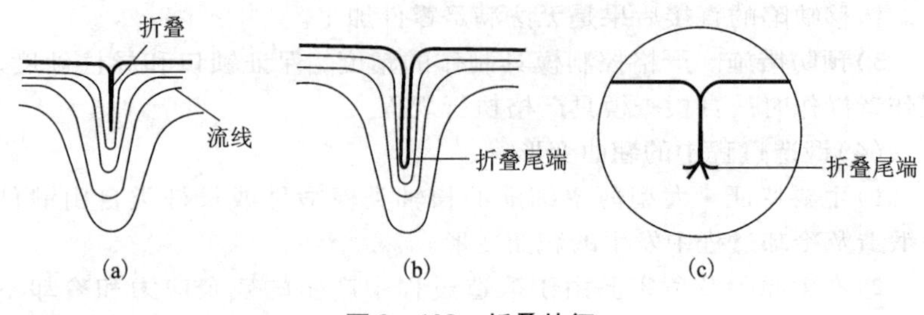

图3－103 折叠特征

③形状复杂的模锻件，没有制坯和预压模，或者制坯和预压模型槽设计不合理，与终锻模型槽配合不当，局部金属过多或过少。

④工艺操作不当，摆料不正，润滑剂太多或润滑不均，加压速度太快，一次压下量太大。

⑤供模锻用的自由锻坯棱角太尖，或模锻后修伤不彻底，在下一次模锻后就会发展成折叠。

⑥模锻时，上、下模发生错移时在锻件上啃掉一块金属，再压入模锻件本体内使产生折叠。

在零件上，折叠是一种内患。它不仅减小了零件的承载面积，而且工作时此处产生应力集中，常常成为疲劳源。凡折叠处均伴有程度不同的流线不顺，折叠严重时容易导致穿流和粗晶，使锻件的高向性能、冲击性能、抗腐蚀性能下降。因此，技术条件中规定锻件上不允许有折叠。

3）预防措施。

①一定要保证坯料尺寸适当，坯料的尺寸不能过大，亦不能过小。

②锻件设计要合理，圆角半径不应太小，尤其是锻件的凹圆角半径不应太小。

③模锻时坯料要放正。

④为使坯料在变形过程中变形均匀，向坯料上抹油不宜过多，而且一定要涂抹均匀。

⑤为保证坯料在变形过程中金属流动阻力小、流动均匀，锻件棱角不宜太尖。

⑥模压后修伤要彻底。

⑦在预锻模膛上，应增大转角处的圆角半径及斜度(或厚度)，可消除工字形部分的折叠。

⑧为了防止弯曲区断面积减少，一般弯曲前在要弯的地方预先聚集金属，或者取断面尺寸稍大的原坯料，可消除折叠。

⑨为了消除冲孔制品的折叠，终锻时可以采用斜底连皮，或预锻时采用斜底连皮，而终锻时采用平底连皮，或带仓连皮，此时应使终锻时连皮部分的体积大于或等于预锻时该部分的体积，以便使终锻时多余的金属向中心流动。

⑩模锻前检查模具错移，避免发生啃伤而导致折叠。

(6)毛边裂纹

1)主要特征。铝合金尤其是高强度铝合金在进行带毛边模锻时，沿模锻件毛边容易出现裂纹，切边后就暴露出来，主要出现在锤上模锻，在液压机上模锻较少出现。

2)产生原因及危害。

①坯料在高于锻造温度、低于合金固相线温度下模锻，或在锤上模锻采用连续快速打击产生大量的变形热导致模锻件温度升高于锻造温度范围，而毛边处金属正处于剪应力区，加剧了毛边处的裂纹形成。

②模具毛边槽设计不合理，桥部的厚度尺寸和出口圆角半径过小，在锻造过程中毛边处的材料流动过于剧烈，模锻时筋根处相对静止的金属与以毛边挤压去的金属间存在较大的剪应力，产生的剪切力超出了材料强度，促使形成水平直线状的裂纹，

③模锻件所用坯料内部质量差，内部存在裂纹，原材料氧化膜及非金属夹杂物多，有缩孔残余或疏松，在模锻过程中这些缺陷被挤出至毛边附近，在切边时产生撕裂所致。

毛边裂纹多位于毛边的边缘处裂纹深入零件区将判该模锻件报废。

3)预防措施。

①严格控制锻造温度范围。

②在锻锤上模锻时应避免连续快速打击。

③合理设计模具结构，加大筋根部的圆角半径；应注意对不同牌号的铝合金采用不同的飞边槽尺寸，例如合金化程度高的铝合金的飞

边槽厚度及出口处的圆角半径应适当加大。

④严格坯料质量检查工作，不合格的原材料不允许投产，采用优质坯料。

(7)金属或非金属压入

1)主要特征。在锻件表面压入与锻件金属有明显界限的外来金属或非金属。

2)产生原因及危害。坯料表面不干净，工模具不清洁，存有金属或非金属脏物，润滑剂不干净等造成。缺陷深度超过零件加工余量，该锻件报废。

3)预防措施。锻造前认真清理坯料表面毛刺和污物及工模具表面的氧化皮等。

(8)表面起皮

1)主要特征。锻件表面呈小的薄片状起层或脱落。

2)产生原因及危害。

由于铝合金流动性较差，容易粘模，当工模具表面太粗糙，锻造变形过于剧烈，变形量太大、坯料变形温度太高、锻造时模具没有润滑或润滑效果不好时，容易造成锻件表面起皮。另外，铸锭表面不干净(有水、油污、毛刺等)，挤压坯料表面有气泡等缺陷也是锻件起皮的重要原因。

3)预防措施。

①提高模具表面硬度，并保证模具型槽表面粗糙度要达到 $Ra3.2$。

②对于容易起皮的锻件，装炉前清理干净坯料铸锭表面；变形温度和变形程度要适当，变形速度要缓慢一些，避免剧烈变形，并且要适当均匀地润滑。

③严格控制挤压坯料分层与表面气泡。

(9)表面粗糙(表面麻面)

1)主要特征。锻件表面凹凸不平，呈麻面状。

2)产生原因及危害。模膛表面不光滑，润滑剂配制不当、不干净或涂抹过多，模锻过程中没有完全挥发掉，残留在锻件表面上，蚀洗后在锻件表面上显现出不同的蚀洗深度。模锻件非加工面上不允许存在该缺陷。

3)预防措施。

①提高模具表面硬度，并保证模具型槽表面粗糙度要达到 $Ra3.2$。

②采用优质的润滑剂并且要适当均匀地润滑。

(10)表面鱼鳞状伤痕

1)主要特征。模锻件局部表面很粗糙，出现鱼鳞状伤痕。

2)产生原因及危害。由于润滑剂选择不当，润滑剂质量欠佳，或者由于润滑剂涂抹不均匀，造成了局部黏膜所致。

3)预防措施。

①提高模具表面硬度，并保证模具型槽表面粗糙度要达到 $Ra3.2$。

②采用优质的润滑剂并且要适当均匀地润滑。

(11)粗大晶粒

1)主要特征。锻件上产生的粗大的再结晶晶粒叫做大晶粒。

在锻件低倍上出现满面粗晶组织；在锻件的横向低倍上出现交叉的粗晶组织；在模锻件腹板中心处出现粗晶；在模锻件整个外表面出现大晶粒。

大晶粒主要分布在锻件变形程度太小而尺寸较厚的部位；变形程度过大和变形剧烈的区域以及毛边区域附近。另外，对于2A50、2A14、2A02、2A11等合金在锻件的表面也常常有一层大晶粒。

2)产生原因及危害。

①锻件表面的大晶粒，其产生原因有两种情况：其一，是采用了有粗晶环的挤压坯料，挤压坯料表层粗晶环遗传到模锻件的表面上；其二，是模锻时模具型槽表面太粗糙，模具温度太低和坯料温度低，润滑不良，使表面接触层剧烈摩擦变形，因而产生大晶粒。

②产生在模锻件向毛边仓排除多余金属的流动区域(如腹板中心及筋与腹板的交界处)。产生原因：主要是因为金属单向变形量过大且变形剧烈不均所造成。

③锻件的截面大晶粒，是由于原材料粗晶或过热组织所造成。在锻件变形程度小而厚度大的部位，往往由于落入临界变形程度引起粗晶。在变形程度大、金属相对流动剧烈的区域，因晶粒位向基本趋于一致，且再结晶能量很高，在随后热处理时也可能因发生聚集再结晶

而形成粗晶。例如在自由镦拔方形料的中心十字区或模锻件的毛边区附近容易产生粗晶。

④加热和模锻次数过多，加热温度过高，也会在铝合金锻件产生大晶粒。

⑤锻造温度参数不合理，终锻温度太低或太高。对于合金化程度较高的铝合金(如2×××系和7×××系铝合金)，如果终锻温度太低，会使锻件产生加工硬化。在随后淬火加热时使晶粒长大；对于合金化程度低的铝合金，尤其是不可热处理强化的铝合金，加工硬化不明显，如终锻温度太高，反而会使晶粒长大，锻件上产生粗大晶粒。因此，在锻造合金化程度低的铝合金时，特别在多火次模锻的最后一火应适当降低加热温度，终锻温度也随之降低，从而获得晶粒细小的锻件。

粗大晶粒组织的强度通常比细晶组织的低；另外，由粗大晶粒向细晶组织急剧变化的过渡区，对铝合金的疲劳强度和抗震性能都有不良的影响，导致零件的使用寿命降低，尤其是对于受到交变载荷和震动作用的零件。

3)预防措施。

①由于在锻造和模锻变形过程中，当金属与相邻各层或工具表面发生很大位移的情况下，变形程度对大晶粒的形成有特别明显的影响，因此，必须改进模具设计，合理选择坯料尺寸和形状，以保证锻件均匀变形。

②避免在高温下长时间加热，对LD2合金等容易出现晶粒长大的合金，淬火加热温度取下限。

③减少模锻次数，力求一火锻成。

④选择最佳变形温度条件，确保锻件终锻温度。

⑤降低模具型槽表面粗糙度，采用良好的工艺润滑剂并保证均匀润滑，预先合理预热模具，均会改善锻件的变形不均。

(12)流线不顺

1)主要特征。流线不顺是指模锻件流线某一部分流线比较紊乱，形成弯扭。

2)产生原因及危害。凡模锻件表面折叠处经切取低倍检查，流线必不顺，只是程度不同。因此流线不顺的产生原因与折叠的相同。

流线不顺加剧了组织的各向异性。

3）预防措施。模具设计时，要合理选择腹板厚度、筋的宽度、圆角半径和模锻斜度等。模具制造时应注意型槽光洁度，筋与腹板交接处光滑过渡. 制定工艺规程时，要确定合适的坯料尺寸、预锻的欠压量和半成品打磨要求。操作时，应注意锻模预热、锤击轻重及润滑条件等。另一个有效措施是改变分模线位置，即将单面分模改为筋顶分模，或将腹板中心分模改为筋顶分模。这样，模锻件腹板上多余金属就能顺利地沿着模膛从筋的顶部流入毛边槽，从而大大改变筋与腹板交接处的线流，可完全消除流线的回流、穿流、穿筋等缺陷。

（13）涡流

1）主要特征。涡流是指模锻件局部流线呈漩涡状或树木的年轮状，有时涡流还带有粗晶。

2）产生原因及危害。具有 L 形、U 形和工字形截面的模锻件成型时，所用坯料过大，缘条（凸台和缘条）充满后，腹板仍有多余金属继续流向毛边，使缘条处的金属产生相对回流，形成涡流。

严重的涡流将使零件的疲劳强度大大降低，是不允许的。

3）预防措施。同流线不顺。

（14）穿流

1）主要特征。穿流是指局部金属流线横穿筋根部流出，既不连续也不封闭，且多伴有粗晶（即形成穿晶）。穿流导致开裂称为穿筋，穿筋处也常有粗晶。

2）产生原因及危害。同涡流产生原因。它破坏了流线的连续性，严重影响铝合金锻件的高向力学性能、冲击性能、耐腐蚀性和疲劳性能。

3）预防措施。同流线不顺，请参看上文。

105. 模锻后续工序中会产生哪些缺陷？应如何预防？

（1）切边残留毛刺

1）主要特征。切边后沿模锻件分模面四周留下大的毛刺，如果切边后尚需校正，则残留毛刺将被压入锻件体内而形成折叠。

2）产生原因及危害。切边模间隙过大，刃口磨损过度，或者切边模的安装与调整不精确；带锯切边时操作不当均可以引起残留毛刺。

3）预防措施。重新安装调试切边模具，检查与设备贴合紧密与否；修理切边模具；带锯切边时认真操作。

(2)切边导致的轴类件直线度超差

1)主要特征。长轴类锻件切边时，锻件的两端上翘造成锻件的直线度超差。

2)产生原因及危害。原因是轴的两端离滑块的压力中心较远，切边时凸模受力较大并且磨损较严重。

3)预防措施。切边凸模两端头改成锥面；有意识地创造预先接触两端头；先切两端后切中间。

(3)切边时切偏

1)主要特征。切偏是指切边的切痕与锻件分模面不垂直造成的壁厚度不均或一侧切肉。

2)产生原因及危害。

①上料、下料、起模、切边、修伤、运储过程中操作不当，使锻件与锻件、锻件与工具、模型与工具、锻件与铁地板之间碰撞造成伤痕。

②运输和存放不当。

切边模具与设备贴合不紧；上模固定板或凹模倾斜、楔铁松动。

3)预防措施。检查切边模具与设备贴合紧密与否、上模固定板是否倾斜、楔铁是否松动，以及凹模是否倾斜等，如有异常及时解决。

(4)切边裂纹

1)主要特征。模具切边时，在分模面处产生的裂纹。

2)产生原因及危害。由于材料塑性低，在切边时引起开裂。

3)预防措施。必要时可采用热切或采用锯床切边。

(5)切边时表面压伤

1)主要特征。模锻件与凸出的局部接触面上，出现压痕或压伤。

2)产生原因及危害。由于切边模凸模与模锻件接触面部分的形状不吻合，或推压面太小。

3)预防措施。合理设计切边模。

(6)切边导致的弯曲或扭曲变形

1)主要特征。模锻件在切边过程中出现的弯曲或扭曲变形，在细长、扁薄、形状复杂的模锻件上容易发生。

2)产生原因及危害。由于切边凸模锻件的接触面太小，或出现了不均匀接触而引起的。

3）预防措施。合理设计切边模。

（7）磕碰伤

1）主要特征。锻件因受外界机械损伤而造成的表面凹陷。凹陷的形状、部位各异，且表面粗糙，有的周边变形隆起。

2）产生原因及危害。

①上料、下料、起模、蚀洗、修伤和验收储运过程中操作不当，使锻件与锻件、锻件与工具、模型与工具、锻件与铁地板之间碰撞造成伤痕。

②运输和存放不当。

表面磕碰伤后影响锻件的加工和使用。

3）预防措施。

①严格执行工艺操作规程；

②用目测宏观检查，采用修伤打磨法借助于量具或样板检测磕碰伤的深度。

（8）变形

1）主要特征。锻件的局部外形向上、下或侧向弯曲，改变了锻件原来的形状。

2）产生原因及危害。较薄的锻件、叉类锻件、带高度落差的锻件以及细长的锻件在传送过程中摔、卡、刮、压等都容易产生变形。

3）预防措施。对于较薄的锻件、叉类锻件、带高度落差的锻件以及细长的锻件需选择较妥善的传送方式，比如设计较长且速度较慢的传送带。

（9）蚀洗过度

1）主要特征。在锻件表面形成麻面和沿分模面流线露头的地方腐蚀成蜂窝状。

2）产生原因及危害。酸洗时间过长，蚀洗时槽液浓度较高蚀洗冲洗不净，未用压缩空气吹净导致酸液残留。

3）预防措施。蚀洗时要注意模锻件在料筐中的摆放，使槽液能顺利流出，不积存在制件内，以免蚀洗不净或残留槽液腐蚀模锻件。

第4章 铝合金热处理

1. 什么是热处理?

热处理是利用固态金属材料在加热、保温和冷却处理过程中发生相变，来改善金属材料的组织和性能，使它具有所要求的机械和物理性能。这种将金属材料在一定介质或空气中加热到一定温度并在此温度下保持一定时间，然后以某种冷却速度冷却到室温，从而改变金属材料的组织和性能的方法叫热处理。

2. 变形铝合金热处理如何分类?

变形铝合金热处理的分类方法基本有两种，一种是按热处理过程中组织和相变的变化特点分；另一种是按热处理目的或工序特点来分。变形铝合金热处理在实际生产中是按生产过程、热处理目的和操作特点来分类的，没有统一的规定，不同的企业可能有不同的分类方法，铝合金材料加工企业最常用的几种热处理方法如图4－1所示。

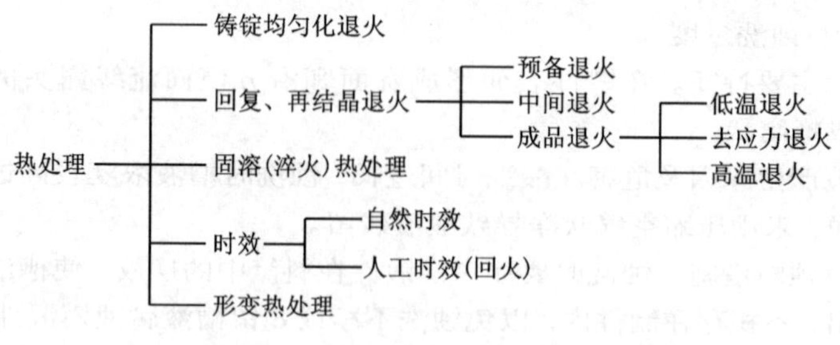

图4－1 常用的热处理方法分类

3. 铝合金各种热处理方法的用途是什么?

铝合金各种热处理所要达到的目的归纳起来有以下几个方面(见表4－1)。

表 4－1 铝合金各种热处理的目的

热处理工艺名称	目的
均匀化退火	提高铸锭热加工工艺塑性;提高铸态合金固溶线温度,从而提高固溶处理温度;减轻制品的各向异性,改善组织和性能的均匀性;便于某些变形铝合金制取细小晶粒制品
消除应力退火	全部或部分消除在压力加工、铸造、热处理、焊接和切削加工等工艺过程中,工件内部产生的残余应力,提高尺寸稳定性和合金的塑性
完全退火	消除变形铝合金在冷态压力加工或固溶处理时效的硬化,使之具有很高的塑性,以便进一步进行加工
不完全退火	使处于硬化状态的变形铝合金有一定程度的软化,以达到半硬化使用状态,或使已冷变形硬化的合金恢复部分塑性,便于进一步变形
固溶处理＋自然时效	提高合金的性能,尤其是塑性和常温条件下的抗腐蚀性能
固溶处理＋人工时效	获得高的拉伸强度,但塑性较自然时效的低
固溶处理＋过时效	拉伸强度不如人工时效的高,但提高了耐应力腐蚀和其他腐蚀的性能
形变热处理	使变形铝合金制品具有优良的综合性能;在保证力学性能的同时,极大地消除残余应力

4. 铝合金锻件热处理有何特点?

铝合金锻件热处理的特点如下:

①除对锻件表面有特殊要求外,铝合金锻件热处理时,不需要采用保护措施,其表面氧化膜能起到保护内部金属的作用。

②退火温度范围很宽，根据合金和用途不同而变。

③多数铝合金的固溶处理温度接近于合金熔点，如控制不当，容易产生过烧，所以对加热设备、控制仪表和操作人员素质要求较高。

④沉淀处理通常在 75～250℃温度范围内，保温时间从几小时到数十小时。

⑤多数可热处理强化铝合金显示多阶段沉淀（G. P. 区—中间相—稳定相），合金性能与停留在某一阶段的沉淀相有密切关系。

⑥水是铝合金热处理最常用的淬火介质。采用水基有机淬火剂可在保证力学性能的同时减少翘曲变形。

5. 什么是铸锭均匀化退火？铸锭均匀化退火过程中组织有何变化？

铸锭均匀化退火是把化学成分复杂、快速非平衡结晶和塑性不好的铸锭加热到接近熔点的温度长时间保温，使合金原子充分扩散，以消除化学成分和组织上的不均匀性，提高铸锭的塑性变形能力。这种退火的特点是组织和性能的变化是不可逆的，只能向平衡方向转变。铸锭均匀化退火是铸锭在高温加热条件下，通过相的溶解和原子的扩散来实现均匀化。

在铸锭均匀化退火过程中，除了原子在晶内扩散外，还伴随着组织的变化。均匀化退火中的主要组织变化是枝晶偏析消除和非平衡相溶解。它是通过高温下长时间保温，原子充分扩散而使枝晶偏析消除达到成分均匀。对于非平衡状态下仍为单相的合金，均匀化退火所发生的主要过程为固溶体晶粒内成分均匀化。当合金中有非平衡亚稳定相时，则上述两个主要过程均会发生。另外，在均匀化退火过程中，往往还伴随着过饱和固溶体的分解、不溶的过剩相聚集和球化、晶粒长大、相转变以及由于过快的冷却可能产生的淬火效应。

6. 实际工业生产中的均匀化制度是怎样的？

表 4－2 列出了工业生产中经常采用的铝合金圆铸锭的均匀化退火制度，以供生产中参考选用。

表 4-2　铝合金圆铸锭均匀化退火制度

合金牌号	铸锭种类	制品种类	金属温度/℃	保温时间/h
5A02、5A03、5A05、5A06、5B06、5A41、5083、5056、5086、5183、5456	5A03 实心；5A05、5A06、5A41 空心；其他所有	所有	460~475	24
5A03、5A05、5A06、5B06、5A 41、5083、5056、5086、5183、5456	实心 $D<400$	所有	460~475	8
5A12、5A13、5A33	所有	空心及二次挤压制品	460~475	24
3A21	所有	空心及二次挤压制品	600~620	4
2A02	所有	管、棒	470~485	12
2A04、2A06	所有	所有	475~490	24
2A11、2A12、2A14、2017、2024、2014	空心	管	480~495	12
2011	实心	棒	480~495	12
2A11、2A12、2A14、2017、2024、2014	实心	锻件变断面	480~495	10
2A16、2219	所有	型、棒、线、锻件	515~530	24
2A17	所有	型、棒、锻件	505~525	24
2A10	所有	线	500~515	20
6A02、6061	实心	锻件	525~540	16
6A02、6063	空心	管(退火状态)	525~540	12
2A50、2B50	实心	锻件	515~530	12
2A70、2A80、2A90、4A11、4032、2618、2218	实心	棒、锻件	485~500	16
7A03、7A04	实心	线、锻件	450~465	24
7A04	实心	变断面	450~465	36
7A04、7003、7020、7005	实心、空心	管、型、棒	450~465	12
7A09、7A10、7075	所有	管、棒、锻件	455~470	24
7A15	所有	锻件	465~480	12

7. 铝合金铸锭均匀化退火时要注意什么?

铸锭均匀化退火时要注意以下几点：

①在工业生产中，铸锭均匀化退火最好采用带有强制热风循环系统的电阻炉，并且要设有灵敏的温度控制系统，确保炉膛温度均匀。

②为了有效利用电炉，要求把均匀化退火的铸锭，根据合金种类、外形尺寸和均匀化退火温度进行分类装炉。炉温高于150℃时可直接装炉，否则炉子要按电炉预热制度进行预热。在装炉时，铸锭在炉内的位置要留有间隙，保证热风畅通。

③均匀化铸锭的冷却速度，一般不加严格控制，在实际生产中可以随炉冷却或出炉堆放在一起在空气中冷却。但冷却太慢时，从固溶体中析出相的质点会长得很粗大。

④均匀化退火时，先将加热炉定温到均匀化温度，铸锭装炉后，当铸锭表面温度升到均匀化温度后开始计算保温时间。一般是大规格铸锭采用保温时间的上限，小规格铸锭采用保温时间的下限；温度取上限的采用保温时间的下限，温度取下限的采用保温时间的上限。

8. 工业生产中铝合金材料常采用的退火工艺制度有哪些?

工业生产中铝合金材料常采用的退火制度有坯料退火、中间退火和成品退火。铝合金锻件常用的退火工艺为成品退火。

成品退火可在空气循环式电阻炉中进行加热，也可以采用重油或石油液化气等燃料炉进行加热。铝合金锻件进行退火一般使用有强制空气循环的电炉。

表4－3列出了变形铝及铝合金的推荐退火制度。为避免过量氧化和晶粒生长，退火温度不应超415℃。对于特定产品要达到预期的结果，需确定最佳退火制度。

表4－3 推荐变形铝和铝合金的退火工艺

合金牌号	金属温度①/℃	保温时间②/h
1070A、1060、1050A、1035、1100、1200、3004、3105、3A21、5005、5050、5052、5056、5083、5086、5154、5254、5454、5456、5457、5652、5A02、5A03、5A05、5A06、5B06	345	2～3

续表 4-3

合金牌号	金属温度①/℃	保温时间②/h
2036	385	2~3
3003	415	2~3
2014、2017、2024、2117、2219、2A01、2A02、2A04、2A06、2B11、2B12、2A10、2A11、2A12、2A16、2A17、2A50、2B50、2A70、2A80、2A90、2A14、6005、6053、6061、6063、6066、6A02	405③	2~3
7001、7075、7175、7178、7A03、7A04、7A09	405④	2~3

注:(1)该表仅供参考。①退火炉内金属温度范围不应大于$^{+10}_{-15}$℃。②考虑到金属的厚度或直径，炉内的时间不应超过达到料中心所须温度必需的时间。冷却速度并不重要。③退火消除固溶热处理的影响。从退火温度降到260℃，冷却速度应小于30℃/h，随后的冷却速度不重要。④可不控制冷却速率，在空气中冷却至205℃或低于205℃，随后重新加热到230℃，保持4 h，最后在室温下冷却，通过这种退火方式可消除固溶热处理的影响。

9. 铝合金锻件退火工艺有何控制要点?

1)装炉前，为了提高加热速度，冷炉要进行预热，预热定温应与锻件退火工艺温度相同，以利于快速升温。为了提高加热速度，允许炉子的预加热温度超过退火温度。但预加热温度应比合金淬火的下限温度低40℃以上(对可热处理强化合金)，或比合金开始熔化的温度低50℃以上(对不可热处理强化合金)。当炉子达到定温后，降温至退火工艺温度保持30 min方可装炉。

2)查看仪表，测温热电偶接线是否牢固。

3)退火锻件装炉时，锻件应正确摆放在上料小车上，不得偏斜。

4)为了保证退火过程中锻件加热的均匀性，装筐(炉)时锻件之间应留有一定的间隙，每层锻件之间也应隔开。

5)要求测温锻件，要均匀地放置在各加热区内。要用两只热电偶放于炉子的高温点和低温点，其放置位置在锻件堆垛高度的1/2处。

6)退火制度不同的锻件，不能同炉退火。

7)为保证退火料温度均匀，热处理工可在±10℃范围内调整仪表定温。

8)退火保温过程中因故停电，要补足保温时间。

10. 变形铝合金的强化方法有哪些?

铝合金的强化方法很多，一般可分为加工硬化和合金化强化两大类。也可细分为以下 7 类:

1)加工硬化：通过塑性变形(轧制、挤压、锻造、拉伸等)使合金获得高强度的方法叫加工硬化。塑性变形时增加位错密度是合金加工硬化的本质。

2)固溶强化：合金元素固溶到基体金属(溶剂)中形成固溶体时，合金的强度、硬度一般都会得到提高，称为固溶强化。

3)过剩相强化：过量的合金元素加入到基体金属中去，一部分溶入固溶体，超过极限溶解度的部分不能溶入，形成过剩的第二相，简称为过剩相。过剩相对铝合金的强化称为过剩相强化。

4)弥散强化：非共格硬颗粒弥散物对铝合金的强化称弥散强化。

5)沉淀强化：从过饱和固溶体中析出稳定的第二相，形成溶质原子富集亚稳区的过渡相的过程称之为沉淀，凡有固溶度变化的合金从单相区进入两相区时都会发生沉淀。铝合金固溶处理时获得过饱和固溶体，再在一定温度下加热，发生沉淀生成共格的亚稳相质点，这一过程称为时效，由沉淀或时效引起的强化叫沉淀强化或时效强化。第二相的沉淀过程也叫析出，其强化称析出强化。

6)晶界强化：因为铝合金晶粒细化，晶界增多，由于晶界运动的阻力大于晶内且相邻晶粒不同取向使晶粒内滑移相互干涉而受阻，变形抗力增加，称晶界强化。

7)复合强化：用高强度的粉、丝和片状材料采取压、焊、喷涂和溶浸等方法与铝基体复合，使基体获得高的强度，称为复合强化。按复合材料形状复合强化可分为纤维强化型、粒子强化型和包复材料 3 种。

在实践生产过程中往往是几种强化方法同时起作用。

11. 什么是固溶(淬火)处理?

对第二相在基体相中的固溶度随温度降低而显著减小的合金，可将它们加热至第二相能全部或最大限度地溶入固溶体的温度，保持一定时间后，以快于第二相自固溶体中析出的速度冷却(淬火)，即可获得过饱和固溶体(过饱和的溶质原子和空位)，这种获得过饱和固溶体的热处理过程称为固溶处理或淬火。固溶处理的目的是获得在室温中不稳定的过饱和固溶体或亚稳定的过渡组织。固溶处理是可热处理强化铝合金热处理的第一步。

12. 铝合金固溶处理有哪些类型？有何应用？

铝合金的固溶处理分为常规固溶、强化固溶和分级固溶。

1)常规固溶处理是比较简单的固溶处理方式，是指在低熔点共晶体熔化温度以下温度保温一段时间，然后快速冷却以获得一定的过饱和程度，随着固溶温度的提高和固溶时间的延长，合金固溶体的过饱和程度会得到相应的提高，固溶温度对固溶程度的影响要比固溶时间对固溶程度的影响大。

2)强化固溶是指在低熔点共晶体熔化温度以上平衡固相线温度以下进行的固溶处理，它在避免过烧的条件下，能够突破低熔点共晶体的共晶点，使合金在较高的温度下固溶。

强化固溶与一般固溶相比，在不提高合金元素总含量的前提下，提高了固溶体的过饱和度，同时减少了粗大未溶结晶相，对于提高时效析出程度和改善抗断裂性能具有积极意义，是提高超高强铝合金综合性能的一个有效途径。

3)分级固溶是使合金在几个固溶温度点分级保温一定时间的热处理制度，它具有提高合金强度的作用，经过分级固溶处理后，合金的晶粒有所减小，这是由于第一级固溶处理温度较低，变形组织来不及完成再结晶，必定会保留一部分亚晶，晶界角度较小的亚晶具有较低的晶界迁移速率，从而使在分级固溶的较高温度阶段能够获得较小尺寸的晶粒组织。

分级固溶处理常与强化固溶相结合，也有先低温后高温再低温处理等多种处理方式，目的是获得更好的固溶效果。

13. 如何选择固溶处理加热温度？

铝合金的固溶处理加热温度主要是根据合金中低熔点共晶的最低熔化温度来确定的，同时也要考虑生产工艺和其他方面的要求。如：考虑锻件的尺寸规格、变形程度、晶粒度等因素。例如在生产大型锻件时，由于变形程度相对较小，可能会部分地保留着铸态组织，所以，对2A12、2A14和7A04等合金的大型锻件(厚度大于50 mm)，其淬火加热温度应采取规定淬火温度范围的下限。表4－4为常用铝合金锻件的固溶热处理温度。

表4－4　常用铝合金锻件固溶热处理温度

合金	淬火温度/℃
7A04(LC4)、7A10(LC10)、7A15(LC15)	470^{+5}_{-1}
2A12(LY12)	495^{+3}_{-3}或495 ± 3
2A02(LY2)、2A11(LY11)、2A14(LD10)	500^{+5}_{-1}
2A50(LD5)、2B50(LD6)	510^{+5}_{-1}
6A02(LD2)	520^{+3}_{-5}
2A70(LD7)、2219(LY19)	530^{+5}_{-1}
2A80(LD8)、4032(LD11)6061(LD30)	525^{+5}_{-1}

注：在淬火加热或保温时间内，允许短时间内温度超过表4－4的规定，对2A11(LY11)、2A12(LY12)、2A14(LD10)合金为1℃，其余合金为2℃，并应立即将温度调回。

14. 如何选择固溶加热保温时间?

在正常固溶处理温度下，使未溶解或沉淀可溶相组成物达到满意的溶解程度和达到固溶体充分均匀及晶粒细小所需的保持时间(保温时间)称为固溶处理保温时间。

固溶处理过程中保温的目的在于使锻件透热，并使强化相充分溶解和固溶体均匀化。固溶处理保温时间主要取决于强化相的溶解速度，即与合金本性、固溶前组织状态(强化相分布特点和尺寸大小)和加热条件(固溶处理加热温度等)有关，另外，固溶处理保温时间还取决于锻件的断面厚度和形状、加热方式(盐浴炉及空气循环炉，连续还是非连续加热)、加热介质、冷却方式和装炉量的多少等因素，以及组织性能的要求。退火状态锻件固溶热处理保温时间要比未经退火的要长一些。对于同一牌号的合金，确定保温时间应考虑以下因素：

1)零件的形状(包括断面厚度的尺寸大小)：断面厚度越大，保温时间就相应越长。截面大的半成品及变形量小的锻件，强化相较粗大，保温时间应适当延长，使强化相充分溶解。大型锻件和模锻件的保温时间比薄件的长好几倍。

2）固溶处理加热温度：固溶处理加热保温时间与加热温度是紧密相关的，随着加热温度越高，强化相溶入固溶体的速度越大，其保温时间就相应的要短些。

3）塑性变形程度。热处理前的压力加工可加速强化相的溶解。变形程度越大，强化相尺寸越小，保温时间可以缩短。经冷变形的锻件在加热过程中要发生再结晶，应注意防止再结晶晶粒过分粗大。固溶处理前不应进行临界变形程度的加工。挤压制品的保温时间应当缩短，以保持挤压效应。对于采用挤压变形程度很大的挤压材做毛料的模锻件，如果淬火加热的保温时间过长，将由于再结晶过程的发生，而导致局部或全部挤压效应的消失，使制品的纵向强度降低。挤压时的变形程度越大，需要保温的时间就越短。

4）原始组织。预先经过淬火的锻件，重新进行淬火加热时，其保温时间可以显著缩短。而预先退火的锻件与冷加工锻件相比，其强化相的溶解速度显著变慢，所以，对经过预先退火的锻件，其淬火保温时间要长些。锻造变形程度大的，所需保温时间比变形程度小的要短些。

5）坯料均匀化程度。当原始坯料均匀化不充分时，残留的强化相多且大，因此锻件的固溶处理保温时间应该长一些。

6）组织和性能要求。当对锻件晶粒尺寸有要求时，应该考虑缩短保温时间。当对锻件有较高的腐蚀性能、断裂韧性和疲劳性能要求时，淬火保温时间至少应该加倍。

7）其他如合金本性、加热条件、加热介质以及装炉量的多少等因素也是必须考虑的因素。

可热处理强化铝合金，其各种强化相的溶解速度是不相同的，如 Mg_2Si 的溶解速度比 Mg_2Al_3 的快。淬火保温时间必须保证强化相能充分溶解，这样才能使合金获得最大的强化效应。但加热时间也不宜过长，在某些情况下，时间过长反而使合金性能降低。有些在加热温度下晶粒容易粗大的合金（如 6063、2A50 等）则在保证淬硬的条件下应尽量缩短保温时间，避免出现晶粒长大。

8）装炉量多、尺寸大的零件保温时间长些。装炉量少、零件之间间隔大的，保温时间要短些。

9）盐浴炉加热迅速，故加热时间比普通空气炉的短，而且从锻件入槽后，只要槽液温度不低于规定值下限，就可开始计算保温时间；而在空气炉中则需温度重新升到规定值，方可计时。

淬火保温时间的计算，应以金属表面温度或炉温恢复到淬火温度范围的下限时开始计算。在工业生产中，变形铝合金锻件固溶处理保温时间可参考表4－5中的数据。

表4－5 锻件固溶处理建议保温时间

锻件最大厚度/mm	保温时间/min	
	空气	盐浴
≤30	75	25
31～50	100	40
51～75	120	60
76～100	150	90
101～150	180～210	120～150

注：（1）对用铸造坯料生产的锻件，其淬火保温时间要比表中的规定增加30 min。
（2）对用挤压坯料生产的6A02（LD2）合金锻件，其淬火保温时间可适当减少。

15. 如何选择淬火转移时间？

淬火转移时间即从固溶处理炉炉门打开或锻件从盐浴槽开始露出到锻件全部浸入淬火介质所经历的时间。零件从加热炉到淬火介质之间的转移，无论是手工操作还是机械操作，必须在少于规定的最大时间限度内完成。最大允许转移时间因周围空气的温度和流速以及零件的质量和辐射能力而异。

淬火转移时间，对材料的性能影响很大，延长淬火延迟时间所造成的后果导致淬火冷却速度减慢。因为材料一出炉就和冷空气接触，温度迅速降低，因此转移时间的影响与降低平均冷却速度的影响相似。为了防止过饱和固溶体发生局部的分解和析出，使淬火和时效效果降低，淬火转移时间应愈短愈好。

淬火转移时间的长短对高强和超高强等淬火敏感性强的合金的力学性能、抗蚀性能和断裂韧性的影响很大，因为强化相容易沿晶界首先析出，使上述性能下降，对于这样的合金更应严格控制淬火转移时间。但淬火转移时间对 Al – Mg – Si 系合金中的 6A02 合金的机械性能和耐腐蚀性能的影响则不大。

可热处理强化的铝合金的淬火转移时间是根据合金成分、材料的形状和实际工艺操作的可能性来控制的。为了保证淬火的铝合金材料有最佳性能，淬火转移时间应尽量缩短。在生产中，小型材料的转移时间不应超过 25 s；大型的或成批淬火的材料，不应超过 40 s，超硬铝合金不应超过 15 s。

16. 铝合金常用的淬火介质有哪些？如何选择淬火冷却介质及其温度？

(1)冷却介质

淬火介质及其温度对铝合金的冷却速度有很大的影响。铝合金常用的淬火介质有水、有机淬火介质及空气等。

1)水。由于水的蒸发热很高、黏度小、热容量大、冷却能力很强，也比较经济，因此，在工业生产中，水是铝合金锻件淬火中使用最为广泛的淬火介质。为改变冷却速度可以在水中加入不同物质，例如加入盐及碱可使冷却速度提高，加入某些有机物(如聚二醇)可使冷却变得缓和。

2)聚乙醇水溶液。在水中进行淬火时，制品的残余变形较大，且难以消除。为了避免这种影响，有的采用聚乙醇水溶液作为铝、镁合金材料淬火的冷却介质。这种冷却剂通常用水稀释后使用，其浓度由淬火材料的形状，特别是厚度来决定。当加热的材料投入浓度适当的冷却剂中时，包围在材料周围的溶液温度上升，聚乙醇的溶解度下降，聚乙醇就从其水溶液中分离出来，在材料的全部表面上形成覆盖层，使在溶液和金属的接触表面上不能形成阻碍热传导的蒸气层。其覆盖层当水溶液温度下降到 80℃ 以下时就再度溶解。这种水溶液具有可逆性质的特点，适用于厚度较小的板材和型材的淬火冷却介质。

3)空气。空气的冷却能力较弱，一般多用于那些对淬火速度不太敏感的合金，如 Al – Mg – Si 系合金中的 6061 合金的挤压材淬火。

(2)冷却介质温度

使用水聚合物溶液淬火时，溶液的容积和循环均应保证任何时候温度不超过55℃。采用水作为淬火介质时，水槽容积和水循环应保证完成淬火时的水槽温度一般40~60℃，具体淬火水温可根据锻件厚度选取，可参考表4-6。

表4-6 不同厚度锻件采用的淬火水温

锻件厚度/mm	淬火水温/℃
31~50	30~40
51~75	40~50
76~100	50~60
101~150	60~80

17. 什么是淬火停放效应？淬火与人工时效之间的间隔控制要点有哪些？

某些铝合金淬火后在室温停放一段时间再进行人工时效处理，将使合金的时效强化效应降低，称为淬火停放效应或时效滞后现象。淬火停放效应现象在许多铝合金中都存在，对于Al-Mg-Si系合金尤为明显。因此在采用人工时效工艺时，应注意热处理工序之间的协调。表4-7为铝合金零件淬火至人工时效之间的间隔时间。

表4-7 铝合金零件淬火至人工时效之间的间隔时间

合金	淬火后保持性时间/h	淬火至人工时效的间隔时间/h
2A02	2~3	<3 或 15~100
2A11	2~3	
2A12	1.5	不限
2A17	2~3	
6A02	2~3	不限

续表 4－7

合金	淬火后保持性时间/h	淬火至人工时效的间隔时间/h
2A50	2～3	<6
2B50	2～3	<6
2A70	2～3	<6
2A80	2～3	不限
2A14	2～3	不限
7A04	6	<3 或 >48
7A09	6	<4 或 2～10 昼夜
7A19	10	不限
7A33	4～5	3，5 或 7 昼夜
6063		<1

18. 铝合金锻件淬火工艺操作的控制要点有哪些？

铝合金锻件淬火工艺操作控制要点见表 4－8。

表 4－8　铝合金锻件淬火工艺操作控制要点

操作次序	注意事项
固溶处理前的准备	①固溶处理前要清洗零件表面上的油垢，可用汽油、丙酮、香蕉水等擦拭，也可在 50～60 ℃碱性溶液中浸泡 5～10 min； ②碱浸泡后必须在热水或流动的冷水中清洗干净； ③锻件入炉前必须烘干或晾干
淬火操作	①炉温要均匀，控温精度在 ±（2～3）℃，最大不超过 ±5℃； ②形状简单的锻件可快速加热，形状复杂的锻件可阶梯升温，在 350℃左右可保温 1～2 h，再加热到固溶处理温度； ③固溶处理转移时间根据锻件成分、形状和生产条件而定。一般小锻件转移时间不超过 25 s，大锻件不超过 45 s，超硬铝不超过 15 s； ④锻件加热可用铝丝、铝带或铁丝捆扎，不能用镀锌铁丝或铜丝捆扎，以防铜、锌扩散到锻件中，降低锻件的抗蚀性和局部熔化

续表 4－8

操作次序	注意事项
淬火操作	⑤在硝盐炉中加热时，锻件与槽底、槽壁及液面的距离要大于 100 mm，且锻件之间有一定间隙； ⑥在空气炉中加热时，锻件离炉门 200 mm 以上，离加热元件隔板 100 mm 以上； ⑦锻件重新热处理加热时间为正常加热时间的 1/2，重复热处理次数不得超过 2 次； ⑧固溶处理后形状简单的锻件用清水冷却，水温一般为 10～30℃；形状复杂的锻件水温为 40～50℃；也可用聚醚作冷却介质，以减少变形； ⑨形状复杂的锻件固溶后冷却水温为 80～90；大型锻件可以在 160～200℃的硝盐或热油中等温一段时间，然后放入流动的水中；冷却介质的容积要在锻件体积的 20 倍以上，并须循环或搅动
清洗	淬火工序中的最后一个环节是清洗，即从淬火槽中取出锻件，再在流动的温水槽内把附着在锻件表面上的盐迹清洗干净，以避免残留的硝盐对锻件的腐蚀作用；锻件在温水(40～60℃)槽内停留的时间不应超过 2 min，否则可能影响产品的性能

19. 什么是时效、自然时效、人工时效？各有何特点？

固溶处理后获得的过饱和固溶体处于不平衡状态，这种过饱和固溶体有自发分解的趋势，把它置于一定的温度下，保持一定的时间，过饱和固溶体便发生分解，从而引起合金的强度和硬度的大幅度增高，这种热处理过程称之为时效。

在室温下贮放一定时间，以提高其强度的方法叫做自然时效。自然时效可在淬火后立即开始，也可经过一定的孕育期才开始。铝合金自然时效后的性能特点是，塑性较高($\delta > 10\% \sim 16\%$)，抗拉强度和屈服强度差值较大($R_{P0.2}/\sigma_b = 0.7 \sim 0.8$)，良好的冲击韧性和抗蚀性(主要指晶间腐蚀，而应力腐蚀特点则有所不同)。

在高于室温的某一特定温度中保持一定时间以提高其机械性能的操作叫做人工时效。人工时效强度较高，屈服强度增加更为明显($R_{P0.2}/\sigma_b = 0.8 \sim 0.95$)，但塑性、韧性和抗蚀性一般较差。

人工时效又可分为完全时效、不完全时效及过时效、稳定化时效等。完全时效获得的强度最高，达到时效强化的峰值；不完全时效的时效温度稍低或时效时间较短，以保留较高的塑性，与完全时效相比较，强度的降低由塑性下降较少来补偿；过时效则相反，时效程度超过强化峰值，相应综合性能较好，特别是抗腐蚀性能较高；稳定化时效的温度比过时效温度更高，其目的是稳定合金的性能及零件尺寸。

自然时效过程进行得比较缓慢，人工时效过程进行得比较迅速。

20. 铝合金时效如何分类？有何特点及应用？

根据合金性质和使用要求，可以采用不同的时效工艺，主要包括单级时效、分级时效、回归再时效和形变时效。

(1)单级时效

单级时效是一种最简单也最普及的时效工艺制度，在淬火(或称固溶处理)后只进行一次时效处理，可以是自然时效，也可以是人工时效，大多时效到最大强化状态，前者以 G. P. 区强化为主，后者以过渡相强化为主。单级时效的优点是生产工艺比较简单，也能获得很高的强度，但是显微组织的均匀性较差，在拉伸性能、疲劳和断裂性能和应力腐蚀抗力之间难以得到良好的配合。有时，为了消除应力、稳定组织和零件尺寸或改善抗蚀性，单级时效也可采用过时效状态。

一般来说，在高温下工作的变形铝合金宜采用人工时效，而在室温下工作的合金有些采用自然时效，有些则必须采用人工时效。

如果按照合金中的强化相来分析，含有主要强化相为 S(Al_2CuMg)和 $CuAl_2$ 等相的合金，一般采用自然时效方法来强化，而需在高温下使用或为了提高合金的屈服强度时，就需要采用人工时效的方法来强化。能够进行淬火和时效强化处理的变形铝合金，主要有下列 5 个合金系：

①Al－Cu－Mg 系铝合金，如 2A11、2A12、2A06、2A02 等。

②Al－Cu－Mn 系耐热铝合金，如 2A16 和 2A17 等。

③Al－Cu－Mg－Fe－Ni 系耐热锻造铝合金，如 2A70、2A80、2A90 等。

④Al－Mg－Si 和 Al－Mg－Si－Cu 系铝合金，如 6A02、2A50、2A14 等。

⑤Al－Zn－Mg 和 A1－Zn－Mg－Cu 系铝合金，如 7005、7A52、7A04、7A09 等。

这 5 个合金系中，只有 Al－Cu－Mg 系硬铝合金在淬火及自然时效状态下使用，其他系的合金一般都是在淬火及人工时效状态下使用。

(2)分级时效

分级时效是把淬火后的工件放在不同温度下进行两次或多次加热(即双级或多级时效)的一种时效方法，又称为阶段时效。

分级时效按其作用又可分为预时效(又称成核处理)和最终时效两个阶段。预时效处理的温度一般较低，目的是尽量保证在短时间内合金中形成高密度的 G. P. 区。最终时效采用较高温度时效，其目的是使在较低温度时效时所形成的 G. P. 区继续长大，得到密度较大的中间相，并通过调整过渡相的结构和弥散度以达到预期的性能要求，保证合金得到较高的强度，和其他良好的性能。

(3)回归再时效(RRA 处理)。

时效后的铝合金，在较低温度下短时保温，使硬度和强度下降，恢复到接近淬火水平，然后再进行时效处理，获得具有人工时效态的强度和分级时效态的应力腐蚀抗力的最佳配合，这种工艺称为回归再时效(RRA 处理)。

RRA 处理具有 T6 处理和 T7X 处理的综合结果，使合金在保持 T6 状态强度的同时获得 T7X 状态的抗应力腐蚀性能，可保证获得希望的综合性能。

RRA 处理包括 4 个基本步骤：

①正常状态的固溶处理和淬火。

②进行 T6 态的峰值时效。

③在高于 T6 态处理温度而低于固溶处理的温度下进行短时(几分钟至几十分钟)加热后快冷，即回归处理。

④再进行 T6 态时效。

RRA 处理的关键步骤为第二步的短时高温处理。

铝合金经过完整的 RRA 处理后，晶粒内部形成了类似时效到最大强度(T6 状态)的组织，而晶界组织与过时效(T73 状态)的晶界组织相似。这种组织综合了峰值时效和过时效的优点，使合金具备了高强度、高抗应力腐蚀开裂性和高抗剥落腐蚀性。

（4）形变时效

形变时效也称形变热处理或热机械处理，是把时效硬化和加工硬化结合起来的一种新的热处理方法。形变热处理的目的是改善合金中过渡相的分布及合金的精细结构，以获得较高的强度、韧性（包括断裂韧性）及抗腐蚀性能。这种处理可用于板材和厚板，也可用于几何形状比较简单的锻件和挤压件。

铝合金有两种类型的形变热处理，即中间形变热处理和最终形变热处理。前者包括在接近再结晶温度下压力加工，使合金在随后的热处理期间（包括固溶处理和时效）能大量保持其热加工组织，改善 Al－Zn－Mg－Cu 系合金的韧性和抗应力腐蚀能力（不降低其强度），特别是提高厚板的短横向性能。但是考虑到热加工工序的增加和费用问题，中间形变热处理未得到广泛使用。

最终形变热处理是在热处理工序之间进行一定量的塑性变形，按照变形时机的不同又可分为以下几种情况：

①淬火后立即进行变形，随后再进行自然时效或人工时效。

②自然时效期间或完成自然时效后进行变形，随后再进行人工时效。

③部分人工时效后，在室温进行变形，接着再补充人工时效。

④部分人工时效后，在时效温度下变形，随后再补充人工时效。

21. 常用铝合金锻件时效工艺

常用铝合金锻件时效工艺制度可以参考表 4－9。

表 4－9　常用铝合金人工时效温度和时间

合金牌号	时效种类	时效温度/℃	保温时间/h	时效后状态
6A02(LD2)	人工时效	155^{+5}_{-2}	10	CS
2A50(LD5)、2B50(LD6)	人工时效	155±5	8	CS
2A70(LD7)	人工时效	190^{+5}_{0}	14	CS
2A80(LD8)	人工时效	170^{+5}_{0}	10	CS

续表 4－9

合金牌号	时效种类	时效温度/℃	保温时间/h	时效后状态
2A14(LD10)	人工时效	155^{+5}_{0}	6	CS
2A12(LY12)	人工时效	170^{+5}_{0}	16	CS
7A04(LC4)	人工时效	135^{+5}_{0}	16	CS
7A09(LC9)	人工时效	135 ± 5	12	CS
	过时效Ⅰ	110 ± 5 177 ± 4	6 ~ 8 8 ~ 10	CGS1
	过时效Ⅱ	110 ± 5 165 ± 4	6 ~ 8 8 ~ 10	CGS3
7A10(LC10)	人工时效	140 ± 5	18	CS
7A15(LC15)	人工时效	120 ± 5	24	CS
2219(LY19)	人工时效	165 ± 5	18	CS
4032(LD11)	人工时效	170 ± 5	10	CS
6061(LD30)	人工时效	165 ± 5	10	CS
2A11(LY11) 2A12(LY12)	自然时效	室温	96 96	CZ
7075	人工时效	120 ± 5	24	CS

注：当人工时效有特殊要求的，应按随行卡片或工艺卡片的规定执行。

22. 铝合金时效工艺控制要点

1）装炉前，冷炉要进行预热，预热定温应与时效第一次定温相同，达到定温后保持 30 min 方可装炉。

2）查看仪表，测温热电偶接线是否牢固。测温料装炉前应处于室温。

3）停炉 24 h 以上再装炉时，靠近工作室空气循环出口和入口处的锻件，要绑好测温热电偶。操作者应在装炉后每 30 min 测温一次，其结果要记录在随行卡片上，并签字。

4）装炉时，时效料架与料垛应正确摆放在推料小车上，不得偏斜，否则不准装炉。

5）为了保证炉内锻件在热空气中具有最大的暴露面积，在堆放锻件时，应保证热空气能够自由通过，并且在空气和锻件表面之间具有最大的接触面积。尽可能沿着垂直于气流的流动方向堆放，使得气流穿过零件之间通过。

6）不同热处理制度的锻件，不能同炉时效。

7）时效出炉后的热料上不允许压料（尤其是热料）。

8）热处理工应将时效产品的合金、状态、批号、装炉时间、时效日期及生产班组等填写在生产卡片上。

9）热处理工每隔 30 min 检查一次仪表及各控制开关是否运行正常。

10）在时效加热过程中，因炉子故障停电时，总加热时间按各段加热保温时间累计，并要求符合该合金总加热时间的规定。

11）仪表工对测温用热电偶、仪器仪表，按检定周期及时送检，保证温控系统误差不大于 ±5℃，达不到使用要求的热电偶、仪器仪表严禁使用。

12）时效完的锻件上，应打上合金、状态、批号等以示区分。

23. 冶金行业常用的热处理炉是如何分类的？

（1）按热能来源分：电阻炉、燃料炉。

（2）按工作温度分：

①低温热处理炉，即工作温度≤650℃，此类型热处理炉是铝合金加工行业常用的热处理炉。

②中温热处理炉，即工作温度在 650℃～1000℃。

③高温热处理炉，即工作温度≥1000℃。

（3）按炉膛介质分：浴炉、可控气体炉、真空炉和自然介质炉。

（4）按作业周期分：连续作业炉和周期作业炉。

（5）按用途分：退火炉、淬火炉、时效炉等。

（6）按电流频率分：工频炉、中频炉和高频炉。

24. 常用铝合金热处理炉有何特点？

（1）铝及铝合金材料的热处理温度均在 650℃以下，所以，一般都采用低温炉。

(2)铝合金淬火温度范围很窄，特别是高合金化硬铝的淬火温度上限，接近过烧温度，如果控制不当会引起过烧；如果温度过低强化相不能充分固溶，从而引起机械性能不合格。因此，要求炉膛温度的控制应准确、灵敏，故一般以采用电阻炉较为适宜。

(3)在铝、镁合金材料热处理时，要获得均匀细小的晶粒组织，良好的机械性能，需要升温速度快，炉膛温度均匀，为了确保产品质量和提高生产率，铝、镁合金热处理最好采用有强制空气循环的电阻炉。

(4)铝合金材料的热处理，由于品种规格和热处理制度不同，一般多采用周期式作业炉。

(5)盐浴炉的加热速度快、炉温均匀，易于准确调整控制。需要淬火处理的铝合金材料采用盐浴炉较好，纯铝和不可热处理强化的铝合金材料的快速退火，往往也在盐浴炉中进行。

25. 热处理炉内热传递基本形式是什么?

热处理炉内热传递过程是一个比较复杂的传递过程，是热传导、对流和辐射三种形式的综合过程。

26. 热处理炉炉膛内的热交换过程是如何实现的?

参与热处理炉炉膛热交换过程有三种基本物质：炉气、炉壁和被加热金属。三者的热交换过程是：炉气是热处理炉的热源，炽热的气体以对流与辐射的方式把热量传输给被加热金属的表面，同时也传给炉壁，金属和炉壁各吸收一部分热量后，其余均被反射出来，被金属吸收的热量加热了金属使其温度升高，而反射的辐射能一部分，被炉气吸收另一部分投射到炉壁上。同样如此，炉壁吸收和反射的辐射能被炉壁吸收，同时炉气也吸收一部分辐射能，其余的通过炉气又投射到金属表面和炉壁的其他部位。也就是说，热交换过程在气体与固体间进行，也存在金属与炉壁间的辐射热交换。从另一个角度看炉壁也向外辐射和反射热量。金属在吸收炉气以对流和辐射方式传输来的热量和炉壁辐射来的热量的同时，本身也向外辐射和反射热量。可见炉内的热交换过程既有辐射和对流热交换同时也存在着传导换热。

27. 铝合金锻件热处理加热炉基本要求?

(1)加热炉有效工作区温度容差的要求

表4－10为加热炉有效工作区温度容差的要求。铝合金锻件固溶热处理的加热炉一般选用Ⅰ或Ⅱ类加热炉，时效炉一般选用Ⅱ类加热炉；对于退火的加热设备一般选用Ⅲ类加热炉也可选用Ⅳ类加热炉，但其保温区的温度容差不应大于25℃。

表4－10　加热炉有效工作区温度容差的要求

加热炉类别	有效工作区的温度容差/℃	有效加热区检测周期/月
Ⅰ	±3	1
Ⅱ	±5	6
Ⅲ	±10	6
Ⅳ	±15	6
Ⅴ	±20	12

加热炉应具备足够的炉温恢复能力，炉温最长回复时间应满足有关标准或按专用技术文件的规定。

(2)加热炉温度均匀性的要求

1)加热炉有效工作区的温度均匀性应符合技术文件规定的温度容差要求。温度均匀性测量方法按GB/T9452的规定执行。温度均匀性测量周期应符合规定。

2)当出现以下情况时，均应重新进行温度均匀性测量：

①可能改变加热特性的设备改造、移位或者修理后。

②在热处理过程中，如记录或指示的温度超出规定的温度容差要求。

③改变了原批准的使用温度。

④控温热电偶改变位置。

3)加热炉有效工作区的温度均匀性测量合格后，应在明显位置悬挂测试热电偶布置示意图和检验合格证。合格证上应注明加热炉的类别及其温度容差、有效工作区的尺寸、核准的温度范围、本次检测日期、下次检测日期。加热炉应在温度均匀性测量合格的有效期内使用。

28. 常用铝合金热处理炉的种类有哪些？如何标示型号？

铝合金热处理主要是采用电炉中的电阻炉。电阻热处理炉的炉型很多，分类方法目前尚未完全统一，如按其加热方式、作业方法、炉型结构和传热介质可把电阻热处理炉按表 4－11 分类。

表 4－11 电阻热处理炉的分类

<table>
<tr><th>分类方法</th><th>炉子名称</th><th>分类方法</th><th>炉子名称</th></tr>
<tr><td>按加热方式</td><td>间接加热式电阻炉
直接加热式电阻炉</td><td rowspan="2">按炉型结构</td><td rowspan="2">传送带式电阻炉
链式电阻炉
滚底式电阻炉
车底式电阻炉
推杆式电阻炉</td></tr>
<tr><td>按作业方法</td><td>间歇加热式电阻炉
连续加热式电阻炉</td></tr>
<tr><td>按炉型结构</td><td>箱式电阻炉
井式电阻炉
立式电阻炉
卧式电阻炉</td><td>按传热特点</td><td>辐射式电阻炉
空气循环式电阻炉
盐浴炉</td></tr>
</table>

目前，电阻炉的型号已经系列化。其系列代号与名称见表 4－12。

表 4－12 电阻炉系列代号与名称

系列代号	名称	系列代号	名称
RJX	箱式加热电阻炉	RJM	铝丝加热电阻炉
RJJ	井式加热电阻炉	RJY	油浴加热电阻炉
RJZ	钟罩式加热电阻炉	RYD	电极式盐浴电阻炉
RJT	推杆式加热电阻炉	RYG	坩埚式盐浴电阻炉
RJC	传送带式加热电阻炉	RTG	碳管电阻炉
RJG	鼓筒式加热电阻炉	RRG	坩埚式熔炼电阻炉

工业用电阻炉的系列型号编制，是由汉语拼音字母和数字拼成，型号的具体结构和各字母数字所表示的意义如图 4－2 所示。

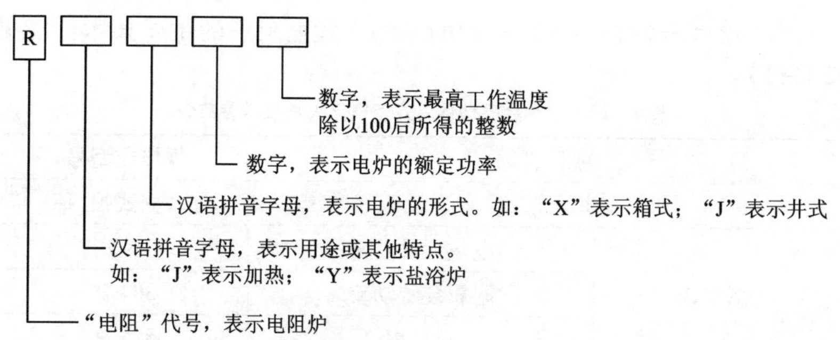

图 4－2　工业电阻炉的系列型号编制

例如：RJX－30－9 表示箱式加热电阻炉，功率为 30 kW，最高工作温度为 950℃。

29. 在选择强制空气循环电阻炉时应注意哪些条件？

铝合金锻件热处理最好采用带有强制空气循环装置的电阻炉。在选择强制空气循环电阻炉时，应尽量考虑如下加热条件：

①炉膛气流分布均匀、温差小、并易于调节。

②为了保证炉膛温度均匀和工件的加热速度，应尽量提高炉内的气体流速，对于大截面的炉膛其加热元件应分区、分段布置，每区应装有测量温度的灵敏仪表和热电偶。

③）对于大型立式炉的炉膛内，其零压面不应高于加热工件的下端。

30. 铝合金锻件固溶热处理炉有哪些类型？有何特点？

固溶热处理炉的种类很多，主要形式为立式和卧式两种。立式炉为周期式淬火炉，卧式炉为连续式淬火炉。

（1）立式空气循环电阻炉

目前铝合金模锻件采用立式炉较多。立式空气循环电阻炉的结构特点是，炉体置于地面上，炉下有一淬火槽，炉子装有活动炉底，以便于装料及向水中淬火。这种炉子占地面积小，生产率高。由于采用高速的强制空气循环加热，虽然炉子的工作室高大，但上、下的温度差比较小，如图 4－3 所示。

铝、镁合金材料热处理常用的一些立式电阻炉的主要技术性能见表4－13。

表4－13　铝合金模锻件立式空气淬火炉技术参数表

项目名称		规格或型号
炉子形式		立式炉
功率/kW	电热元件功率	540
	附属装置功率	304.9
	总功率	844.9
工作温度/℃		495～530
工作室尺寸/mm	直径	ϕ1250
	长度	13830
电源	电压/V	380
	相数	3
工作最大温差/℃		±3
最大装炉量/t		1.5～2
炉子外形尺寸/mm	长	24360
	宽	13200
	高	2400
电炉总重量/t		100
淬火水槽尺寸/m		ϕ4.0×17.0
卷扬机	卷筒直径/mm	ϕ500
	上升速度/($m \cdot s^{-1}$)	0.6

(2)卧式铝合金固溶热处理生产线

这种生产线适用于大批量作业，如图4－4所示。典型的生产线有：连续铝合金锻件热处理生产线、铸件固溶和时效(沉淀)热处理生产线、悬浮式铝合金带材固溶热处理生产线、铝合金中厚板固溶热处理生产线。

(3)固定炉底卧式空气循环电阻炉

图4－5为该炉的结构示意图。炉体部分位于地平面下的基础里，

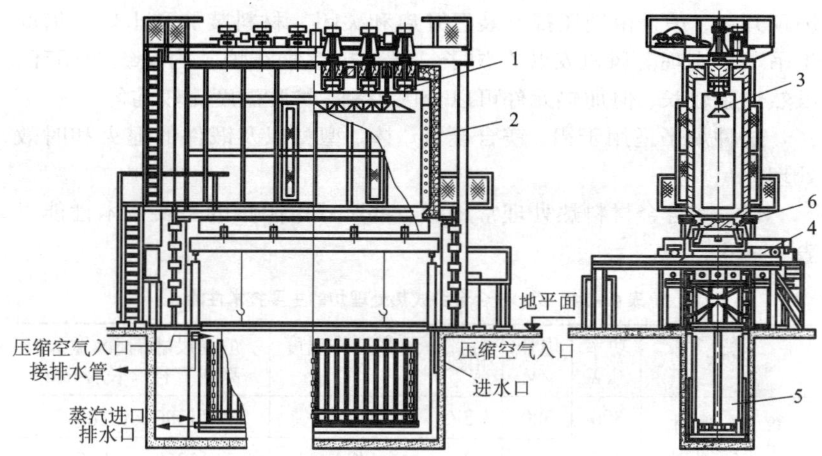

图4-3　通风机装在炉顶的立式活底电阻炉

1—风扇；2—加热元件；3—吊料装置；4—装、卸料小车；5—淬火水槽；6—活动炉底

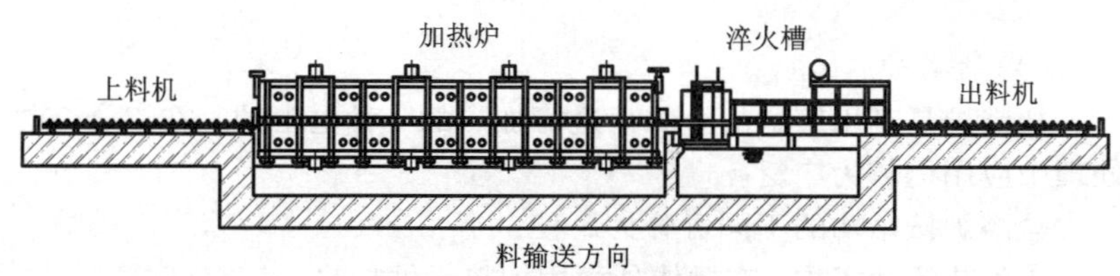

图4-4　卧式炉

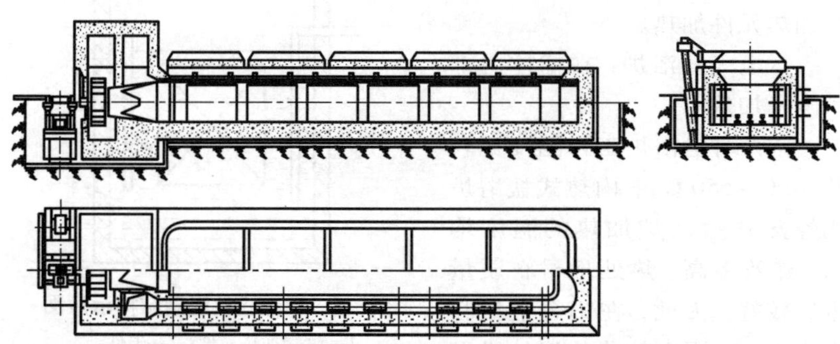

图4-5　固定炉底卧式空气循环电阻炉的结构示意图

炉顶开口，炉盖由液压提升装置开启和关闭。材料装炉和出炉是借助于吊车来实现。风机安装在炉子一端，热空气在炉膛内是纵向循环，虽然炉膛较长，但加热元件可以分区控制，炉膛温度比较均匀。

这种炉子适用于铝、镁合金管、棒、型材以及锻件的退火和时效处理。

铝、镁合金材料热处理常用的一些卧式电阻炉的主要技术性能见表4－14。

表4－14 铝、镁合金卧式热处理炉的主要技术性能

名称	功率/kW	电压/V	相数	最高工作温度/℃	炉膛尺寸(长×宽×高或直径×长)/mm
管、棒、型材人工时效炉	300	380	3	420	ϕ1380×12100
	420	380	3	420	ϕ1350×18000
锻件、模锻件人工时效炉	120	380	3	200	4000×1580×1700

（4）盐浴炉。

盐浴炉是利用熔融的金属盐进行加热的一种电阻炉。在铝合金热处理中应用得较为广泛。

盐浴炉按结构的不同可分为3种：

①外热式盐浴炉，在槽体外面用加热元件加热。

②内热式盐浴炉，在槽体内用加热元件加热。

③电极盐浴炉，在槽体内部用电极加热。

前两种盐浴炉工作温度比较低（450～550℃），内热式盐浴炉比外热式盐浴炉加热的温度均匀、热效率高、热处理材料质量也比较好，因此，在铝合金材料生产中，采用内热式盐浴炉进行淬火的较多。由于在生产中材料

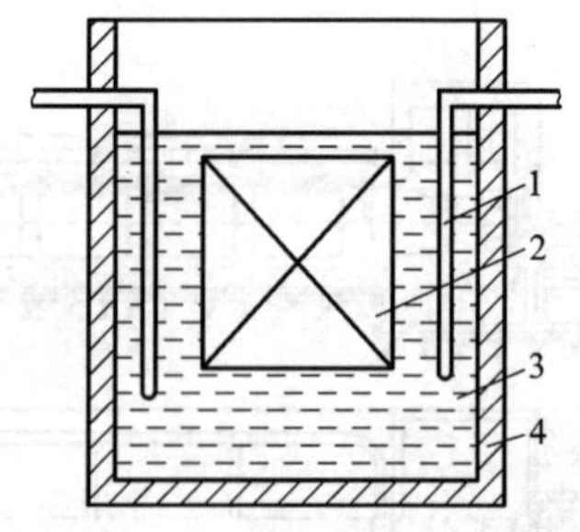

图4－6 内热式盐浴槽结构示意图

1—管状加热元件；2—工件；3—熔盐；4—槽体

尺寸较大，所以，铝合金材料淬火中使用的都是盐浴槽，其结构如图 4－6 所示。

在采用盐浴炉进行热处理时，由于硝盐蒸气对人体有害，而且工作中辅助操作时间较多，产品表面的残留硝盐必须及时清除等，因此，目前在铝合金材料热处理中，有采用强制循环空气炉代替盐浴炉的趋势。

铝合金材料热处理常用的盐浴槽技术性能见表 4－15。

表 4－15　铝合金盐浴热处理炉的性能

名称	功率 /kW	电压 /V	相数	最高工作温度 /℃	炉膛尺寸（长×宽×高或直径×长）/mm
型、棒材淬火盐浴炉	672	380	3	505	12000×1200×2000
	360	380	3	500	7000×1000×1600
	240	380	3	500	
板材淬火盐浴炉	1680	380	3	535	ϕ1380×12100
	620	380	3	505	ϕ1350×18000

31. 热处理浴炉的特点和分类？

（1）工作温度范围在 60～1350℃。

（2）加热速度快，温度均匀性好，炉内温度梯度小。

（3）炉体结构简单，使用寿命长。

（4）适应性强（对不同尺寸、形状复杂表面要求高的工件）。

（5）加热时间长、成本高。

浴炉可分为盐浴炉、碱浴炉、铅浴炉和油浴炉。

32. 电阻式加热炉额定功率？电阻式加热炉额定功率如何检测计算？

采用金属电热元件的加热炉在额定电压下，当加热炉达到额定温度的瞬间，用功率表测量出的额定功。

在测量时若电源电压处于非额定电压可用下式计算：

$$P = P_1(U/U_1)2(kW)$$

式中：U_1 为测量时的电压，V；U 为额定工作电压，V；P_1 为测量电压时的输入功率，kW。

当采用非金属加热元件进行加热的电阻炉在达到额定温度的瞬间，用功率表测量其功率（若额定电压能调节使其达到规定的允许范围 ±10%）。

33. 电阻炉空炉升温时间如何测定？

按工艺技术要求烘干，检测控制系统工作处于正常工作状态，各种技术参数确保达到技术要求，而后从冷态（室温）以额定电压（金属电加热元件）或额定功率（使用非金属加热元件）开始升温，记录其达到额定温度时所需要的时间，检测过程中电压波动范围应控制在 ±2%。空炉升温时间的长短对周期性工作的电阻式加热炉是一项重要的技术指标。若空炉升温时间过长表明电阻式加热炉的设计功率不够或炉衬设计不合理，加热炉蓄热过大。空炉升温时间一般为 2.5 ~3 h。

34. 常用热电偶分度号的测温范围？

常用热电偶分度号的测温范围见表 4 -16。

表 4 -16　常用热电偶分度号的测温范围

名称	分度号	测量范围	
		长期	短期
铂铑 10—铂	S	0 ~1300	1600
铂铑 13—铂	R	0 ~1300	1600
铂铑 30—铂铑 6	B	0 ~1600	1800
镍铬—镍硅	K	-270 ~1200	1300
镍铬硅——镍硅	N	-200 ~1200	1300
镍铬—康铜	E	-200 ~760	850
铜—康铜	T	-200 ~350	400
铁—康铜	J	-40 ~600	750

35. 测量、控制仪表及装置精度等级和量程的选择?

任何的测量过程均存在着测量误差。测量的可靠程度可用仪表的准确度(测量的确定度和精度)来表示。在工业企业中均延续用精度来表示。其精度(准确度)可分若干个等级。工业应用一般为 0.2 ~ 1.5 级，而仪器仪表的装置精度表示的是相对误差的最大值。现场应用中均关心绝对误差的大小，在实际应用中精度一定的情况下，绝对误差大小与所选择的测量范围有关。即精度一定测量范围越大则绝对误差越大。例如：使用同一台 0.5 级的测量设备，测量 600℃ 时当量程为 0 ~ 800℃时，被测温度为 600 ±4℃。若把量程改为 300 ~ 800℃时，被测温度为 600 ±2℃。可见适当选择测量设备量程在其精度不变的情况下可提高测量的准确性。一般被测量应为量程的 1/3 ~ 2/3。

36. 测温热电偶的误差分析?

在测温过程中热电偶的测量结果存在误差的原因有以下几种：

(1)热交换引起的测量误差

热电偶测温保护管插入深度、外部长度、被测介质温度，由于热量将沿着热电偶保护管向外传导。

(2)热惯性引起的测量误差

在测量温度变化较快的被测介质时，由于热电偶存在着热惯性。其测量端温度变化跟不上被测对象的温度变化而产生动态测量误差。

(3)热电偶分度的误差

由于热电偶材料的成分不均匀。微观结构和应力不同。同时热电偶在使用过程中由于氧化腐蚀和挥发、弯曲应力造成热电特性发生变化，形成分度误差。

37. 热处理过程中常见的缺陷有哪些?

铝合金锻件在热处理中所产生的缺陷及废品主要有力学性能不合格，过烧，气泡，淬火裂纹，片层状组织等。锻件热处理过程中产生的缺陷具体见表 4 - 16。产生上述废品及缺陷的原因很多，在热处理工序产生的原因可能是由于热处理炉工作不正常，或是测量仪表不准确，也可能是由于违反了工艺操作规程。

表 4-16 锻件热处理过程中产生的缺陷

缺陷名称	主要特征	产生原因及后果	预防措施
翘曲变形	锻件经淬火以后出现外形的不平，向上或向下弯曲，改变了锻件原来的形状	铝合金锻件在淬火加热和冷却中锻件会产生内应力。另外锻件由于各处厚薄不均，淬火冷却过程中也会产生内应力。上述内应力都会使锻件出现翘曲。如果摆放不当，特别是细长件更容易变形，也会引起翘曲 翘曲严重时会使锻件不符合图纸的要求。通常在铝合金锻件淬火后应立即安排校正工序，以消除翘曲对锻件形状的不良影响	①锻件在淬火后及时按工艺要求进行矫正 ②淬火时锻件要合理放置，不得相互压挤 ③为减小残余应力的产生，在保证力学性能的前提下可适当提高淬火水温 ④在淬火前检查锻件是否翘曲并及时矫平，以免造成淬火后矫正困难，甚至矫正不过来
淬火裂纹	一般在厚、大的锻件芯部出现隐蔽性内部裂纹，以及在锻件的尖角等应力集中处开裂。与锻造裂纹不同，淬火裂纹的内侧壁表面上没有氧化现象	厚、大锻件淬火时，由于温度梯度很大，内应力也大，当内应力值超过锻件材料的强度极限，就会产生内部裂纹；冷却速度过快、在尖角处和锻件内部有夹杂物缺陷出现应力集中所引起。超声波探伤可以发现这种裂纹，发现后锻件即报废	①选择适当的淬火加热温度和保温时间 ②选择适当的淬火介质及温度，以减缓锻件的冷却速度

续表 4－16

缺陷名称	主要特征	产生原因及后果	预防措施
力学性能不合格	锻件力学性能过低	①锻件淬火加热温度偏低或保温时间过短 ②淬火的冷却速度慢 ③如果淬火加热温度过高使材料产生严重过烧时，力学性能也显著降低 ④人工时效的锻件发生过时效时，也会使材料的强度降低 ⑤热处理设备不正常 ⑥实验室实验方法、试样规格和表面质量不符合要求等	①严格控制热处理工艺制度 ②认真执行实验步骤 ③根据标准对于不合格锻件进行重复热处理
过烧	过烧初期仅伸长率降低，后期锻件表面发暗，呈黑色或暗黑色，有时表面还有鸡皮状气泡或裂纹，显微组织可看到晶界发毛、加粗，三角晶界甚至形成共晶复熔球之类的特殊形态，采用金相方法检查材料是否过烧，是比较可靠的	①加热温度过高，超出了热处理制度允许的温度范围 ②由于加热不均匀，使材料局部达到低熔点共晶体的熔化温度而产生局部过烧 ③加热炉温差过大或控制仪表失灵 发现过烧不但被检查件判废，而且同热处理炉次的锻件均判废。铝合金锻件和模锻件的过烧是一种不允许的缺陷，因为它既降低合金的强度性能又使合金的耐腐蚀性能等降低	①适当地选择铝合金锻件热处理的温度和保温时间 ②确保仪表的灵敏度并使仪表经常处于正常工作状态 ③热处理炉内的温度要均匀 ④防止混入低熔点物，禁用镁合金毛料垫铝合金热处理制品，防止镁屑落在铝合金锻件上，且在装炉前应将锻件擦净。否则，这些低熔点物就会在加热过程中燃烧，从而发出大量热能，使制品过烧

续表 4－16

缺陷名称	主要特征	产生原因及后果	预防措施
表面气泡	在锻件表面出现的凸形的泡，气泡很薄，在水中扒开有气体逸出。气泡处有明显分层，内壁呈波纹状，有灰黑色的燃烧产物。气泡一般不是热处理本身造成的，但此种缺陷或废品通过淬火或退火加热才能显现出来	①外来有机物，如润滑油等挤压时进入棒料，形成皮下分层，在锻造或淬火加热时，有机物燃烧产生的气体发生膨胀，使分层鼓起成泡 ②在热处理或锻造加热时，由于温度过高，加热时间过长，铝合金锻件表面常因吸入气体而形成表面气泡。特别是含镁量高的铝合金与炉内水蒸气发生作用，容易在锻件表面产生气泡 ③锻件表面带有含硫的残留润滑剂，也能促使气泡的形成 合金在熔炼时除气不净在铸锭中含有较大的气泡，此气泡保留在半成品中，在热处理后表现出来	①严格控制挤压坯料分层与表面气泡 ②在锻造和热处理前，将锻件先蚀洗干净，去除残留润滑剂 ③选用恰当的热处理制度，控制炉气中水蒸气的含量或改用盐浴炉进行淬火处理可以消除这类表面气泡 ④加强熔炼时的精炼和除气操作
硬度不均（有软点）	在同一锻件上不同部位的硬度相差很大，局部地方的硬度偏低	由于热处理过程中一次装炉量太多，或时效时炉料摆放不当过于集中，热处理时保温时间太短而引起	合理控制装炉量，时效时炉料摆放不宜过于集中，采用合理的保温时间

续表 4-16

缺陷名称	主要特征	产生原因及后果	预防措施
片层状组织	在含锰的铝合金模锻件及挤压制品中，往往产生片层状组织缺陷	此类缺陷的产生，除了与合金中锰的含量有关外，也与热处理制度及操作有关。如6A02合金当淬火加热温度较高和冷却速度缓慢时，镁和硅从固溶体中发生分解，在被拉长的粗大晶界上析出 Mg_2Si 相质点，这样在制品的断口上常出现片层状组织片层状组织一般不影响材料或制品的纵向力学性能，但可使横向(垂直于片层状组织的方向)力学性能有某些降低，特别是横向塑性降低得更为显著	除合理调整含锰量外，采取合理的热处理制度、缩短淬火转移时间和加快冷却速度，都是有效措施
电导率不合格	过时效状态锻件检测电导率偏低	锻件电导率不合格，一般是锻件时效时，温度偏低或保温时间过短；或者热处理设备不正常等	①制定合理的时效工艺 ②严格控制热处理工艺制度 ③定期对热处理设备进行检测，保证其处于合格状态

第5章 铝合金锻件质量检验及控制

1. 铝合金锻件质量检验项目主要有哪些?

铝合金锻件质量检验的项目主要有化学成分、内部组织、力学性能、表面质量、锻件几何形状及尺寸。

化学成分、内部组织、力学性能目前基本上是随机取样进行理化检验。随着检测技术的发展，特殊情况下也可采用无损检测技术百分之百检查内部缺陷。表面质量、形状及尺寸要按工艺质量控制要求进行首件检查、中间抽检、尾件检查。

锻件质量检验的内容随锻件的类别不同，所需进行的具体检验项目和要求也不同。锻件的类别是按照零件的受力情况、工作条件、重要程度、材料种类和冶金工艺的不同来划分的。各工业部门对锻件类别的分类不尽相同，有些部门将锻件分为3类，有的分为4类或5类。对于铝合金锻件，一般分为3类。表5-1为各类铝合金锻件检验项目。对于某些有特殊要求的锻件，尚须按供需双方签订的专用技术条件文件中的规定进行检验。

表5-1 铝合金锻件各检验项目

<table>
<tr><th rowspan="2">检验项目</th><th colspan="4">检验数量</th></tr>
<tr><th colspan="2">Ⅰ类件</th><th>Ⅱ类件</th><th>Ⅲ类件</th></tr>
<tr><td>化学成分</td><td colspan="2">每熔次取一件</td><td>每熔次取一件</td><td>每熔次取一件</td></tr>
<tr><td>外观质量</td><td colspan="2">100%</td><td>100%</td><td>100%</td></tr>
<tr><td>形状、尺寸</td><td colspan="2">100%</td><td>100%</td><td>100%</td></tr>
<tr><td>力学性能</td><td>有试验余料的100%</td><td>无试验余料的每炉(批)次取一件</td><td>每炉(批)次取一件</td><td>—</td></tr>
</table>

续表 5－1

<table>
<tr><th rowspan="2">检验项目</th><th colspan="4">检验数量</th></tr>
<tr><th colspan="2">Ⅰ类件</th><th>Ⅱ类件</th><th>Ⅲ类件</th></tr>
<tr><td>硬度</td><td>—</td><td>100%</td><td>100%</td><td>100%</td></tr>
<tr><td>电导率</td><td colspan="2">100%</td><td>100%</td><td>100%</td></tr>
<tr><td>应力腐蚀性能</td><td colspan="2">首批或工艺有重大更改时取一件</td><td>首批或工艺有重大更改时取一件</td><td>—</td></tr>
<tr><td>剥落腐蚀</td><td colspan="2">首批或工艺有重大更改时取一件</td><td>首批或工艺有重大更改时取一件</td><td>—</td></tr>
<tr><td>断裂韧性</td><td colspan="2">首批或工艺有重大更改时取一件</td><td>首批或工艺有重大更改时取一件</td><td>—</td></tr>
<tr><td>超声波探伤</td><td colspan="2">100%</td><td>订货方有要求时 100%</td><td>—</td></tr>
<tr><td>宏观（低倍）组织</td><td colspan="2">每批抽检一件</td><td>每批抽检一件</td><td>首批或工艺有重大更改时取一件</td></tr>
<tr><td>断口组织</td><td colspan="2">每批抽检一件</td><td>每批抽检一件</td><td>—</td></tr>
<tr><td>显微组织</td><td colspan="2">每炉抽检一件</td><td>每炉抽检一件</td><td>每炉抽检一件</td></tr>
</table>

2. 铝合金锻件各检验项目的试验方法标准

表 5－2 为铝合金锻件各检验项目的试验方法标准。

表 5－2　铝合金锻件检验标准及依据

检验项目	检验标准	检验项目	检验标准
化学成分	GB/T 3190	断口	GB/T 3264. 2
力学性能	GB/T 228	晶粒度	GB/T 3264. 2
布氏硬度	GB/T 231	高倍组织	GB/T 3264. 1
低倍组织	GB/T 3246. 2	超声波	GB/T 6519
电导率	GB/T 12961	晶间腐蚀	GB/T 7998
弯曲试验	GB/T 232	拉伸蠕变及持久试验	GB/T 2039
平面应变断裂韧度 K_{IC}	GB/T 4161		

3. 铝合金锻件检验流程是怎样的?

铝合金锻件检验流程见图 5－1。

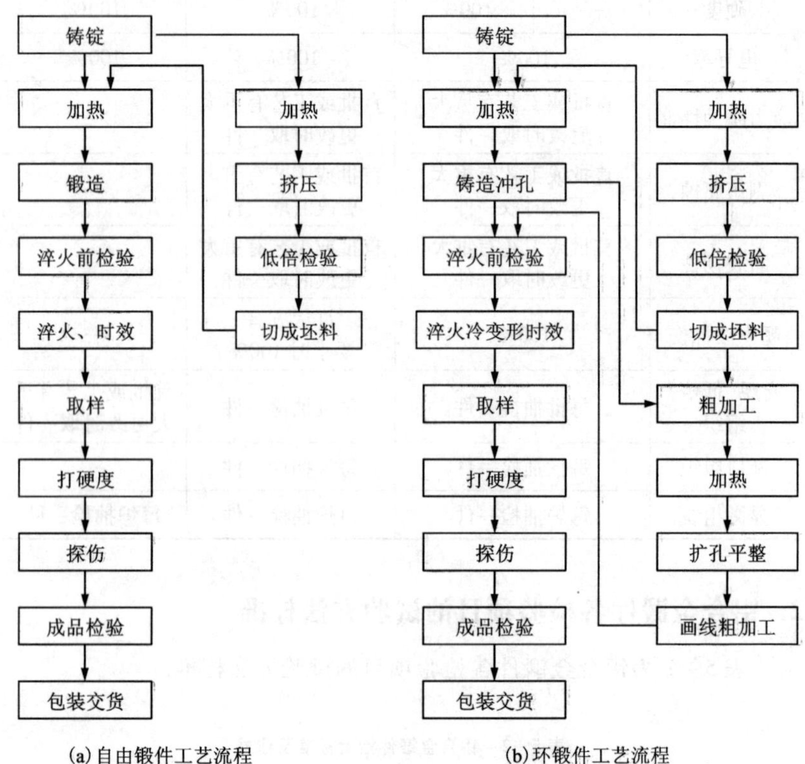

(a)自由锻件工艺流程　(b)环锻件工艺流程

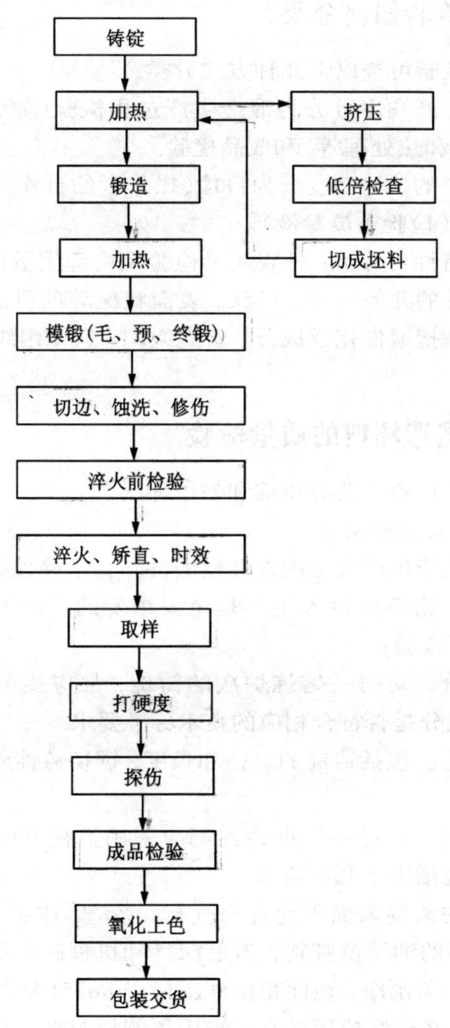

(c)模锻件工艺检验流程

图5-1　铝合金锻件检验流程

4. 锻件质量检验如何分类?

锻件质量检验可按以下几种方式分类:

1)按锻造生产顺序可分为锻造生产过程检验(原材料、下料、模具、加热、锻造和热处理等)和成品检验。

2)按工厂中的检验制度分为自检(操作者的自检)、互检(工人之间互检)和专检(检验人员专检)。

3)按技术特性可分为:外观质量检验及内部质量检验,外观质量检验主要指锻件的几何尺寸、形状、表面状况等项目的检验,内部质量检验则主要是指锻件化学成分、宏观组织、显微组织及力学性能等各项目的检验。

5. 如何进行锻造坯料的质量检验?

铝合金锻造坯料主要有铸锭和挤压坯料。

(1)铸锭的质量检验

铸锭主要用于生产大型锻件和模锻件。为了确保锻件质量,及时发现和防止不合格铸锭投入生产是至关重要的。用于锻件生产的铸锭,均须做如下检验:

1)化学成分。对每一熔炼炉次的铸锭,都应逐个作化学成分分析,检验化学成分是否符合相应的技术标准要求。

2)尺寸偏差。包括铸锭的直径和长度,锯切铸锭还要检查锯口的切斜度。

3)表面质量。对每一炉批铸锭都应采用目视方法逐个检查其表面质量。其中包括以下几项要求:

①车皮后的铸锭表面不允许有气孔、夹渣、成层、疏松、铝屑等缺陷,清除表面的油污及脏物,刀痕深度和机械碰伤要符合标准,铸锭两侧的毛刺必须刮净,表面粗糙度不低于 $Ra25$(▽3),对于进行多方锻造的铸锭,必须修掉顶针孔,修后须圆滑过渡,其深宽比为 1:5 以上。

②锯切铸锭的锯齿痕深度应符合标准规定,无锯屑和毛刺。

4)高倍检查,均匀化退火后的铸锭,应在其热端切取高倍试样,检查是否过烧。

5）切取试片进行氧化膜、低倍和断口检查，氧化膜和低倍试片一般采取铸锭的横向试片，按根从铸锭最易产生缺陷的头部和尾部切取，由于氧化膜在铸锭底部出现的概率最大，所以氧化膜试样都在铸锭底部选取，如图5－2所示。有特殊要求的低倍试片也可取纵向试片。

低倍检验组织缺陷有裂纹、夹渣、气孔、白斑、球松、晶粒度、羽毛晶、化合物、光晶等。一般铝合金锻造企业内控技术标准对这些组织和缺陷的评级和处理都有具体的规定。

铸锭的断口主要用于检验那些破坏铸锭的连续性的缺陷，如化合物偏析、白点、氧化膜，夹渣、晶层分裂等。

用于断口检验的试样有两种：

①用低倍片直接作断口试样。

②按图5－3所示部位切取氧化膜试样，再按专门的方法加工成氧化膜工艺试样。

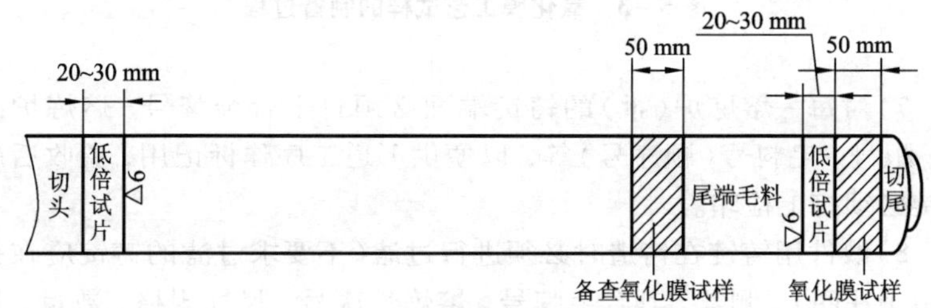

图5－2　低倍和氧化膜取样部位

6）氧化膜工艺试样的制备过程如下：

①在氧化膜试样的中心部位切取试样毛料，见图5－3（a）。

②将试样毛料加工成50 mm×50 mm×150 mm的试样，见图5－3（b）。

③将上述试样由150 mm镦粗至（30±5）mm，见图5－3（c）。

④将饼对称切成两半，见图5－3（d）。

⑤在断面刨V形槽，刨口深度以保证被检面积不小于20 cm^2为准，见图5－3（e）。

⑥将加工好的试样进行淬火，6A02 合金还要进行人工时效，以使试样发生脆性断裂。

⑦打断口检查，见图 5－3(f)。

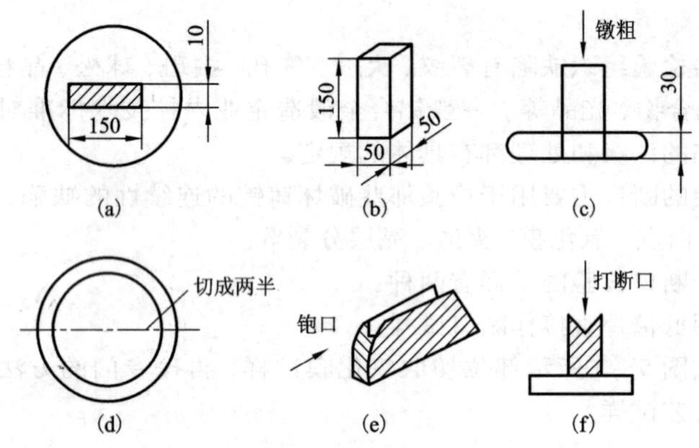

图 5－3 氧化膜工艺试样的制备过程

7)对每一熔炼炉(批)的铸锭端面必须打上合金牌号、熔炼炉次号、根号、毛料号(顺序号)等，以便供下道工序作标记用，验收后的铸锭必须打上检印。

8)锻件用铸锭在铸造时必须进行过滤(不要求过滤的铸锭应在提料单中注明)、测氢，其合金牌号、熔炼炉次号、尺寸规格、数量、均匀化处理状况以及氧化膜级别等必须符合提料单的规定。

(2)挤压坯料的质量检验

挤压坯料用于生产批量锻件和模锻件及低塑性锻件。挤压坯料主要有挤压棒材、带材和专用挤压型材 3 种。用于锻件生产的挤压坯料均须做如下检验。

1)低倍检验。

①锻件用挤压坯料均须按挤压根取低倍(经切尾后切取厚度为 30 +5 mm 的试片)检查成层、缩尾、粗晶环、氧化膜、裂纹、夹渣、羽毛状晶、光亮环等缺陷。

②对于 2A50、2B50、2A70、2A14、2A02、7A04、7A09、7A10 铝

合金均应用低倍试片补做十字断口检查，挤压矩形棒则做一字断口检查。

③对于直径小于 65 mm 的棒材和厚度小于 35 mm 的矩形棒不做断口检查。

2）下料检查。

①下料在圆盘锯或带锯上进行。

②为保证锻件的组织与性能，所有挤压坯料下料前均须切除头、尾。挤压坯料的切头、尾长度按表 5－3 的规定。

表 5－3　锻件用挤压坯料切头、尾的长度

棒材直径/mm	带材或型材的截面积/cm^2	切去的头部长度/mm	切去的尾部长度/mm	
			正向挤压棒	反向挤压棒材
≤95	≤70	≥挤压棒材直径或≥带材、型材宽度	1000	400
100～160	75～200		700	500
165～245	210～470		500	500
250～300	490～700		350	500

③挤压圆棒如有粗晶环、成层、气泡等缺陷，且其深度超过锻件加工余量之半时，须进行车皮，待车皮的坯料应平直，弯曲度每米不超过 3 mm；车皮偏差：直径≤100 mm 的为 $^{+1}_{-0.5}$ mm，直径≥100 mm 的为 $^{+2}_{-1}$ mm；车皮后坯料表面应洁净无缺陷，表面粗糙度一般不大于 *Ra*12.5(▽3)，但对于局部缺陷深度≤2 mm 的几何缺陷允许圆滑过渡将其修掉。

6. 下料工序如何检验?

（1）铸锭锯切工序检验

锻造用铸锭均须进行锯切加工。锯切按熔炼熔次进行。锯切从铸锭浇口部开始，毛料必须打上合金牌号、熔炼炉次号、根号、毛料顺序号等印记。

1）锯切前检查人员必须做到“三对照”，核对加工工艺卡片，检查随行卡片、铸锭实物，核对无误后方可进行锯切加工。

2）铸锭切头、切尾长度、毛料尺寸及公差、切斜度等应符合相关标准规定（铸锭车皮的尺寸公差见表5－4）。

表5－4 铸锭车皮的尺寸公差

铸锭直径/mm	铸锭直径公差/mm	铸锭长度公差/mm	切斜度不大于/mm
80～124	±1	$^{+5}_{0}$	4
142～162	±2	$^{+5}_{0}$	4
192	±2	$^{+8}_{0}$	5
270	±2	$^{+8}_{0}$	7
290	±2	$^{+8}_{0}$	8
350	±2	$^{+8}_{0}$	10
405	±2	$^{+8}_{0}$	10
482	±3	$^{+8}_{0}$	10
680	±4	$^{+10}_{0}$	12
800	±4	$^{+10}_{0}$	12
1000	±5	$^{+10}_{0}$	12

（2）铸锭车皮工序检验

半连续铸造铸锭的表面常存在有偏析浮出物（偏析瘤）、夹渣、结疤和表面裂纹。因此，锻造用铸锭均须车皮。

1）检验铸锭的规格及车皮量，铸锭的最小车皮量符合相关标准的规定。

2）检验铸锭车皮后的表面刀痕情况，刀痕深度不超过0.1 mm。

3）车皮后的铸锭要及时清理表面，保证铸锭表面光洁。

（3）坯料下料工序检验与质量控制

1）材料投产前应按工艺规程核实合金牌号、规格，按供应单核实熔炼炉号或批号、数量，并检查其表面质量；有要求时还应检查锭头、尾部标记。

2)下料应按照锻件图号、合金牌号、规格和熔炼炉号或批号分批进行，不得混料。

3)下料工艺方法和坯料尺寸应按工艺文件的要求，不允许采用影响材质的切割工艺。

4)下料后锻件的坯料应按规定逐个标明合金牌号、熔炼炉号或批号、锭节号(有要求时)或其代号，并按批存储和周转。切好的坯料表面应干净，无锯屑和油污。

5)下料后，将坯料个数、废品数量及废品代号填写在随行卡片上，并由检查人员检查和签字。

7. 坯料装炉工序检验有哪些注意事项?

坯料装炉工序检验主要注意以下几点：

①坯料装炉前按生产卡片对照坯料的合金牌号、熔炼炉次号、批号、规格、数量等应与任务单上的相符，方可进行装炉。

②装炉前应清除毛坯表面的油污、碎屑、毛刺和其他脏物以及由排气孔形成的凸台，装炉前必须清除炉膛内的杂物。

③炉内气氛不允许有硫和水蒸气存在；当加热涂有防护润滑剂的坯料时，宜将坯料放入专用盘内装炉加热。

④不同加热制度的坯料，尽可能混装加热。如需要混装时，应合理安排先后顺序，采取相应措施，使坯料的加热温度达到要求。

⑤坯料按批次装炉，应放在有效区内加热，要摆放平稳，每个料盘内装入的数量要根据毛坯的规格和形状而定，大规格坯料之间应有一定间隔。批次与批次之间用空料盘隔开，防止混批。

⑥装炉温度、加热温度及保温时间应按工艺文件规定进行。

8. 坯料加热工序检验有哪些注意事项?

坯料加热工序检验主要注意以下几点：

①铸锭在加热炉内的最长停留时间不能超过相关规定。

②毛坯加热时，其加热速度不受限制，可按一次定温进行加热。坯料在加热保温阶段，每隔 30 min 由加热工测试料温一次，并将炉号、料盘数、每盘件数、仪表定温、炉温、实测温度、保温时间、开锻

温度、终锻温度和模具温度记录在随行卡片上，并由检查人员监督，否则不得进入下道工序。

③仪表工人严格遵守巡回检查制，校对测温仪表，毛坯的加热记录应予保存、造册归档备查。

④坯料加热时的料温应采用光学高温计或其他测量器具进行辅助测量监控。

⑤出炉前应按相应的加热制度检查加热炉的定温和保温时间。

⑥出炉时需要检查坯料表面是否有异物，防止锻造时杂物压入。

⑦加热温度高的铝合金毛坯出炉锻造或模锻时，允许加热温度低的铝合金锭装入，但两者之间必须以空料盘隔开 1～1.5 m，此阶段加热温度按加热温度低的合金最高开锻温度定温。

⑧铝合金铸锭加热到温后必须保温，以保证组织中的强化相充分溶解；锻坯和挤压棒是否需要保温，则以锻造时是否出现裂纹而定。

⑨锻压过程中因设备故障而需停工时，应按工艺文件规定降温或将坯料出炉。

⑩出炉锻造前核对装炉顺序，保持上下工序质量信息畅通。

9. 模具加热质量控制要点有哪些?

为了确保终锻温度，提高铝合金的流动性和锻造变形的均匀性，模具和锻造工具在工作前必须进行预热，模具加热质量控制要点如下：

①模具装炉加热前，模膛内部不得有脏物，模具温度要在 0℃以上。

②模具装炉加热时，将上、下模具(一套)分开装入或中间垫上 40～60 mm 的铝块。每套模具相互间隔距离应大于 100 mm。模具总重量不得超过模具加热炉负荷。

③模具加热时至少每隔 4 h 检查一次模具的加热情况，并将检查情况记录在工艺卡片上。

④模具和锻造工具预热制度见表 5－5。

表5-5 工模具预热制度

模具厚度/mm	加热时间大于/h	炉子定温/℃	模具预热温度/℃
≤300	8	450~500	250~420
301~400	12		
401~500	16		
501~600	24		

10. 锻造过程检验工作有哪些注意事项?

锻造过程检验应注意以下几点:

1)锻造生产开工前，操作人员应按工艺文件进行锻前准备，确认正常后方可投入生产。

①熟悉工艺文件，根据设备使用规程和安全规程检查设备运转状态。

②根据锻件的材料、形状、尺寸及工艺要求，选择相应的锻造设备。设备的特性必须满足工艺要求。

③选择合适的加热设备，制定合理的加热规范，严格控制加热温度、加热速度和保温时间，保证毛坯热透，防止过热、过烧等加热缺陷。

④安装调整好锻模或有关工具，选择合适的通用工具，并检查生产中所用工、模具。如发现锻模、设备异常或锻件有缺陷，应采取有效措施予以排除。

⑤锻模及各种锻造工具在开锻前必须进行预热，以保证锻件质量及工锻模寿命。

⑥根据锻件的材料、精度和工艺要求选用合适的防护润滑剂。

⑦毛坯在模锻前和模锻过程中必须清除油污。

⑧所有模锻件必须经试模、划线检查，当确认符合锻件图要求时，方能进行试制或正式投入生产。

⑨毛坯与随行卡片的合金牌号、批号、规格、数量要一致。当模具与随行卡片或工艺卡片以及模具与锻件图完全一致时，方可投产。

2)按照工艺规范控制开锻和终锻温度

①同一料盘的首、尾件必须检测其开锻温度、终锻温度和锻模温度是否符合相关工艺操作规程规定。

②每批必须测出炉的第一个料盘的首件和最后料盘首件的开锻温度和终锻温度。

③炉前加热工负责测量毛坯和模锻件的温度，如实地记录在随行卡片上，并由检查人员签字。

3）应严格执行在终锻温度下停锻，不可过高和过低。对于一般的锻件也应在不低于终锻温度下停锻。凡低于规定终锻温度的判为最终废品，须打上废印并与成品锻件分开，严禁混料。

4）对大批生产的模锻件需按工艺要求进行首件检验，当确认符合锻件图要求时，方可进行生产。

①每批的首件，检查其合金牌号、批号、规格是否与随行卡片一致。

②操作工人和检查人员共同检查对照：模锻中间工序（制坯、预锻、终锻、矫正）是否正确；模锻件的表面质量、欠压、翘曲、错移以及成形情况和打印位置等。

③对于H字形断面或压入成型的槽型断面的模锻件以及精化件和精密模锻件的首件，经蚀洗后进行检查，在确保质量的情况下，方可继续生产。

5）对有锻造变形程度和锻造方向要求的锻件，严格按工艺执行，避免锻错方向，保证各工步的锻造变形量。特别是在代用了材料规格后，必须在工艺中采取措施（如加入拔长）以达到要求锻造变形程度。

6）自由锻制坯工序必须严格按照工步图要求进行操作，并按固定的样板进行检验，预制坯的几何形状和冶金质量对预锻件和终锻件的质量有重大影响，它是保证锻件成形和流线方向的重要环节。

7）对纤维方向有要求的锻件，应记清纤维方向并在锻后标注在锻件上。

8）生产中应严格按工艺规定的锻造次数执行，检查人员负责监督检查。

9）自由锻造时，要逐件检查表面质量、尺寸偏差、形状及锻造方案，当发现有不符合工艺要求时，必须及时改正。

10）检测锻件的有关尺寸和形状，对于形状复杂的锻件可使用样板检验。

11）生产中要做到首、尾件必检，中间按批 10% 抽检。检验锻件的成形情况、欠压量以及表面质量应符合锻件图或工艺要求。

12）凡有上下模的必须检查错移。

13）对合格的产品，应分清品种、材质，有顺序号要求的要注意分清顺序号，最后打上要求的印记（合金牌号、批号、制件号等）。

14）锻造操作时，应根据材料和锻件形状的不同，正确控制金属的变形程度和变形速度。在保证质量的前提下应尽量减少锻造火次。

11. 模锻件切边和冲孔工序检验有哪些注意事项?

1）工作前应检查设备，当确认运转正常时，方可进行生产。

2）工作前，操作者应熟悉工艺程序，对照模锻件的欠压、成形情况，确定是按成品或按中间工序进行切边。

3）若模锻件上有由于排气孔形成的凸台时，切边前必须清除干净。操作中必须轻拿轻放，避免模锻件表面碰伤。

4）切边和冲孔后要进行首件检查，当质量合格时方可继续生产。生产中注意凸凹模刃口和卸料板是否正常，以保证切口处光洁。

5）对中间工序的切边，毛边一般残留量为 10～30 mm；对局部成型差的部位，毛边要多留些，以便下次模锻成型；对于有特殊要求的可另行规定。

6）中间工序不需切边时，需要在工艺卡片上注明。

7）成品切边：毛边残留量应符合技术条件或锻件图上的规定。一般情况下，对于重量不大于 30 kg 的模锻件，其毛边残留量不大于 3 mm；重量大于 30 kg 的模锻件，其毛边残留量不大于 6 mm，分模线形状复杂部分，其毛边残留量不大于 15 mm。

8）对于一模多件的模锻件，中间工序或成品工序是否切开，要根据工艺卡片的规定进行操作。

9）成品切边时严禁倒料，应注意轻拿轻放，避免表面碰伤。

10）需要在立式车床上车边的圆形模锻件，应在工艺卡片上注明。

11）切边结束后，操作者应填写随行工艺卡片。切下的毛边应按合金废料分级、分组标准送往废料箱内，不得混料。

12. 热处理前锻件检查有哪些注意事项?

固溶热处理前的检查是锻件成形工序结束后，对其表面质量、外形尺寸是否符合技术条件、锻件图和工艺卡片规定的成品的预先检查工序。具体检查应注意以下几方面:

①外观应无裂纹，无影响热处理质量的锈斑、氧化皮及碰伤等缺陷。

②锻件简图应注明主要尺寸、特殊形状部位、截面悬殊部位、孔的形状和位置。

③待热处理件的尺寸与精度应注明加工余量、表面粗糙度、尺寸精度、位置精度及形状精度等。

④检查人员按模锻件批量件数的10% ~20% 抽查欠压量，当该批抽查锻件符合图纸时，方可进入检查工序。经淬火前检查合格的锻件，应单独存放。

⑤在淬火前检查成品的料架上，应放入供取样用的锻件(折叠、裂纹废品不能供取样用)1 ~2 件，并应在此料上标示“取样”字样，以示区别。

⑥检查后，应将成品数量、可修废品数量、最终废品数量及缺陷代号准确地填写在随行卡片上，并由检查人员签字。

13. 淬火后矫正工序检验有哪些注意事项?

在锻造和热处理生产的过程中由于各种原因而产生了弯曲，扭转等变形，如锻件由于急冷收缩使得锻件发生变形，或冲切连皮和毛边时产生变形。尤其对长轴类锻件最容易发生变形。这种变形将导致锻件不符合锻件图上的要求，以致产生废品。为了消除这种变形，使锻件符合锻件图样的技术条件需对变形的锻件进行矫正。

锻件和模锻件一般在专用矫正机液压机上进行，利用装在液压机工作平台上的两块 V 形铁砧对弯曲部位进行矫正，形状复杂的模锻件在水压机上采用专用矫正模具或在终锻模中进行，有时也可综合利用，先在模具中矫直再用矫直机矫正。具体要求按随行卡片或工艺卡片上的规定执行。

①矫正前，矫正工应首先熟悉锻件图、随行卡片或工艺卡片对翘

曲的要求，选择合适的矫正工具和量、卡具。

②若模锻件上有由于排气孔形成的凸台影响矫正时，应先将凸台铲除后再进行矫正。

③矫正用的垫块只能用铝合金挤压坯料，严禁使用铝合金铸锭或镁合金坯料作垫块，以防压裂飞出伤人。

④一般情况下，当班淬火的锻件，必须当班矫正。对于 2A11（LY11）、2A12（LY12）、2A14（LD10）合金自然时效的锻件，淬火后应立即矫正，最大间隔时间不得超过 3 h。其余合金，从淬火出炉到矫正完了其最大间隔期不得超过 8 h，超过规定时间则需重新淬火。为减少螺旋桨桨叶模锻件翘曲，其矫正应在淬火出炉后 2～3 h 内完成。

⑤矫正必须按批次、炉次逐件进行，并逐件检查翘曲量。

⑥要认真执行首件检查制，允许对同一炉（批）料的前 3 件进行矫正方法的试验。当锻件翘曲完全合格后，方可进行正式矫正。

⑦在水压机上矫正模锻件，如翘曲超过标准要求，可用矫正机配合矫正。对只进行水压机矫正的模锻件，要在矫正平台上复查锻件的翘曲量，合格后打上矫正工号。

⑧在水压机上矫正的铝合金模锻件，其终锻模或矫正模、模锻件均为室温。

⑨分模线为曲线的模锻件和形状复杂的模锻件，如螺旋桨桨叶模锻件等，必须用专用样板架来鉴定其翘曲量。具体要求按随行工艺卡片上的规定执行。

⑩在水压机上模内矫正，其终锻模或矫正模与模锻件以及批号、数量和随行工艺卡片完全一致时方可进行矫正。矫正前要彻底清理模膛，用纯锭子油润滑，严禁使用汽缸油和石墨。矫正完的模锻件其表面油污必须擦净或用热水洗净。

⑪对淬火后不易翘曲的锻件根据工艺要求可不进行矫正，但需要随机抽检不少于 10% 的锻件的翘曲量。具体要求按随行工艺卡片上的规定执行。

⑫矫正合格的模锻件应按批次规整地摆放在专用料筐内，应注意避免在人工时效过程中或放置时可能造成的弯曲。

⑬为保证人工时效炉内空气流通，摆放矫正后的模锻件时可用铝块隔开，并将试料放在料筐的上面，以便取样。

⑭每个模锻件矫正合格后必须打上矫正工号。矫正工号要打在淬火炉号或批号下面。

⑮矫正结束后，矫正工在随行卡片上填写好矫正数量、成品和废品数量、日期、班次，并由矫正工和检查员签字。

14. 铝合金锻件成品检验程序是怎样的？

铝合金锻件成品检验程序如下：

①所有铝合金模锻件均应经蚀洗后方可进行成品验收。自由锻件可不蚀洗。

②成品验收前，对提交检查验收锻件，应对照随行卡片逐件核对批号、合金、状态、规格、热处理炉次号及投入量与生产随行卡片的对照是否相符，然后按合同规定的技术标准进行逐项检查。

③锻件最终检验要求、验收规则应按照锻件图、工艺规程、技术条件和随行工艺卡片的具体要求进行。理化检验的取样部位、方向和数量应符合技术标准和取样图的要求。检验的全过程应有详实的记录。

④审查组织、性能等各项理化检查报告是否齐全、清楚，逐项审查，对不合格项要进行处理。

⑤锻件终检合格后，检验员应按合同、协议或有关文件的要求填写锻件合格证。

⑥经检验不合格的锻件，应有明显标志，并隔离保管。

⑦在锻件指定的部位打上检验印记以及其他标记（或挂标签）。

15. 锻件表面质量检验有哪些注意事项？

锻件表面质量检验应注意以下几点：

①自由锻件不蚀洗，应逐个检查锻件的表面质量，为了便于观察缺陷，模锻件表面通常是在酸洗后进行目视检查。

②模锻件表面应光滑、洁净，不应有裂纹、折叠、起皮、杂物压入、压痕、磕碰伤、过蚀洗斑点等缺陷。对折叠、起皮等其他缺陷要进行打磨；对于非加工表面的缺陷应清除干净，并要圆滑过渡；对于加工表面的缺陷则应检验修伤，清除缺陷的部位，均应保证锻件留有足够的加工余量，保证模锻件的单面极限尺寸（清除缺陷处应圆滑，其宽深比应不

小于6)。检验后的锻件应做好标示，以便区别是否合格。

③当自由锻件未标注零件尺寸时，加工表面允许有深度不大于其负偏差之半的压折、压入等缺陷，但需清除干净；非加工表面上的裂纹、腐蚀痕迹及其他影响使用的缺陷必须全部清除。清除缺陷后的部位必须保证锻件的单面最小极限尺寸(孔槽处为单面最大极限尺寸)，保证锻件留有冷加工余量。

16. 如何判定模锻件表面缺陷深度?

缺陷出现在平行于分模面的上下表面，用深度尺检验缺陷的深度，深度不超过规定为合格。在该方向判定缺陷深度时，应考虑欠压量影响。

双面加工锻件，其缺陷允许深度为 2/3 加工余量 + 1/2 欠压量，如图 5-4 所示。

举例：图 5-4 所示锻件两面加工余量均为 6 mm，欠压量为 4 mm，缺陷允许深度为：6 × 2/3 + 4 × 1/2 = 6 mm

一面加工，另一面不加工的锻件，缺陷允许深度为：加工面等于 2/3 加工余量 + 欠压量；非加工面缺陷允许深度为：1/2 负偏差。如图 5-5 所示。

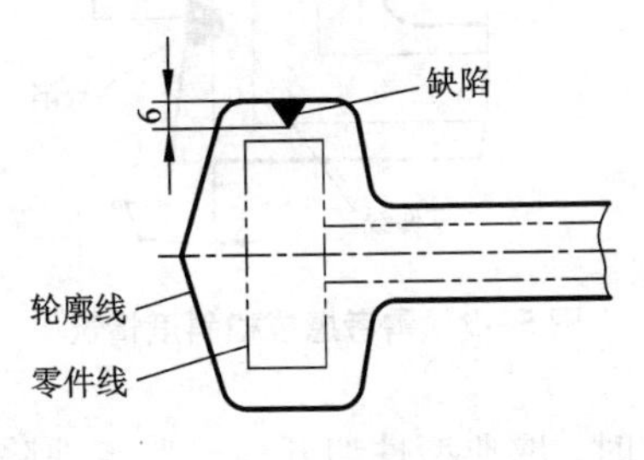

图5-4　双面加工

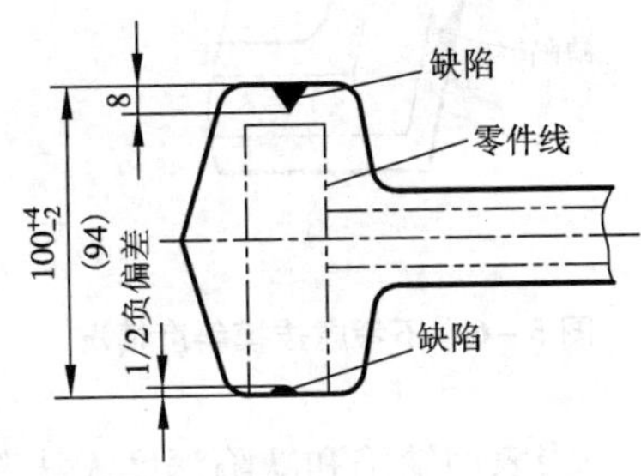

图5-5　一面加工、另一面不加工

举例：图 5-5 所示锻件一面加工余量为 6 mm，另一面不加工，欠压量为 4 mm，负偏差为 2 mm，那么加工面的缺陷允许深度为：6 × 2/3 + 4 = 8 mm

非加工面的缺陷允许深度为：2 × 1/2 = 1 mm

全不加工的模锻件表面缺陷应予清除，单面缺陷深度允许为 1/2 欠压量 +1/2 负偏差，但锻件的相对位置不得同时有缺陷。

模锻件的同一面上，同时存在加工和非加工面时，加工面缺陷深度允许为 1/2 欠压量 +2/3 加工余量。

在任何情况下，锻件的最小尺寸必须保证零件加工尺寸。

当缺陷存在于模锻件的侧面，零件线和模锻件外轮廓线平行时，只考虑加工余量，不考虑拔模斜度，如图 5-6 所示。当零件线和模锻件外轮廓线不平行时，除考虑加工余量外，还要考虑拔模斜度，如图 5-7 所示。例：筋宽为 20 mm，零件宽为 14 mm，每面加工余量为 3 mm。缺陷位于筋顶下面 100 mm 处，计算缺陷的允许深度。

按 GBn 223 规定，缺陷允许深度为 $(20-14)\div 2\times 2/3=2$ mm，但考虑拔模斜度，现以 70 为例，那么缺陷的允许深度应为：$(20-14)\div 2\times 2/3+100\times \mathrm{tg}70=2+100\times 0.123=14.3$ mm。

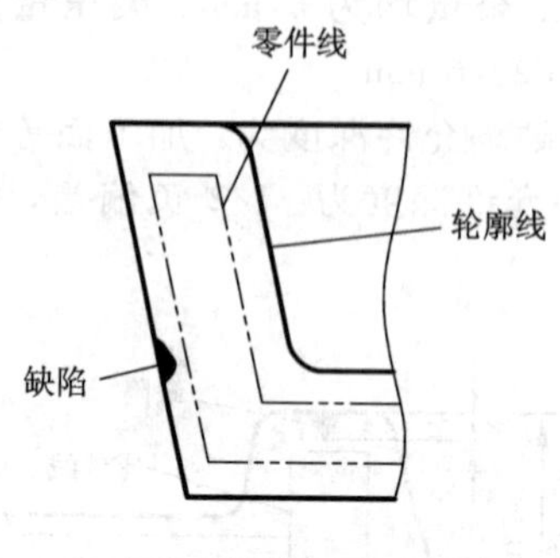

图 5-6　不考虑拔模斜度情况

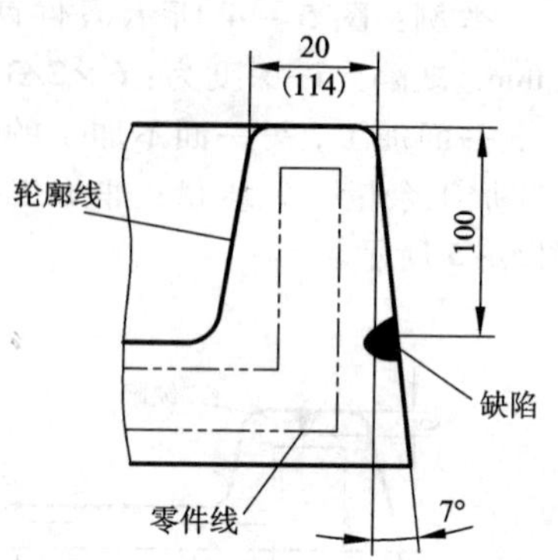

图 5-7　需考虑拔模斜度情况

当表面缺陷和缺陷深度无法鉴别时，取典型件切开检验鉴定缺陷的性质和缺陷的深度。

17. 锻件常用检验样板可分哪几类?

不同种类的锻件，可以选择不同的投影面、不同的部位制作样板。分类简单介绍如下。

1)杆类锻件轮廓样板：对于高度上变化不大的简单杆类锻件，可以用钢直尺、卡钳测量。而主视图外形上带有多个圆弧连接，因而可选择主视图做一块轮廓样板，如图 5 -8 所示。当锻件外形为非直线型，有拐点和弯曲时，也可采用轮廓样板检验。

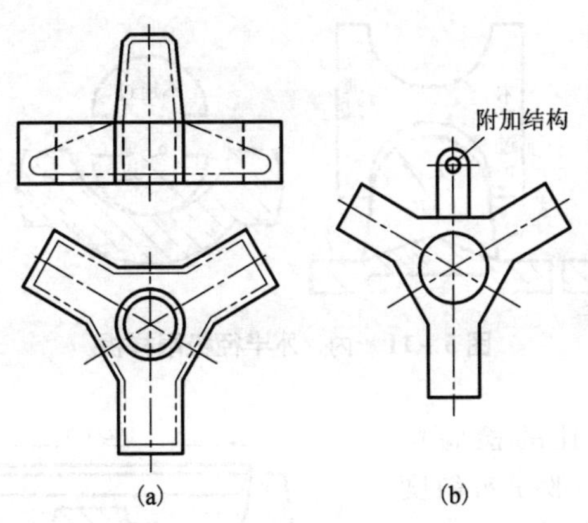

图 5 -8　检验几何形状用样板

(a)锻件；(b)外形样板

2)卡板：用于圆截面直径尺寸的测量或多台阶锻件厚度的测量。是根据锻件允许的最大、最小偏差制成的极限样板。样板前部按正偏差、后部按负偏差制作，如图 5 -9 所示。

3)模锻件错移检验样板：模锻件一般有 3° ~10°的拔模斜度。在锻件生产过程中，如果上下模具产生相对错移，在锻件的分模线两侧就产生错移偏差。一般情况下错移偏差用眼睛目测不易看出，可采用图 5 -10 所示的样板检查。

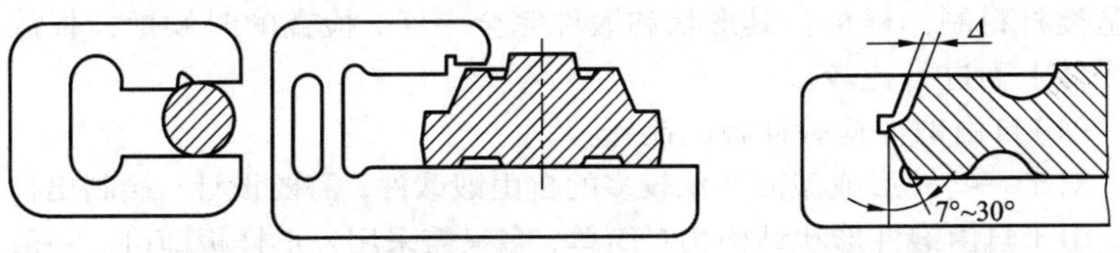

图 5 -9　检验锻件直径和高度的极限卡板　　**图 5 -10　模锻件错移检验样板**

4）锻件圆弧检验样板：对于有圆弧、内外圆角的锻件，可用半径样板或外半径、内半径极限样板测量检验。它可分为内圆弧半径极限样板和外圆弧半径极限样板，如图5－11所示。

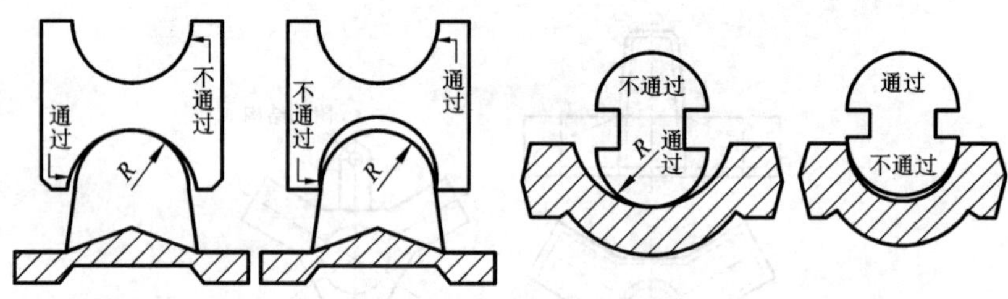

图5－11　内、外半径极限样板

5）锻件内孔的检验样板：锻件内孔一般是带斜度的，可采用极限塞规检验。当孔很大时，或是轮毂、轮缘类的锻件，可使用样板检验，如图5－12所示。

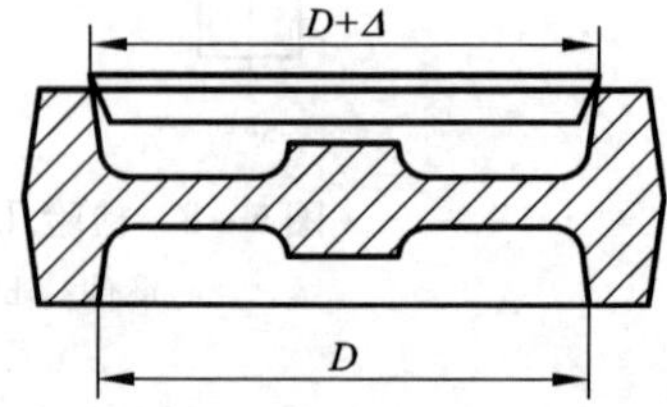

图5－12　用样板检验轮缘内径

18. 如何制作锻件检验样板？

样板材料的选择根据锻件的批量情况确定，对于大批量或定型的锻件产品，则从样板材料要求长期使用考虑，应选用1～3 mm的钢板或2～5 mm的铝板制作；而对于单件或小批量的锻件，由于使用时间较短，为了剪切方便则选用0.3～1 mm的钢板或1 mm铝板制作；对于一次性使用的，而非用样板检查不可的冷锻件，也可采用硬纸板、油毡类材料制作样板。其形状和锻件完全一样，检查的时候把样板放在锻件上面进行比较。

（1）自由锻件检验样板的制作

对于一些外形或截面变化较多的自由锻锻件，需要设计、绘制出样板。由于自由锻件形状结构相对简单，多只需采用外形样板即可。一般情况以零件图作为样板图的绘制依据，样板图直接绘制在样板材料上面。样板的外形可以与零件机加工后的外形一致，零件上的小螺孔、细沟槽、小圆角和倒角不必画出（实际上也不可能锻出）。同时注明锻件图上各表面加放大余量的数值，使用时只需把样板直接放在这些锻件上面即可直观地看出锻件各部位加工余量并且可估计。如果需要两块样板对合使用，还应用粗实线画出对合定位线，并标刻在样板上。

由于样板要用在锻件成形加工的整个过程中，因此设计样板外廓结构时，还需考虑要便于生产现场使用，即应该设计附加结构，以方便样板在锻件上灵活地移动，见图 5－8 所示。

（2）模锻件检验样板的制作

模锻件的样板分为外形样板、内形样板和截面样板。外形样板的型线与被测件外形轮廓线相同。内形样板的型线与被侧件内凹部分轮廓线相同。截面样板的型线与被测件的被侧位置截面轮廓线相同，是检验模锻件时用得最多的一种样板。

模锻件样板制作要点：

①样板的型线。一般根据锻件图上已知轮廓线画出，有时还应画出冷锻件图中未表达的、需检查的各截面的实形。

在具体绘制样板型线时，因为大多数截面均为封闭的双向测量截面，一般仍以分型面上的线为界。将截面轮廓线分为两部分，分别绘制型线，使之成为同一截面上的一组样板，再按截面内一、外轮廓线分别画出内、外型线。

②外形结构。模锻件检验样板一般需要配合一定的测具架使用，因此，其外形结构及尺寸上要由测具架决定。其余还应考虑样板的变形、精确的定位、准确的测量，以及测量是否方便等问题。

③确定基准和定位结构。基准是根据样板在测具架上的定位情况而统一确定的，可以在型线附近画出 3 个定位孔，与测具上的定位销配合。

④按锻件公差与技术要求，设置尺寸公差和形状与位置公差等。

⑤画出样板整体结构。

19. 什么是划线检验？划线检验有何作用？

划线检验是锻件的全面测量方法。一般首批投产的模锻件均需进行全面划线检验。对于形状比较复杂的锻件，用一般检查手段或样板都不能很好地检查锻件的尺寸，必须用划线的方法检查。另外对一些超差锻件，要确切地判定是否报废，也必须用划线方法来检查。

划线检验是根据图样或实物的尺寸要求，在锻件表面上画出加工的界线。划线检验是衡量锻件能不能加工出机械零件的主要方法之一。锻件的划线工作一般由划线钳工完成。

锻件划线检验作用如下：

①确定锻件各加上面的加工位置和加工余量。

②可全面检查毛坯的形状和尺寸是否符合图样要求，是否能全面满足加工要求。

③当在锻件上出现某些缺陷的情况下，往往通过划线时的所谓“借料”方法来补救。

④划线后的复杂锻件，便于在机床上安装，可按线拨正定位。

20. 用划线检查锻件的过程及一般程序是怎样的?

划线检查的过程及基本程序如下：

1）划线前的准备工作：首先要看懂图样和工艺文件，明确划线工作内容；其次要查看锻件毛坯；然后将划线工具擦拭干净，摆放整齐，做好准备。

①清理锻件表面，在划线以前，锻件应先清理干净锻件表面、飞边等，必要时将局部打磨平整。否则将影响涂色和划线的质量，甚至损伤划线工具。

②对锻件刷涂料：为了使画出的线条清晰，一般都要在锻件的划线部位涂上一层与锻件颜色不同的涂料。划线用的涂料多采用主要由5%的龙胆紫 +5%的漆片（虫胶）+90%的酒精混合配制而成的紫色涂料，效果很好。有时也采用其他颜色的涂料，如孔雀绿 + 淡金水和品红 + 淡金水等。涂料尽可能涂得薄而均匀，以保证画出的线条清晰。若涂料涂得太厚，则容易脱落。

③在锻件孔中装中心塞块。当划线需要借助孔的中心为基准时，应先找出孔的中心。为此，要在孔中装上中心塞块。对于不大的孔，通常用铅块敲入，较大的孔则可用木料或可调节的塞块，如图 5 – 13 所示。塞块要塞紧，保证在冲眼和工件搬动时不会松动，确保划线的准确性。

④选择划线基准：详细分析图纸和实物，确定一个划线基准。根

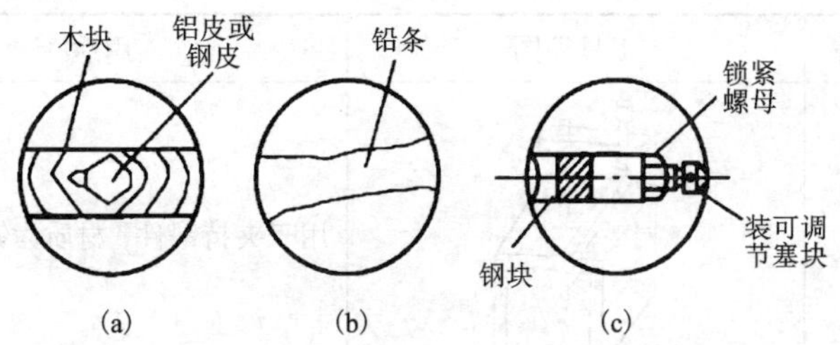

图5－13　在锻件孔中装中心塞块

(a)装木块；(b)装铅块；(c)装可调节塞块

据毛坯各部的余量，初步确定是否需要借料。

2)划线：划线时先画水平线，再画垂直线、斜线，最后画圆、圆弧和连接曲线。

3)检查划线结果：对照图样和实物检查划线的正确性，检查有无遗漏线条。

4)打样冲眼：划线后一般要打上样冲眼，给加工工序作好准备，样冲一定要打在线条中心和交点上。在直线上可打稀疏些，在曲线上应打密些。单纯的检查锻件可以不用打样冲眼。

21. 常用划线工具有哪些？如何维护与保养划线用工量具？

锻件常用划线工具见表5－6。

表5－6　常用划线工具

工具名称	工具简图	用途
划线平台		又称划线平板，用铸铁制成，是划线的基准面。用于划线和检查锻件是否平直及弯曲程度等，用百分表、划针和金属直尺检查

续表 5－6

工具名称	工具简图	用途
方箱		用于夹持锻件，材质为铸钢
夹钳		由支架和螺杆两部分组成，为辅助夹持工具
金属直尺		主要用来直接量取锻件尺寸，也可用来做画直线时的导向工具
平尺		也叫辅助平台，一般用铸钢加工而成，精度为二级。用于过线或将游标高度尺放在其上画延长线，也可用于验证大平台的不平度
划针	15°~20°	直接在锻件上画出线条，但需配合金属直尺，角尺或样板等导向工具
样冲		也称为中心冲，是在已画好的线条上冲眼用，以固定所画的线条
划规	普通划规　弹簧划规	划规可用来画圆和圆弧、等分线段、等分角度以及量取尺寸等，一般由高碳工具钢制成

续表 5-6

工具名称	工具简图	用途
划卡		一条腿如内卡钳，另一条如同划规。主要用来确定圆形件的圆心或中心线的位置，有高碳工具钢制成
地规		由两条带锁紧螺钉的顶针和一个长滑杆组成，也称大尺寸划规。两顶针的间距可调，主要用来画大圆和测绘大距离时使用
90°角尺		在划线时常用来做画垂直线或平行线的导向工具，又可以用来找正锻件在划线平台上的垂直位置
角度尺		用来测量角度，使用前先调整好角度，将游标锁定，防止划线过程中角度变化
划线盘、游标高度划线尺		用来测量锻件的高度，还可以附有划针，用来做划线工具。游标高度划线尺多用于精密划线，精度可达 0.02 mm
V 形铁		用来支撑锻件和工具，用铸铁或碳钢制成，相邻各侧面互相垂直，V 形槽一般呈 90°或 120°角，圆柱形锻件或锻件圆形部位，以便用划线盘画出中心线或找出中心等

续表 5－6

工具名称	工具简图	用途
垫铁		用来支撑和调节锻件的高度，便于划线和找正，用铸铁或碳钢制成。分为平行垫铁、斜楔垫铁和V形垫铁
千斤顶		由底座、螺杆和头部顶尖组成，用来支撑锻件，并可调整高度，材质为铸铁。利用3个为一组的千斤顶就可以方便地调节锻件的各处高度，直至符合要求为止

划线用工量具的维护与保养：

①对工、量具要轻拿轻放，防止撞击碰伤。

②定期维修送检，其精度应符合要求，并在有效检定期内。

③防止酸碱和水污染，保持表面洁净。

④平台等要经常用汽油、酒精擦洗，严禁锤击，防止触坑。

22. 如何选择划线基准？

如果锻件有很多线要画，一般应从划线基准开始。划线基准就是划线时用来确定锻件的位置、几何形状的基本的线或面。锻件划线时，合理地选择划线基准是做好划线工作的关键，直接影响划线与速度。因此，在划线前应对图纸有关要求和划线件的具体情况要进行认真分析，找出设计基准，使划线基准与设计基准尽量一致，以消除基准不一致所产生的积累误差；弄清加工面和非加工面，找出尺寸精度要求高的部分，然后定出划线基准线(面)。平面划线时一般要选两个划线基准，而立体划线时一般要选择3 个划线基准。

选择划线基准的方法主要有：

(1)根据图样尺寸标注基准：在锻件图上总有一个或几个基准来标注起始尺寸。划线时，就可以在工件上选定图样上所标明的相应平面作基准。

(2)根据毛坯形状标注基准：如果毛坯上有孔、凸起部或毂面时，就可以凸起部或毂面中心作为基准。轴类件通常以中心线为基准。

1）划线基准可以两个垂直的外平面作基准。

2）可以两条中心线为基准。

3）以一个外平面和一条中心线为基准。

4）模锻件有长、宽、高 3 个方向，因此划线时须分别选择每个方向上的划线基准线（面）。可选定一个方位作基准面，画出各线后再画出其他方向的基准面和线。

①第一划线位置（高向）基准的选择。

划线的关键是选好第一划线基准线（面），它是确定第二、第三基准的依据。选择第一划线基准应遵循以下原则：

a. 基准线（面）是画尺寸线的起始线，一般图纸有规定基准的以图纸规定为准；

b. 尽量选取大平面（多为分模面）做划线基准面，因为大面找正比小面准确；

c. 尽量选取尺寸精度要求高的或不加工面做划线基准；

d. 尽量选用尺寸标注较多的线（面）做划线基准；

e. 对于具有对称性的圆形、槽形、工字形的划线件，一般多选取中心线做划线基准。

②第二划线位置（横向）基准的选择

将划线件向前（后）翻转 90°找平后使第一划线位置基准面与平台（平面）垂直，便确定了第二划线位置，并选取其划线基准后即可画出该方向上的所有尺寸。

③第三划线位置（纵向）基准的选择，如图所示。

将处于第二划线位置的制件向左（右）翻转 90°，经找平后使第一、第二划线基准面同时垂直于平台，确定第三划线位置并选取其划线基准后便可画出该方向上的所有尺寸。

23. 模锻件划线应注意哪些要点？

（1）要求交点清晰、线条平直、线条宽度不大于 0.5 mm。

（2）斜直线用直尺或其他方法连接。

（3）工艺圆角用半圆规或制作样板测定。

（4）画出草图，标出划线结果，做出划线结论，审核划线结果，并将划线结果填写在模具说明书上。

24. 如何用划线时的找正和借料方法减少锻件废品?

锻件由于种种原因造成形状歪斜、偏心、各部分壁厚不均匀等缺陷，对于尺寸超差的锻件，如果偏差不大还有一定的加工余量时，可以通过划线找正和借料的方法把每一部分加工余量重新分配，将不合格的毛坯补救为能够加工的毛坯，正确地找正借料可以减少损失。

(1)找正

对于锻件毛坯，在划线前一般都要先做好找正工作。找正就是利用划线工具(如划线盘、直角尺、单脚规等)，使锻件上有关的毛坯表面处于合适的位置。找正的目的有如下几方面：

①当锻件上有不加工表面时，通过找正后再划线，可使加工表面与不加工表面之间保持尺寸均匀。

②当锻件上有两个以上不加工表面时，应选择其中面积较大、较重要的或外观质量要求较高的为主要找正依据，并兼顾其他较次要的不加工表而，使划线后的加工表面与不加工表面之间的尺寸，如壁厚、凸台的高低等都尽量均匀和符合要求，而把无法弥补的误差(尚未超出允许范围)反映到较次要的或不明显的部位上去。

③当锻件上没有不加工表面时，通过对各加工表面自身位置找正后再划线，可使各加工表面的加工余量得到合理、均匀的分布，而不致出现相差太悬殊的状况。

由于锻件毛坯各表面的误差和工件结构形状不同，划线时的找正要按工件的实际情况进行。

(2)借料

当锻件毛坯在形状、尺寸和位置上的误差缺陷用找正后的划线方法不能补救时，就要用借料的方法。借料就是通过试划和调整，使各个加工面的加工余量合理分配，互相借用，从而保证各个加工表面都有足够的加工余量，而误差和缺陷可在加工后排除。

借料的方法：首先要检查毛坯各部位尺寸和偏移情况、然后确定需要借料的尺寸大小和方向，这样才能提高划线效率。画出偏移后的借工基准线。接着画出偏移的尺寸和方向，如果借料不满意，可再调整基准线，直到满意为止。最后画出其余所有线，检查加工余量是否合理。如果毛坯误差超出许可范围，就不能利用借料来弥补。

如图 5－14 所示为锻造的圆环毛坯，其内、外圆都要加工。如果锻造圆环的内、外因偏心较大，若按外圆找正画内孔加工线，则会发现内孔有个别部分的加工余量不够，如图 5－14(a)所示；若按内孔找正画外圆加工线，则会发现外圆个别部分的加工余量不够，如图 5－14(b)所示；只有在兼顾内孔和外圆找正的情况下，适当地将圆心选在锻造毛坯的内孔圆心和外圆圆心之间的一个位置且划线，才能使内孔和外圆都保证有足够的加工余量，如图 5－14(c)所示。

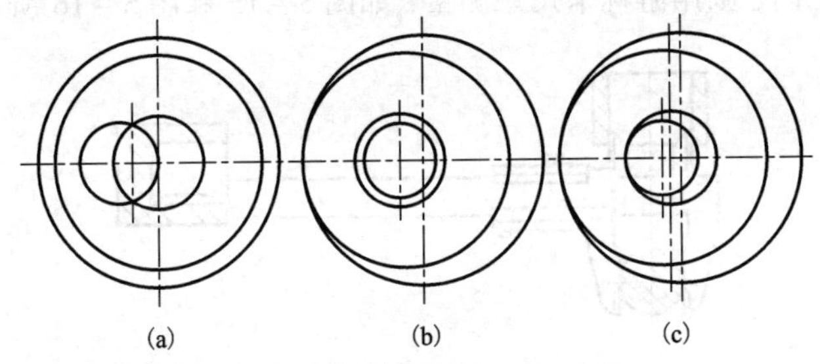

图 5－14　圆环划线的借料

(a)按外圆找正；(b)按内孔找正；(c)兼顾内孔和外圆找正

25. 如何检验自由锻件外轮廓尺寸?

(1)锻件长度(或直径)尺寸检验。可用卷尺、直尺、卡钳或游标卡尺等通用量具进行测量。为了提高检测功效和测量精度，可用刻有极限槽的杆形样板检验，对于生产批量大的锻件，可用专用样板测量。

(2)锻件宽向尺寸检验。一般情况下用卡钳或直尺或游标卡尺测量，如批量较大时，可用专用极限卡板测量。

(3)厚度尺寸检验，通常用卡钳或游标卡尺测量，如果生产批量很大，可用带有扇形刻度的外卡前来测量。

(4)形状复杂或大规格的自由锻件尺寸，可使用技术部门认定的专用样板进行检验。

26. 如何检验模锻件外轮廓尺寸?

模锻件的基本尺寸除垂直水平分模面的尺寸需要检验外，其余尺寸均靠模具保证。

模锻件的局部尺寸需要检验时，能够用量具直接检验的尺寸，可用游标卡尺、深度尺、钢板尺或专用样板对典型件进行检验；不能用量具直接检验的尺寸，须用划线法对典型件进行检验。

27. 如何检验锻件孔径?

锻件孔径检测方法主要有以下几种方法:

①如果孔没有斜度，游标卡尺的内测量爪能够自由进入。进入被测量的孔内，则用游标卡尺来测量，如图 5 – 15 和图 5 – 16 所示。

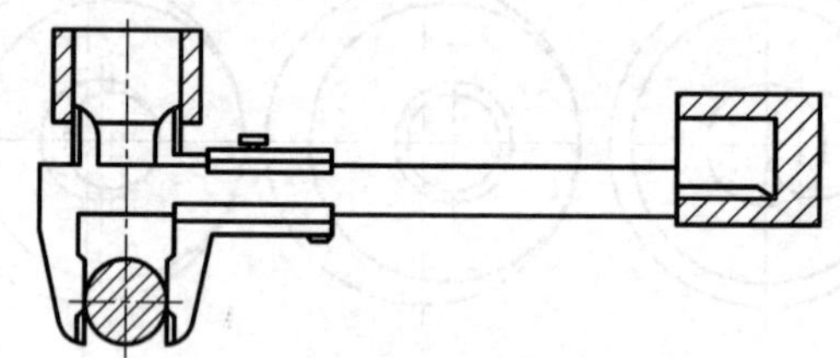

图 5 – 15　用内测量爪测量孔径

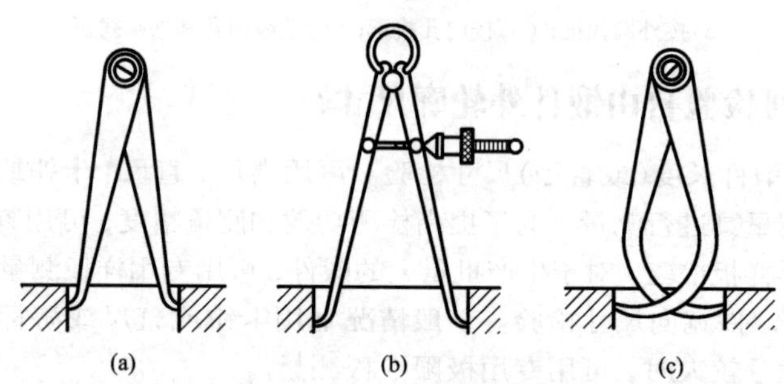

图 5 – 16　用卡钳测量孔径

(a)内卡钳; (b)弹簧内卡钳; (c)外卡钳

②如果孔有斜度，孔径较小，生产批量较大，则可用极限塞规测量，如图 5 – 17 所示。

③如果孔径很大，则可用大刻度的游标卡尺，如果批量较大时可用样板检验，如图 5 – 2 所示。

④对于有锥度孔的锻件，可以采用锥度样板来测量，如图 5 – 18

所示。

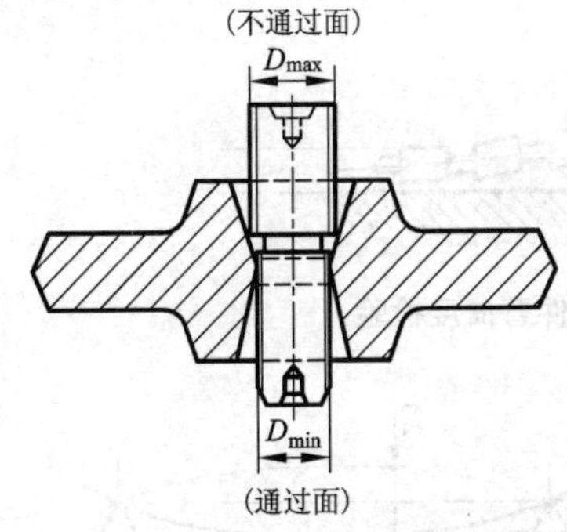

图 5－17　用极限塞规检验锻件孔径

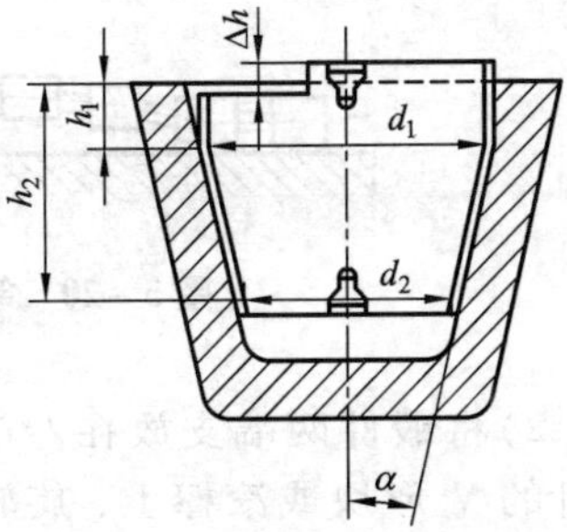

图 5－18　锥度孔的锻件样板测量

28. 如何检验锻件上角度?

锻件上的倾斜角度可用测角器来测量，如图 5－19 所示。

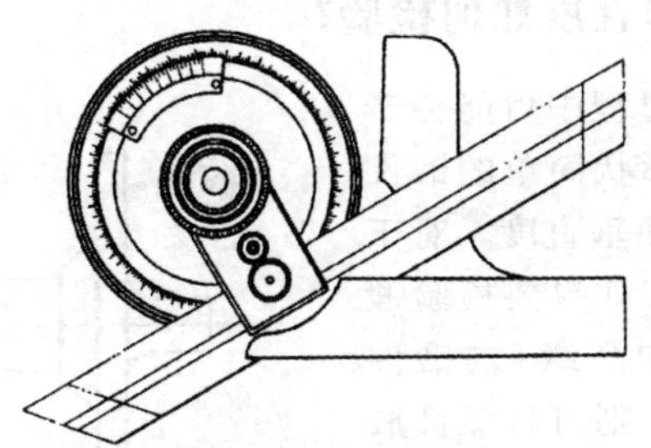

图 5－19　测量倾斜角度的测角仪

30. 锻件翘曲(弯曲度)如何检验?

在锻造生产过程中，由于某些原因，往往使锻件产生弯曲，如果弯曲度过大，不及时进行检验和校正，在随后的机械加工时就可能会造成废品。因此，锻件在锻造过程中或模锻之后要及时进行弯曲度检验。其检验方法有：

1) 对于等截面的长轴类锻件，或在有限长度内为等截面的长轴类锻件，可将锻件放置在平板上，慢慢地反复旋转锻件，观察轴线的翘曲程度，如图 5－20 所示，再通过测量工具，即可测出轴线的最大翘曲量。

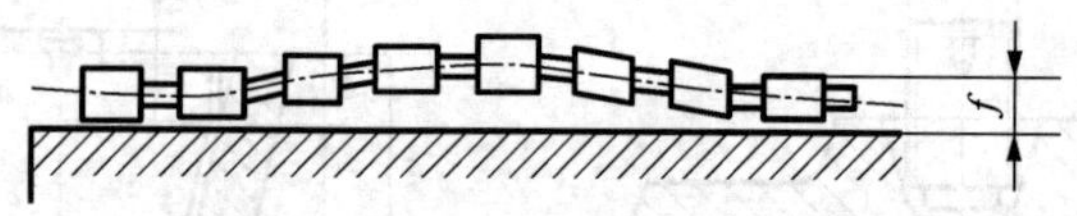

图 5－20 等轴类锻件弯曲度检验

2）将锻件两端支放在专门设计的 V 形块或滚棒上，旋转锻件，观察锻件旋转时表面的摆动，通过仪表如百分表等即可测出锻件两支点间的最大翘曲量，如图 5－21 所示。

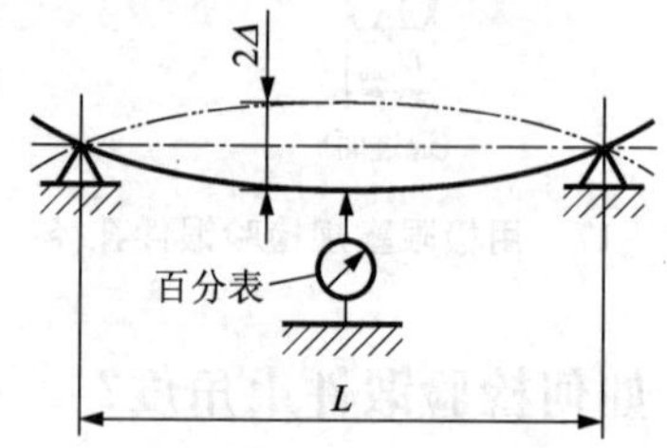

图 5－21 用百分表检查锻件弯曲度

31. 锻件平面垂直度如何检验？

锻件在锻造过程中可能会产生弯曲、扭曲。形状简单的锻件可用弯尺检查平面垂直度。对于形状复杂的锻件，如果要检验锻件上某个端面（如凸缘）与锻件中心线的垂直度，则可将锻件放置在两个 V 形块上，通过测量仪表如百分表，测量该端面的跳动值，即可在所用测量仪表的刻度盘上，读出端面（如凸缘）与中心线的不垂直度，如图 5－22 所示。

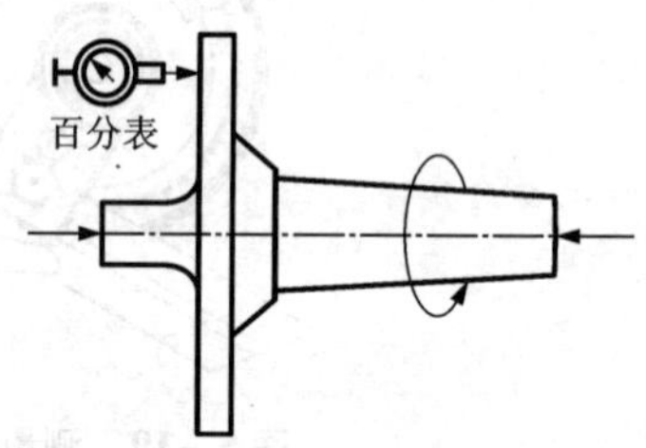

图 5－22 锻件的圆跳动及平面垂直度的检验

32. 锻件平行度如何检验？

锻件在锻造过程中可能会产生弯曲、扭曲。如需测量平行面间的平行度，可选定锻件某一端面作为基准，借助测量仪表即可测出平行面间平行度的误差，如图 5－23 所示。

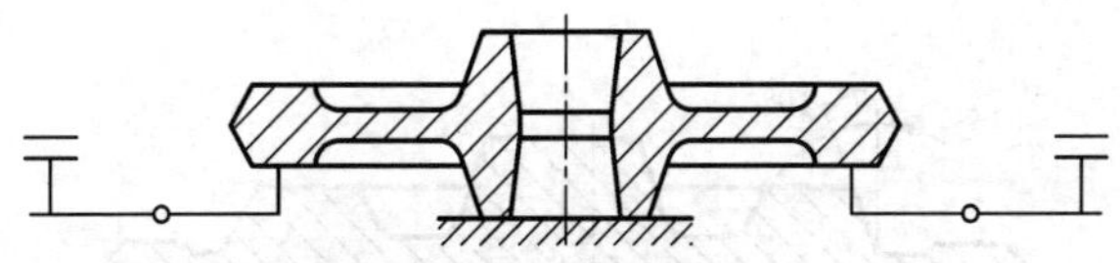

图 5－23　锻件平面平行度的检验

33. 模锻件不成形部位的尺寸如何检验?

模锻件不成型部位的尺寸检验常用的方法是求点法和样板法。

(1) 求点法是用深度卡尺（三用卡尺）从两个不同方向的极限加工余量中减去加工余量的 1/3，在模锻件的相应部位划线，当两线相交于锻件上为合格。具体划法如图 5－24 所示。

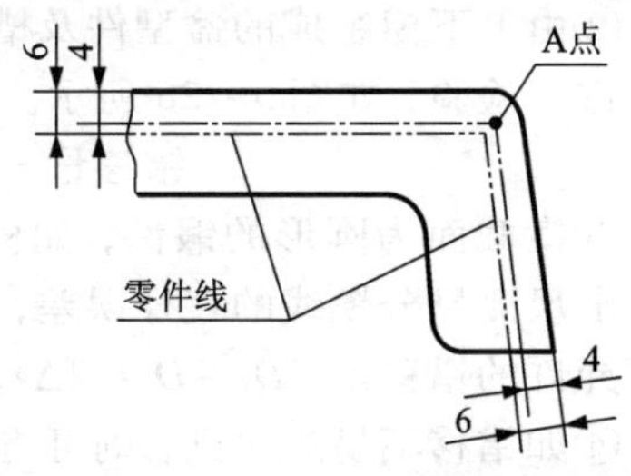

图 5－24　求点法

由图 5－24 可知：加工余量为 6 mm 时，不成型允许深度为 6 × 2/3 = 4 mm，调整深度卡尺从上轮廓线向下降 4 mm 画一直线，再从右轮廓向左移动 4 mm 画一直线，两直线相交于 A 点，A 点落在锻件上即为合格，反之不合格。

(2) 样板法是用样板测量模锻件圆弧，如果模锻件圆弧和样板圆弧基本一致，则锻件合格。

34. 模锻件欠压量如何检验?

检验模锻件的欠压量，可用游标卡尺或专用欠压卡尺测量垂直水平分模面的基本尺寸。

欠压量 = 模锻件检验部位的实测尺寸 － 相应部位的基本尺寸

35. 如何检验模锻件错移?

模锻件错移的检验方法主要有以下几种：

①如果锻件上端面高出分模面具有 7° ~ 10° 的拔模斜度，或者锻

件分模面的位置在锻件本体中间，即可在切边时观察到锻件是否有错移，或用专用检验样板，如图 5 - 25 所示。

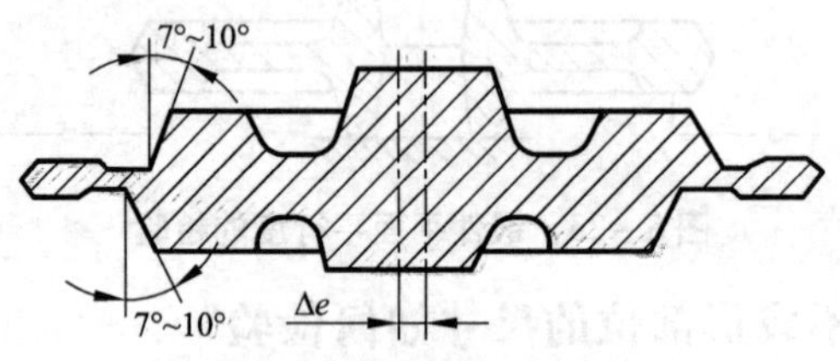

图 5 - 25 锻件错移

②由上下模组成的盆型件及槽型件可用测得的壁厚差被 2 除的计算法进行检验，如图 5 - 26 所示。

$$错移量 = (H - h)/2$$

③横截面为圆形的锻件，如杆类、轴类件，有横向错位时，可用游标卡尺测量分模线的直径误差，标出错移量大小，并确定它是否超过了允许的错移量，$D_1 - D_2 \approx 2\Delta e$，如图 5 - 27 所示。

④如错移不易观察到，则可将锻件下半部固定，对上半部进行划线检验，或者用专用样板检验，如图 5 - 28 所示。

⑤对其他形状的模锻件可用划线法进行检验。如图 5 - 29 所示，首先分别画上型、下型的中心线，然后将其中一个型上的中心线透划到另一个型的中心线所在的平面上，如果两条线不重合，那么两条中心线的间距即为错移量。超出规定即为不合格。

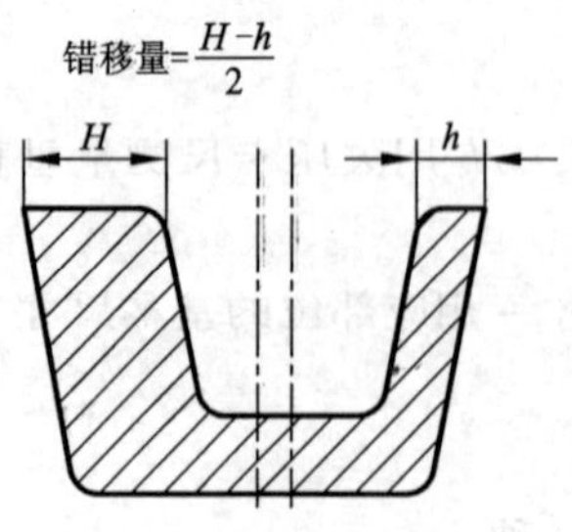

图 5 - 26 壁厚差法

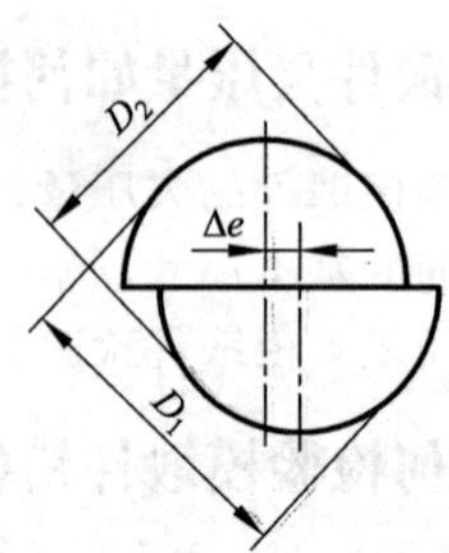

图 5 - 27 杆类或轴类锻件错位的检验

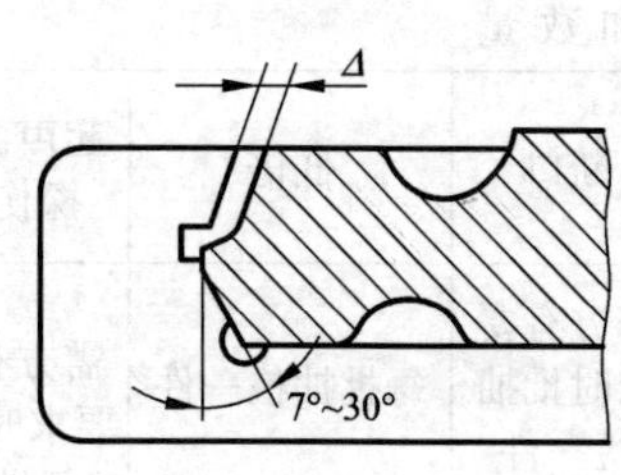

图 5 - 28　用样板检验错移

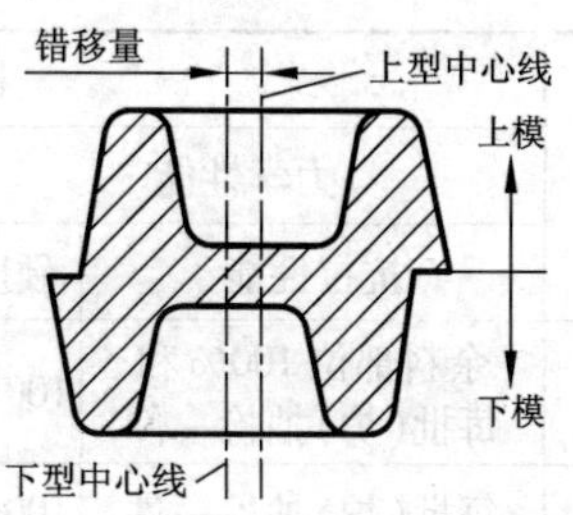

图 5 - 29　画中心线法

⑥当锻件批量很大时，可利用检验夹具来测量模锻件的错移，见图 5 - 30。

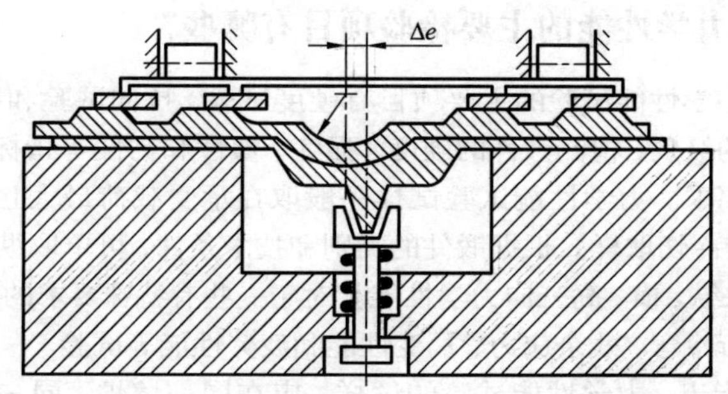

图 5 - 30　用检验夹具来测量模锻件的错移

36. 锻件的内在质量检查项目有哪些?

锻件的内在质量检验主要是对锻件力学性能、锻件内部组织的不均匀性和缺陷进行检验。具体项目主要有力学性能、低倍检验、高倍检验和无损检测等。

铝合金锻件组织、性能质量检验要求见表 5 - 7。

表 5－7　铝合金锻件及模锻件质量检验要求

<table>
<tr><th rowspan="3">类别</th><th colspan="6">检验项目和数量</th></tr>
<tr><th colspan="2">力学性能</th><th rowspan="2">显微组织</th><th rowspan="2">断口</th><th rowspan="2">低倍</th><th rowspan="2">超声波探伤</th></tr>
<tr><th>抗拉性能</th><th>硬度</th></tr>
<tr><td>Ⅰ</td><td>余料部位 100% 和每批(炉)抽检一件</td><td>100%</td><td rowspan="3">每批(炉)抽检一件</td><td rowspan="2">需方有要求时批抽检一件</td><td rowspan="2">每批抽检一件</td><td rowspan="3">需方有要求时，每批100%</td></tr>
<tr><td>Ⅱ</td><td>每批(炉)抽检一件</td><td>100%</td></tr>
<tr><td>Ⅲ</td><td>不检验</td><td>100%</td><td>不检验</td><td>首批或工艺改变时抽检一件</td></tr>
</table>

备注：对于多批组成同一炉淬火的锻件，要按批次取样。具体取样项目和数量按表 5－7 及随行卡片或工艺卡片上的规定执行。有取样余块的Ⅰ类件可不检查硬度。

37．锻件力学性能的主要检验项目有哪些？

锻件力学性能试验的主要项目有硬度试验、拉伸试验和冲击试验。按照锻件的级别，检测锻件的硬度、强度、塑性和韧性等指标是否达到技术条件要求。力学性能试验试样一般取在承受载荷最大且质量最差的地方，应冷切取样。根据锻件的类别和技术条件，可单取纵向，或纵、横向，或取纵、横、高三向力学性能。对于一些有特殊要求的重要锻件，还要求进行冷弯、残余应力、蠕变性能和疲劳性能等试验。

必须指出：力学性能试验的试样，应在同一熔炉、同一热处理炉批中抽取的锻件或坯料上切取。否则，应对每一熔炉与热处理炉批分别进行试验。

38．锻件力学性能取样有哪些要求？

(1) 锻件上试件的留放位置应按图样的要求确定。若图样未注明要求时，可由制造单位确定，但必须保证能代表锻件的力学性能。用户要求留放复验试件时，其试件的留放位置按锻件图及协议进行。

锻件上不留试件时，可以破坏锻件取样，这时制造单位应增加供试验用的锻件数量。其他特殊情况，由制造单位与用户具体协定。

(2) 试样的切取位置：

拉伸试样选取位置按需要而定，以具有代表性为原则。

确定取样位置的原则是：

①试样应取自零件工作时受力最大、最危险的部位。

②一般沿主流线方向取样。弦向或横向取样只在需要时才采用，特别重要的锻件可同时在多个方向取样。

③取样方便和数量足够，以便复验、复查时使用。

④不破坏或少破坏锻件。

形状简单的自由锻件，可按以下位置取样：

①圆形实心件在距表面1/3半径处。

②矩形实心件在1/6对角线处。

③空心件在1/2壁厚处；直径不大于50 mm的锻件试样取自中心部位。

④形状复杂的锻件，应在锻件图和其他技术文件规定试样的取样位置。

(3)拉力试样的方向规定

试样的切取方向按图样的要求确定，若图样未注明要求时，可由制造单位自行选择(纵向、横向或切向)，一般按以下规则执行。

①圆盘形锻件(直径不小于厚度)其径向方向为纵向，切向方向为横向，轴向方向为短横向。

②环形锻件，其切向方向为纵向，径向方向为横向，轴向方向为短横向。

③其他形状的锻件，一般最大尺寸方向为纵向，次者为横向，最小尺寸方向为短横向。

④特殊情况按随行卡片或工艺卡片上的规定执行。

(4)取样数量及尺寸

取样数量应根据有关产品技术标准或双方协议选取。试样长度应满足检验标准规定，可参考表5-8。

表5-8 铝合金拉伸试样的基本尺寸

试样种类(短试样)		1	2	3	4	5
基本尺寸/mm	D	6	8	10	12	14
	L	65	90	90	118	115

(5)审查与处理

锻件的力学性能试验结果是否合格，应根据相关技术标准、合同要求来判别，出现不合格试样时，允许进行如下处理：

①从该炉(批)制品中另取双倍数量的试样进行复验。双倍合格，认为全炉(批)料合格。如仍不合格，则该炉(批)报废或100%取样检验，合格后交货。

②对100%取样的锻件，允许在本件双倍复验，双倍合格，则该件合格。

③对力学性能不合格的制品可进行重复热处理，重复热处理后的取样数量仍按原标准规定。

④力学性能试样上发现有成层、夹渣、裂纹等缺陷时，按试样有缺陷处理，该试样报废，另取同等数量的试样进行检验。

⑤当试样因加工不良或有与材质无关的缺陷，如：力学性能试样断头、断标点等时，如性能合格可以不重新取样；如不合格时，因为产生这个问题的原因与锻件本身没有关系，可以直接取用原来同等数量的试样再进行一次试验，合格者交货。

⑥当确认试验结果不合格是由热处理不恰当造成的时，可以将锻件重新热处理后再取样试验，但重复热处理的次数最多为2次，重新试验的试样个数与第一次一样。

(6)取样的打印规定

①100%取样的Ⅰ类模锻件按自然顺序编号。切取试样后，应在模锻件上打好与试样号相同的编号，做到一一对应，以便区别。

②Ⅱ、Ⅲ类模锻件按淬火炉次取样时，试样上打淬火炉次和试样代号；按批次取样的锻件，在试样上打批号和试样代号。如批号数位多时，可以另行编号，但其编号必须注明在随行卡片上，以示区别。

(7)其他规定

①取样后的试样余料应打好淬火炉次号、批号和合金牌号，保留一周以便补充取样。

②取样结束后，取样工应填写好随行卡片，注明试样项目、数量、试样编号及班次、日期，并签字。

③注意：切取过程中应注意采取措施，避免试样力学性能受到任何影响；同时切取后的试样不得作任何影响力学性能的热处理。

39. 锻件的内部组织检查项目有哪些?

锻件的内部组织检验时要是对锻件内部金屑材料的不均匀性和缺陷进行检验，包括：宏观组织检验、微观组织检验和无损检测等。

(1)宏观组织检验

1)低倍检验。低倍检验是用肉眼或借助于 10 ~ 30 倍的放大镜观察和判断锻件内部缺陷的一种宏观检验方法，通过低倍检验可以看到锻件内部的气泡、疏松、偏析、裂纹、流线和非金属夹杂等缺陷。

2)断口检验。正常断口是高质量锻件的重要标志。断口检验的方法是：横向截取 20 ~ 30 mm 厚的试片，开 V 形槽，然后在锻锤上沿纵断面打断，用肉眼仔细地检查断口，当识别不清时，可用 10 倍以下放大镜检查。一般情况下断口检验与低倍试验结合进行分析。

(2)微观组织检验

微观组织检验又称高倍检验、显微组织检查或金相组织分析，是将锻件制成试片，在光学显微镜下观察和辨认金属的微观组织的组成及其分布情况的金相检验方法。锻件的各种性能在很大程度上取决于金相组织。通过微观组织检验，可以确定锻件内部的金相组织情况。显微组织检查主要在锻件热处理后进行。在生产实际中，微观组织检验一般在 100 ~ 500 放大倍数下进行检验评定。

40. 锻件的内部组织取样规定?

(1)取样部位

一般锻件(自由件、模锻件)试样，应按各自的技术图纸规定的部位切取。需检查断口的自由锻件、模锻件检查试样应按技术图纸规定的部位取样。所有低倍试片的被检查面经铣削加工，其表面粗糙度应不低于 Ra3. 2。

微观组织试样一般有规定的取样部位，一般在锻件的关键部位或能够反映锻件热处理质量的部分取样。如果需要作力学性能试验的锻件，可在拉伸试样的头部或冲断的冲击试样上截取试样，同时还应注意微观组织试样磨面的方向性{纵向或横向)问题。

(2)取样数量及试样尺寸

取样数量按锻件图和技术标准规定，低倍试样厚度为 25 ~

30 mm。

(3)审查与处理

①如果低倍检查报告为合格，则判制品为合格交货。

②如在低倍试片上发现有裂纹、流线及其他破坏金属连续性的缺陷时，则判该批制品报废。

③高倍试片上发现有过烧缺陷时，则判该炉制品报废。

④低倍和断口组织检查不允许重复试验。

41. 铝合金锻件常用无损检验方法有哪些?

无损检验是采用声、光、电磁等现代物理方法，在不损害被检锻件的情况下，测定其内部或表面缺陷以及某些物理量的检验。

无损检测直接在锻件上进行试验，它能准确地反映出锻件内部或表面的缺陷。目前用于铝合金锻件的无损检测方法包括渗透、超声波和电导率检测等。

42. 什么是电导率? 铝合金锻件电导率检验的原理是什么?

电导率是指单位横截面积、单位长度金属导体的体积电阻率的倒数，用符号 σ 来表示。

电导率检验是利用涡流的电磁感应原理。当载有交变电流的线圈接近导电体表面时，在试件表面和近表面感生出涡流。涡流大小受试件导电性等影响，由涡流产生的反作用磁场又使检测线圈的阻抗发生变化。因此，通过测定检测线圈阻抗变化，就可以获得被检测试件的电导率。电导率检验，在一定范围内可为不同导电材料及其热处理状态进行鉴别提供一种快捷方便的方法。

43. 电导率的单位及换算关系是怎样的?

电导率的国际制单位为兆西门子每米(MS/m)。另一种常用的单位为国际退火铜标准电导率的百分数(%IACS)。两者的换算关系如下：

$$1\%\ \text{IACS} = 0.58\ \text{MS/m} \text{ 或 } 1\text{MS/m} = 1.724\%\ \text{IACS}$$

注：对于铝合金管、棒材，直径在 20 ~ 120 mm 的电导率曲面修正系数按 GB/T 12966《铝合金电导率涡流测试方法》附录 B 执行。

44. 超声波探伤检验方法有哪些?

超声波探伤检验方法见表5－9。

表5－9　超声波探伤检验方法

检验方法	超声波型	适用范围
脉冲反射法	纵波	形状简单的制品
	横波	
	表面波	
	兰姆波	
穿透法	纵波	薄制品
	横波	
共振法	纵波	测厚或薄制品

45. 铝合金锻件超声波探伤常见缺陷有哪些？其分布规律是怎样的?

铝合金锻件超声波常见缺陷及分布规律见表5－10。

表5－10　铝合金锻件超声波操作常见缺陷及分布规律

缺陷种类	分布规律
自由锻件芯部裂纹	多在锻件中心
模锻件裂纹	多在模锻件表面
夹渣	无规律
氧化膜	沿锻件变形时金属流线方向

46. 如何锻件标记检验?

逐件检验锻件的代号、合金、状态、批号、热处理炉号、矫直工号等标记。标记要齐全、准确、清楚。如按合同要求带试料的锻件，试料也按成品锻件一样检验并打标记。自由件所带试料要标注取样方向。

47. 锻件质量控制工作主要包括哪些内容？

锻件质量控制工作主要包括以下 3 个方面内容：

(1)锻件质量担保

锻件质量担保主要是通过试验、监督及最终检验确保锻件质量。其主要目的是向订货单位保证提供的锻件符合图纸要求的锻件形状、尺寸精度、表面质量和技术条件所规定的力学性能及其他特殊要求在所有的产品中均已达到。

供应单位和订货单位在选择或商定技术条件时，一方面应考虑保证满足锻件最佳性能要求；另一方面又要避免对工艺的过分限制和对中间工序的过严控制，以便使锻件生产厂家有较大的余地来降低锻造成本，提高经济效益。

(2)锻件质量控制

锻件质量控制是在锻件生产过程中对生产中的可变参数和锻件几何尺寸、表面质量、力学性能及时定期测定和检测；并将测得的结果与标准和技术条件要求进行比较，以便根据实际情况决定是否有必要去改变锻件生产过程中的某些参数，实现对锻件质量的控制，保证锻件因在生产过程中各种因素造成的质量波动不超出技术条件要求。

(3)锻件标记

为确保锻件质量，应设计一套专门的标记方法，将其在生产过程中逐件检查记录下来，以便于在生产过程中和使用过程中发生问题时，可以用来帮助查找原因和确定责任者。

锻件标记的主要内容包括：锻件号、合金牌号及状态、炉批号、坯料锭节号等，有时还应有发货日期和供应厂的代号。这样做有助于区别材质的变异是由于制造过程本身的因素引起；还是由于非制造过程的因素引起，也能为评价供应厂的产品质量提供可靠的依据。标记位置应打在锻件上明显容易被发现且便于保留的部位。如果锻件上的印记在机械加工时会被切削掉，那么在车间的生产过程中，在这个锻件装配完毕或用打印模等其他方法重新作出标记前，应挂上金属标签，以免混乱。

48. 锻件质量应从哪几个方面控制？

锻件质量的主要从以下几个方面控制：

①锻件设计过程中的质量控制。

②原材料及锻坯控制。

③锻造过程的控制。

④锻件热处理的控制。

49. 锻件设计及更改过程中的质量控制主要包括哪些内容?

锻件设计及更改过程中质量控制的基本内容如下：

①锻件图应标明锻件的名称、产品型号、图号、零件名称、合金牌号、热处理状态、每个锻件能加工的零件数、单机数量和是否左右件、图样比例及图号版次等，并应核对正确无误。

②选择合适分模面位置，并按零件图的要求标明流线方向。

③根据产品零件图上提出的特殊加工要求，确定余量、公差等结构要素和机械加工基准。审查其技术经济的合理性。

④检查是否已标出产品零件的轮廓形状，并在括号内标明最终的名义尺寸。

⑤按照零件图的技术要求或有关技术文件正确地确定锻件类别。

⑥根据确定的锻件类别在锻件图样上正确地标明需要进行的理化性能测试项目、取样部位和取样方向。

⑦是否正确地规定了打硬度、炉批号和检验印记的位置。

⑧在图样的文字标注中是否已注明了模锻斜度、圆角半径、垂直方向和水平方向的尺寸公差以及沿分模面上的允许错移量、允许的残余毛边量和翘曲量等。

⑨各类锻件图样必须有设计、校对和审定的各级人员签名方能生效。

⑩锻件蓝图需要更改时，应按工艺文件更改制度填写更改单，经过审批后方才有效。

⑪如果需要修改锻件图样的图形、尺寸或公差及流线要求时，必须以更改零件设计的文件为依据。如果需要更改机械加工余量、敷料、加工基准面和供应的热处理状态时，必须有负责机械加工部门的会签方能生效。

50. 划定锻件功能类别的主要依据有哪些?

根据零件的受力情况、重要程度、工作条件的不同，锻件分为 3

类，以Ⅰ、Ⅱ、Ⅲ类表示。

锻件功能类别确定后，应在锻件图样或有关文件中标注。未注明者为Ⅲ类锻件。

划定锻件功能类别的主要依据如下：

1）Ⅰ类锻件。用于承受复杂应力和冲击振动及重负载工作条件下的零件。这类零件如果失效或损坏会直接导致产品产生严重的后果，发生等级事故，或该零件虽受力不大，但损坏后会危及人身安全或导致系统功能失效造成重大经济损失。

2）Ⅱ类锻件。用十承受固定的重负载和较小的冲击振动工作条件下的零件。这类零件如果失效或损坏可能直接影响到其他零件、部件的损坏或失效。零件使用过程中一旦损坏将影响产品某一部分的正常工作，但不会导致等级事故和危及人身安全，不会导致系统工作的失效。

3）Ⅲ类锻件。用于承受固定的负载，但不受冲击和振动工作条件下的零件。这类零件的损坏只会引起产品局部出现故障。

51. 锻造生产过程中必备的技术文件有哪些?

锻件生产时应有零件图样、锻件图样、锻模图样、模线样板图样、技术标准、锻造工艺等现行有效的技术文件。

52. 原材料质量如何控制?

原材料（铸锭和挤压棒材等）在入厂时必须附有的资料和试验结果主要有诸如熔炼方法、成分、炉次、挤压温度、低倍检验及力学性能等方面的资料和试验结果。对入厂的原材料按熔炼炉号进行复验，合格才能投产，复验的内容主要有化学成分、铸锭尺寸、低倍检验及力学性能等项。

一般地说，合金成分愈复杂，材料愈贵重，则要求进行入厂检验的项目就愈多。

53. 制定锻件生产工艺时应注意哪些事项?

（1）是否标明锻件名称、合金牌号、热处理状态、是否左右件、每个锻件能加工的零件数量及坯料规格等。

(2)下料工序中，是否根据需要标明毛坯的尺寸公差、表面粗糙度和倒圆棱角。锻造操作中，是否标明摆料位置、纤维方向和润滑等要求。切边、清理工序中，是否注明清理方法，酸洗液的成分浓度和温度，以及打磨修伤的要求，切边残余的要求等。

(3)是否注明需检查的尺寸、硬度值，按锻件类别规定的理化试验项目及其他检验项目和数量等。

(4)是否注明各工序操作所应遵循的通用工艺规程编号、规定各工序使用的设备型号和工模具编号等。

54. 锻件生产工艺的编写、审批和更改应注意哪些事项?

(1)锻件生产工艺应用标准格式填写，内容应正确、完整、清晰和协调性好，检验工序要安排恰当。

(2)锻件生产工艺必须经过编写、校对和审定的有关人员签字后方能生效。

(3)锻件生产工艺一旦生效后，如需更改，其手续与原稿的相同。

55. 如何对新研制锻件进行全面的检查和彻底的评价?

对新锻模试制出来的第一个原型锻件即首件，应进行划线检验几何尺寸和按技术条件进行破坏性试验。对于首件生产应积累的数据和通过的试验有以下几项：

①原始坯料尺寸。

②毛坯锻造温度与模具预热温度。

③锻锤的打击次数或压力机行程次数。

④锻件和模具在终锻时的温度。

⑤飞边沿锻件四周分布的均匀程度。

⑥通过低倍检验和拉力试验，检查纤维分布、冶金质量和机械性能是否符合设计图样的要求。

⑦对清理后的锻件进行目视检验，以确定其表面质量是否满足要求。

⑧对锻件的几何尺寸进行划线检验。

第 6 章 铝合金锻造常用设备

1. 铝合金锻造的基本设备有哪些?

铝合金锻造设备的种类繁多，按照驱动原理和工艺特点的不同，主要有以下几类：锻锤类锻造设备、热模锻压力机、螺旋压力机、平锻机、液压机及旋转成形锻压设备等。

(1)锻锤类锻造设备

锻锤是一种利用由锤头、锤杆和活塞组成落下部分在工作行程中积蓄的动能，在很高的速度下打击放置和锤砧上的坯料，落下部分释放出来的动能转变成很大的压力，完成锻件塑性变形的设备。它是一种定能量设备，其输出能量主要来自于汽缸中气体膨胀做功和锤头重力位能。这类设备包括空气锤、蒸汽—空气锤、蒸汽—空气对击锤、高速锤、液压模锻锤等。

锻锤的工艺特点主要有：锻锤类设备的载荷与锻造能力的标志是锤头(滑块)输出的有效打击能量；在工作行程范围内，其载荷－行程特性曲线呈非线性变化，越接近行程终点，其打击能量越大；在完成锻造变形阶段，能量突然释放，在千分之几秒内，锤头速度由最大速度变为零，因此具有冲击成形特征；锤头(滑块)没有固定的下死点，锻件精度靠模具保证。

(2)热模锻压力机

热模锻压力机是依据曲柄滑块机构原理而工作的模锻设备，属于曲柄压力机的一种。采用电机驱动和机械传动，通过将旋转运动转变为滑块的往复直线运动。

热模锻压力机的工艺特点主要有：由于采用机械传动，因此滑块运动有固定的下死点；滑块速度和滑块的有效载荷随滑块位置的变化而变化；当压力过程所需载荷小于压力机的有效载荷时，该工艺过程便能实现；当滑块载荷超过压力机有效载荷时，就会出现闷车现象，需装有过载保护装置；压力机的加工精度与机械传动机构和机架的刚度有关。

(3)螺旋压力机

螺旋压力机是用螺杆、螺母作为传动机构，并靠螺旋传动将飞轮的正反向回转运动转变为滑块的上下往复运动的锻压机械。

螺旋压力机是介于模锻锤和热模锻压力机之间的一种锻压设备。工作特性与模锻锤相似，压力机滑块行程不固定，可允许在最低位置前回程，根据模锻件所需的变形功的大小，可控制打击能力和打击次数。但螺旋压力机模锻时，模锻件成形的变形抗力是由床身封闭系统的弹性变形来平衡的，这一结构又与热模锻压力机类似。

(4)平锻机

平锻机又称为镦锻机或卧式锻造机，结构类似于热模锻压力机，从运动原理上也属于曲柄压力机的一种，但是其工作部分是做水平往复运动的。由电动机和曲柄连杆机构分别带动两个滑块做往复运动。一个滑块安装冲头用作锻造，另一个滑块安装凹模用来夹紧棒料。

平锻机主要分用局部镦粗方法生产模锻件，在该设备上除进行局部聚集工步外，还可实现冲孔、弯曲、翻边、切边和切断等工步。广泛地用于汽车、拖拉机、轴承和航空工业中。平锻机具有热模锻压力机的特点，如设备刚度大、行程固定，锻件在长度方向(被打击方向)的尺寸稳定性好；工作时依靠静压力成形锻件，振动小，不需要庞大的基础等。平锻机上锻造生产率比较高，是一种在大批量生产中得到广泛应用的通用性模锻设备。

(5)液压机

采用液压传动，泵站将电能转变为液体压力能，通过液压缸和滑块(活动横梁)完成锻压工艺。它是一种定载荷设备，其输出载荷的大小主要取决于液体工作压力和工作缸面积。这类设备包括锻造水压机和油压机等。

液压机的工艺特点主要有：由于在滑块(活动横梁)工作行程的任一位置都可以获得最大载荷，因此更适用于需要长行程范围内载荷几乎不变的挤压类工艺；由于液压系统中溢流阀的作用，因此易于实现过载保护；液压机液压系统中压力、流量调节方便，可获得不同的载荷、行程、速度特性，既扩大了液压机的应用范围，又为优化锻造过程创造了条件；由于滑块（活动横梁）没有固定的下死点，因此液压机机身刚度对锻件尺寸精度的影响可在一定程度上得到补偿。近年来液压技术的进步，液压元件质量和精度的提高，使得液压机类设备得到了较快的发展。

（6）旋转成形锻压设备

采用电机驱动和机械传动，在工作过程中，设备的工作部分和所加工的零件，二者同时或其中之一做旋转运动。该类设备包括楔横轧机、辊锻机、辗环机、旋压机、摆动辗压机和径向锻机等。

旋转成形锻压设备的工艺特点主要有：坯料局部受力、局部连续变形，故加工时需要的力能较少，也可以加工尺寸较大的工件；由于加工过程中工件或设备工作部分做旋转运动，所以比较适合加工轴类、圆盘类、圆环类等轴对称零件。

2. 锻锤的型号是怎样表示的?

按照我国锻压机械统一分类法，锻锤型号以汉语拼音字母 C 开头，后接两个数字，第一个代表锤的列别，第二个代表组别，然后再接一短横线，短横线后标明吨位规格。如空气锤在锻压机械分类总表里属第 4 列第 1 组，所以代号为 C41；150 kg 空气锤表示为 C41 – 150。

3. 什么是锻锤的砧座比？自由锻锤和模锻锤的砧座比各是多少?

锻锤的砧座比就是锻锤砧座质量和锻锤落下部分质量的比值，也就是砧座比落下部分重多少倍。自由锻锤的砧座比为 10 ~ 15，模锻锤的砧座比为 20 ~ 30。

4. 什么是锻锤的打击效率？影响打击效率的主要因素是什么?

锻锤的打击效率，就是用在锻件塑性变形上的能量与锻打前锤头所具有的总能量的比值，也就是锻锤打击能量中被有效利用的部分所占的百分数。影响打击效率的主要因素是砧座重量与落下部分重量的比值（砧座比）和锻件的软硬程度。砧座比越大，打击效率越高，锻件越软（例如坯料温度较高时），打击效率越高。

5. 空气锤的结构是怎样的?

空气锤的工作介质是空气，它在压缩活塞和工作活塞之间仅起柔性连接作用，把压缩活塞的运动传递到工作活塞。右边的压缩活塞是由电动机通过减速机构由曲柄连杆机构来带动。

空气锤由以下几部分组成：

(1)工作部分。包括落下部分(活塞、锤杆和上砧块)和锤砧(下砧、砧垫和砧座)。

1)落下部分由锤头、锤杆、活塞及活塞环组成。锤杆与活塞是整体锻造的空心锻件。锤杆内腔加工完毕后上口用堵盖封死，以防止空气进入内腔而使工作缸内空气压力降低。在锤杆两侧，加工出两个纵向平面，防止锤头的转动，并与锤杆的配合导板起着上下运动的导向作用。锤杆底部的燕尾槽与上砧配合，采用楔铁紧固连接，柱销定位。

2)锤砧部分由下砧、砧垫(保险座)、砧座等零件组成。砧座采用铸铁件，它的质量为落下部分质量的 12 ~ 15 倍。空气锤砧座与机身无固定连接，是分离的两部分。在砧座与基础之间用枕木或橡胶来消减锤击时产生的振动。

(2)传动部分由电机、皮带和皮带轮、齿轮、曲柄连杆及压缩活塞等组成。空气压缩活塞是空心铸铁件，活塞外圆装有活塞环进行密封，活塞的杆部与连杆由销轴连接，形成传递运动的机构。

(3)操纵部分由上下旋阀、旋阀套和操纵手柄等组成。400 kg 以下的空气锤有踏板系统，配气机构是由两个水平阀及操作手柄等组成。操作手柄可操纵旋阀在阀套中旋动，从而改变空气的流向，实现悬空、打击、压紧等工序要求，需由单人专门进行操作。

(4)机身部分由工作缸、压缩缸、立柱和底座组成。

空气锤锤身采用灰铸铁，250 kg 以下利用箱形整体结构形式铸造。所以各汽缸、立柱与底座组成一个整体铸件。而大于 400 kg 的空气锤由于结构较大，其机身一般采用组合结构形式铸造，大多为两部分组成，即底座和机身部分。

图 6 -1 是空气自由锻锤的结构图。

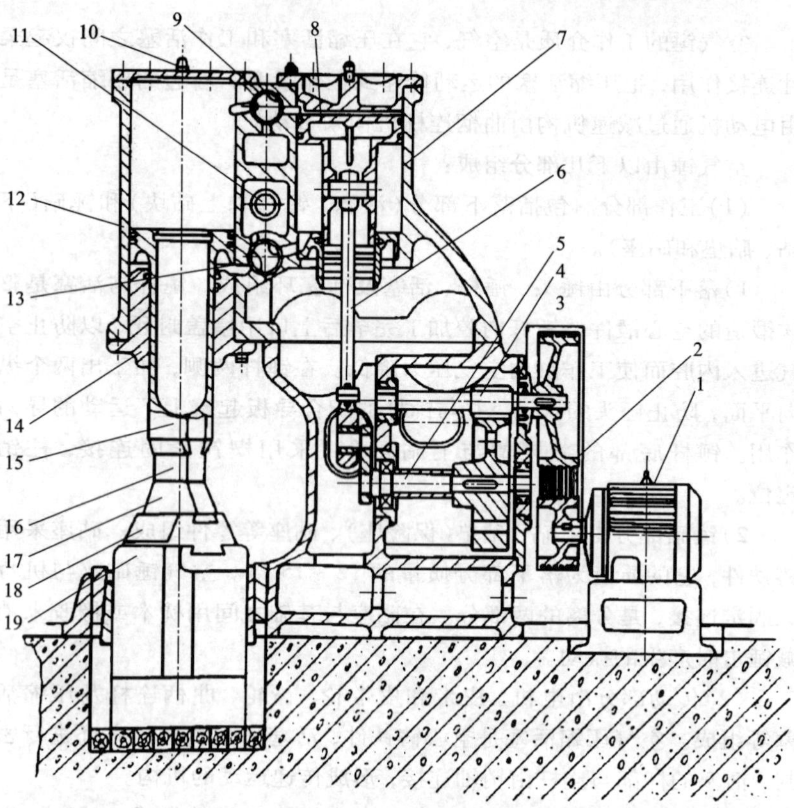

图 6 -1　空气自由锻锤结构图

1—电动机；2—带轮；3—大齿轮；4—小齿轮；5—曲柄轴；6—连杆；7—压缩缸；8—活塞；9—上旋阀；10—顶盖；11—中旋阀；12—工作缸；13—下旋阀；14—锤杆导套；15—锤杆；16—锤头(上砧)；17—下砧；18—砧垫；19—砧座

6. 国产空气锤有哪些技术规格？主要技术参数如何？

自由锻空气锤的技术参数见表 6 -1。模锻空气锤主要技术参数见表 6 -2。

表6-1 自由锻空气锤的技术参数

落下部分重量/kg	40	75	150	250	400	560	750	1000
打击能量(不小于)/J	530	1000	2500	5600	9500	13600	19000	26500
锤头每分钟打击次数/(次·min^{-1})	245	210	180	140	120	115	105	95
工作区间高度/mm	245	300	380	450	530	600	670	800
锤杆中心线至锤身距离/mm	235	280	350	420	520	550	750	800
上、下砧块平面尺寸/mm	120×50	145×65	200×85	220×100	250×120	300×140	330×160	365×180
砧座重量(不小于)/kg	480	900	1800	3000	6000	8250	11200	15000

注:(1)落下部分重量包括锤杆、上砧块、楔铁及其相连接零件的重量。

(2)锤头的最小行程不得小于工作区间高度。

(3)砧座重量不包括砧垫、下砧块及其相连接的零件重量。

(4)打击能量是指锤头在离下砧面的距离为下表所载数字时的打击能量。由锤头在该位置的速度和落下部分实际重量确定。

表6-2 模锻空气锤主要技术参数

产品规格		C43-250	C43-400	C43-630	C43-1000
落下部分重量/kg		250	400	630	1000
最大打击能量/J		5600	9500	16000	27000
每分钟打击次数/(次·min^{-1})		140	120	115	95
上下模最大尺寸(长×宽)/(mm×mm)		280×220	320×260	380×320	460×400
锻模最小闭合高度/mm		180	200	300	220
锤头安装行程/mm		580	650	750	890
锤头最大工作行程/mm			577	700	801
电动机	型号	Y200L-4	Y225S-4	Y280M-6	Y315S-6
	功率/kW	30	37	55	75
	每分钟转速	1470	1480	980	950
外形尺寸(长×宽×高)/(mm×mm)		—	3250×1080×3420	2232×1150×3900	3400×1400×4180

续表 6－2

产品规格	C43－250	C43－400	C43－630	C43－1000
底座重量/t	5	8.5	12.6	20
总重量/t	14	17	23	38

注：底座重量不包括模座、下模块及其紧固件的重量。

7. 空气锤的操作规则是怎样的？

（1）开锤前的准备

①检查上、下砧块间的楔铁是否松动，检查锤顶部两缸和盖及地脚螺栓部位的螺钉是否紧固正常。

②检查各部位润滑点、油管、液压泵的工作状况是否正常。

③开锤前应检查手柄是否放在空程位置，只有放在空程位置才能启动电动机。

④如室温低于10℃以下时，必须将砧块、工具等进行预热。

（2）开锤生产中的注意事项

①生产前，必须开锤空运转5～10 min，若发现有不正常的声音或其他毛病时，应立即停锤检修。

②工作时，要避免偏心锻造，不允许打冷铁及低于终锻温度以下的锻件。

③不准猛烈"冷"击上、下砧块，不允许锻打较薄的低温材料。

④生产过程中，夹持锻件必须放正，不宜偏击，并且随时打扫砧上的氧化皮。

（3）停锤生产后的注意事项

①停锤后，须将操作手柄放在空程位置，并在上、下砧块间垫上垫铁，使之冷却。

②清除砧上及周围的氧化皮，擦拭锤杆上的油污，滑动表面要涂油防锈。

③清扫工作场地，将工具按规定放置。

8. 空气锤常见的故障、原因及排除措施是怎样的？

空气锤常见的故障、原因及排除措施见表6－3。

表6－3　空气锤常见的故障、原因及排除措施

故障	原因	排除措施
锤头打击无力，锻造中锤头上下运动迟缓，造成打击力不足	①活塞与汽缸间隙过大时，造成上下窜气，过小时增大活塞运动的阻力 ②盘根螺栓紧固不良，致使盘根法兰歪斜 ③旋阀工作中不能完全开起或关闭，由于磨损形成间隙窜气 ④活塞环开口卡住气道口或管道内有残渣及其他杂物，阻碍气体的流动	①打开工作缸上盖，实地观察测量缸内壁和活塞的尺寸精度情况，按技术要求标准，针对漏气原因进行修复 ②经常检查盘根螺栓紧固情况，保证每个螺母都处于旋紧状态 ③消除阀与阀套错位及旋转角度不符要求的因素。仔细检查阀套的配合间隙，如检查旋阀磨损情况，并按配合要求重新修复或更换 ④排除气道中杂物
操作手柄旋转不灵活	①锤头悬空时，工作缸下腔气压过大，压力成倍升高，促使作用在活塞环的下环面积上，又将下阀推向一边而贴紧阀套，所以就产生操作不灵的现象 ②上下旋阀与阀套的气口位置错位或配合间隙过小 ③上下旋阀转动达不到同步的要求，或者配合阀体与阀杆不同心	①为使活塞下环形空间的气压降低，可在工作活塞外径靠上旋阀气孔处加钻小孔通气来解决，同时还可起到减轻汽缸发热的效果 ②仔细检查七下旋阀的刻线是否对正一致，在无刻线时须实测阀的各工作位置与气孔的关系，按设计标准修正阀与套的间隙
开锤后，工作缸内发出异常声音	①上、下砧块松动，固定销折断，随着锤杆运动，发出“嗒嗒”的响声，顺着锤杆传到汽缸内 ②锤头导套内的导板松动或密封圈折断及定位螺钉脱落和折断 ③锤杆上部(活塞内)堵盖松动 ④汽缸内有小的零件损坏或气流带进缸内的异物，在气流的作用下碰撞引起异声	①针对上述松动原因，紧固或更换固定销和螺钉 ②锤杆上部的堵盖松动时，可将锤杆上部的堵孔加工成1.5°的倒斜度，并把堵盖加工成相应的斜度，然后进行热套安装，以免松动 ③打开工作缸，检查清除缸内异物

续表 6－3

故障	原因	排除措施
压缩缸内发出异常声音，工作中缸内发出微弱的杂音或较大的金属冲击声	①缸内导程固定螺钉松动、脱落或折断，使导套处于自由状态 ②连杆销轴螺栓松动或轴瓦松动及铜套间隙过大和连杆销轴移动而碰导套 ③曲轴与大齿轮连接的键松动或窜动发出“咯噔、咯噔”的声音，由连杆传至缸内	①固松动的螺钉，更换折断螺钉 ②检查连杆螺栓、轴瓦和铜套工作状况，紧固松动螺栓，更换销轴或铜套消除间隙过大的毛病 ③修理曲轴与大齿轮连接键的配合，同时检查轴向间隙是否正常，使曲轴与大齿轮连接在运转过程中处于正常状态
工作活塞撞击汽缸顶盖	由于双作用空气锤的工作汽缸中设有缓冲机构，如果产生活塞冲顶的情况，则说明缓冲机构失灵: ①缓冲孔气道口有杂物阻碍气体流通，或缓冲高度不够;单向阀失灵或钢球未放入 ②工作缸上盖纸垫损坏或缸盖紧固螺栓松动，致使缓冲部位压力降低，缓冲失灵 ③活塞环折断失去密封作用，或者活塞面有砂眼、气孔、裂纹和活塞上堵盖断裂，促使上部气压下降，降低缓冲力	①清除孔道口异物，增加缓冲高度，选用合适钢球并研配通气口 ②更换纸垫，紧固上盖螺栓 ③检查活塞端面及堵盖的安装情况，封闭所有的漏气孔，更换活塞环
锤杆表面损伤	①由于锤杆硬度偏低及使用中润滑不良，造成锤杆表面出现发亮的硬点，即产生麻点，该麻点是疲劳裂纹 ②锤杆一侧产生裂纹，是由于长期的偏心锻造或机身砧座歪斜而造成的	①发现硬点及时用油石来磨除，经常检查润滑系统，使工作正常;适当提高锤杆硬度要求，检查锤杆材质是否符合设计要求或更换锤杆 ②正确纠正偏心锻造和砧座歪斜毛病，锤杆侧面开裂可用氧乙炔焰开坡口或用砂轮磨清裂纹，再用电弧焊接方法焊好并修平

续表6-3

故障	原因	排除措施
锤杆燕尾部分开裂	燕尾部分包括砧楔和底平面，由于接触时的各种不良因素和锻造操作不规范，造成燕尾开裂： ①上砧与燕尾接触不良容易松动，燕尾硬度过高和圆角过小 ②未按设备使用规则及操作规范进行，锻打低于终锻温度或低于规定最小厚度尺寸的锻件 ③经常空击上、下砧块，促使砧面不平，而撞击时又相当于偏心锻造，所以冷打时易加速燕尾开裂	①保持燕尾接触面处于良好状态，修整刮研后，两端倒角应为(3~5)mm×45°，小端进行热处理淬火，硬度为40~45HRC ②严格按照设备规则和工艺操作规范进行操作 ③尽量减少冷击上、下砧块
锤杆与活塞连接根部断裂	由于锤杆与活塞连接根部是受剪切力与弯矩最大的危险截面，当锤杆在偏心锤击情况下工作时，受非对称循环交变应力的作用，在该部位的表面粗糙处很容易造成疲劳源，最后导致疲劳破坏而开裂	在无备件的情况下，可采取焊接方法，但是在焊接过程中，焊接所产生的任何一处缺陷都可能是一个危险的疲劳源。又因焊条与锤杆的化学成分、金相组织都不可能相同，也会带来疲劳影响。所以要保证同心和焊缝的质量最为关键

9. 蒸汽—空气自由锻锤的结构是怎样的?

根据锻造工艺的需要，蒸汽—空气自由锻锤具有不同的锤身结构形式，主要有单柱式、双柱拱式和双柱桥式3大类结构，其中双柱拱式蒸汽—空气自由锻锤较为常用。

双柱拱式蒸汽—空气自由锻锤的锤身由两个立柱组成拱门形状，上端通过螺柱、汽缸垫板与汽缸连在一起，下端固定在基础底板上形成框架，为保证刚度，有的锤导轨处还有拉紧螺栓，锤身刚性好，操作者可从前后两个方向进行锻造操作。该类锻锤的落下部分质量一般在1~5 t之间，是应用最为广泛的一种锻锤，其结构如图6-2所示。

1)锤身10：锤身是汽缸的支承物，锤头运动的导向物，并承受锤

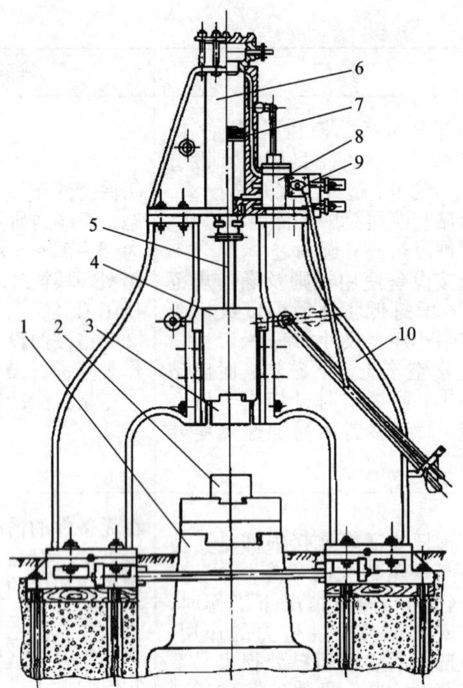

图 6-2 双柱拱式蒸汽一空气锤的结构示意图

1—砧座；2—下砧；3—上砧；4—锤头；5—锤杆；
6—汽缸；7—活塞；8—滑阀；9—节气阀；10—锤身

头偏心打击时的工作负载。为了保证汽缸与锤头中心线重合，锤身的导轨是可调的。锤身由两个铸钢件组成并安装在底座上，而底座直按安装在地基上且与砧座 1 分开。

2）汽缸 6：汽缸是铸铁件，是将蒸汽或压缩空气所具有的能量转变为打击能量的结构。

3）落下部分：落下部分是锤的工作部分，包括活塞 7、锤杆 5、锤头 4、上砧座 3 等。

4）配气—操纵机构机构：它在汽缸的一侧，由节气阀 9 和滑阀 8 及操纵系统组成。

10. 蒸汽—空气模锻锤的结构是怎样的?

蒸汽—空气模锻锤的结构如图 6-3 所示。

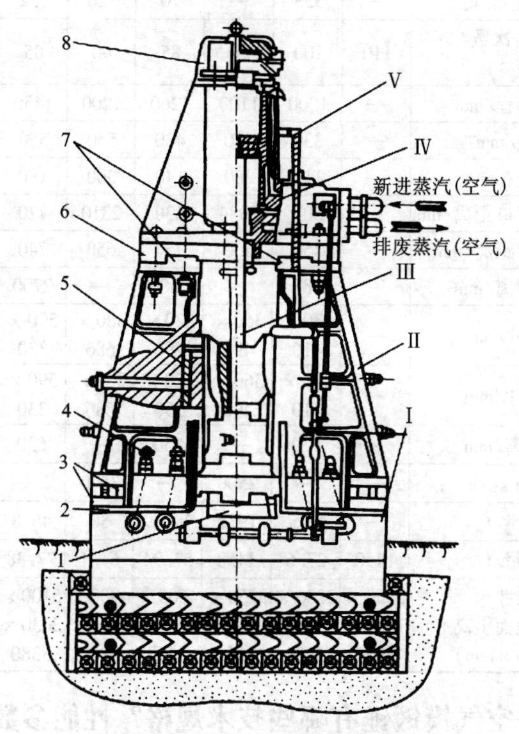

图 6-3　蒸汽—空气模锻锤

1—模座；2—楔铁；3—纵向楔、横向楔；4—弹簧；5—导轨；6—汽缸底板；7—左右立柱；8—保险缸

11. 蒸汽—空气自由锻锤有哪些技术规格? 性能参数如何?

我国目前仍沿用以落下部分质量来表示蒸汽—空气自由锻锤规格。常见的蒸汽—空气自由锻锤的落下部分质量一般在 0.5～5 t 之间，其主要技术参数见表 6-4 所示。

表 6－4 蒸汽—空气自由锻锤主要技术参数

落下部分质量/t	0.63	2	3	3	5	5		
结构形式	单柱式	双柱式	双柱式	单柱式	双柱式	单柱式	双柱式	桥式
最大打击能量/kJ	—	353	—	70	120	152	—	180
每分钟打击次数/(次·min^{-1})	110	100	90	85	90	85	90	90
锤头最大行程/mm	—	1000	1100	1260	1200	1450	1500	1728
汽缸直径/mm	—	330	480	430	550	550	660	685
锤杆直径/mm	—	110	280	140	300	180	205	203
下砧面至立柱开口距离/mm	—	500	1934	630	2310	720	780	—
下砧面至地面距离/mm	—	750	650	750	650	740	745	737
两立柱间距离/mm	—	188	—	2300	—	2700	3130	4850
上砧面尺寸/mm	—	230 × 410	360 × 490	520 × 290	380 × 686	590 × 330	400 × 710	380 × 686
下砧面尺寸/mm	—	230 × 410	360 × 490	520 × 290	380 × 686	590 × 330	400 × 710	380 × 686
导轨间距离/mm	—	430	—	550	—	630	850	737
蒸汽消耗量/(kg·h^{-1})	—	—	2500	—	3500	—	—	—
砧座质量/t	—	12.7	19.2	28.39	30	45.8	68.7	75
机器质量/t	14.0	27.6	44.8	57.94	61.1	77.38	120	138.52
外形尺寸(长×宽×地面上高)/(mm×mm×mm)	2250 × 1300 × 3955	3780 × 1500 × 4880	3750 × 2100 × 4361	4600 × 1700 × 5640	4900 × 2000 × 5810	5100 × 2630 × 5380	6030 × 3940 × 7400	6260 × 2600 × 7510

12. 蒸汽—空气模锻锤有哪些技术规格？性能参数如何？

目前我国的蒸汽—空气模锻锤已形成系列化。标准规定蒸汽—空气模锻锤有 1，2，3，5，10，16 t 等规格，其技术参数见表 6－5。

表 6－5 蒸汽—空气模锻锤技术参数

落下部分质量/t	1	2	3	5	10	16
最大打击能量/kJ	25	50	75	125	250	400
锤头最大行程/mm	1200	1200	1250	1300	1400	1500
锻模最小闭合高度(不算燕尾)/mm	220	260	350	400	450	500

续表 6－5

落下部分质量/t		1	2	3	5	10	16
导轨间距离/mm		500	600	700	750	1000	1200
锤头前后方向长度/mm		450	700	800	1000	1200	2000
模座前后方向长度/mm		700	900	1000	1200	1400	2110
每分钟打击次数/(次·min^{-1})		80	70	—	60	50	40
蒸汽	绝对压力/MPa	0.6～0.8	0.6～0.8	0.7～0.9	0.7～0.9	0.7～0.9	0.7～0.9
	允许温度/℃	—	200	200	200	200	200
砧座质量/t		20.25	40	51.4	112.547	235.533	235.852
总质量(不带砧座)/t		11.6	17.9	26.34	43.793	75.737	96.235
外形尺寸(长×宽×地面上高)/(mm×mm×mm)		2380×1330×5051	2960×1670×5418	3260×1800×6035	2090×3700×6560	4400×2700×7460	4500×2500×7894

13. 蒸汽—空气自由锻锤的常见故障及排除措施是怎样的？

蒸汽—空气自由锻锤的常见故障及排除措施见表6－6。

表6－6　蒸汽—空气自由锻锤的常见故障及排除措施

故障	原因	排除措施
锤头运动无力甚至开不动	①滑阀调整螺丝松动 ②排汽管曲折过多或过急，有时排汽阀芯脱落促使排汽不畅通 ③盘根螺钉紧固不良，致使锤杆偏斜 ④润滑不良，盘根损坏，增加对锤杆的摩擦力 ⑤活塞与缸的间隙过大，上下空间串汽 ⑥滑阀与滑阀套间隙过大而串汽 ⑦活塞与锤杆脱落 ⑧活塞与缸的间隙过小，形成过大阻力 ⑨活塞涨圈开口卡住汽道口 ⑩管道内有残渣或铁片卡住阀口	①把调整螺丝调好 ②减少曲折或急转弯，排汽阀芯用卡子固定不使脱落 ③紧固盘根螺钉时要均匀一致，以使锤杆不偏斜 ④保持润滑良好 ⑤镗缸加套，使间隙保持正常 ⑥修换滑阀套 ⑦重新热套安装 ⑧镗缸一般保持间隙在1～2.5 mm ⑨将涨圈开口从汽道口取出 ⑩清除管道残渣和铁片

续表 6－6

故障	原因	排除措施
活塞撞击缸盖	①配汽操纵系统调整不当 ②刀形杆弧度不对，不能保证配汽要求	①调整配换纵机构 ②校正刀形杆弧度
操纵手柄沉重不灵活	①销套处摩擦过大 ②盘根使用过久或润滑不良	①加装滚动轴承，减少摩擦 ②更换盘根
锤头卡死不动	①由于偏心锻造使汽缸套严重磨损，致使涨圈脱落卡在缸内 ②锤头与导轨间隙过小或导轨松动 ③汽缸与立柱配装精度不够 ④涨圈断裂 ⑤涨圈口卡在汽道口处 ⑥盘根法兰不正	①严格执行操作规程，控制偏心打击。缸套磨损严重时应及时更换 ②调整锤头与导轨间隙 ③调整汽缸与立柱的水平位置 ④更换涨圈 ⑤在活塞的涨圈槽内打定位销子 ⑥压正法兰
锤杆盘根漏汽	盘根质量低或坏损	采用高压石棉铜丝布 V 形盘根效果较好
锤头导轨的梯形导面拉毛发生卡锤头现象	①间隙过小 ②缺油，润滑不良	①调整间隙 ②每班均应加油
锤杆折断	①偏心锻造 ②冷锻 ③材料不良 ④锤头与导轨间隙过大	①控制偏心锻造 ②避免冷锻 ③锤杆换用较好材料。断杆可用 MD2 焊条焊接，焊前预热至400℃左右，焊后用石棉布包扎缓慢冷却 ④调整导轨间隙
锤的立柱与汽缸的连接螺钉经		

续表 6－6

故障	原因	排除措施
锤头燕尾裂	①固定砧块斜键与砧块斜面或锤头燕尾斜面的斜度不一致 ②燕尾圆角半径过小，加工有刀痕产生应力集中 ③锻造时，砧块斜键在热状态下打入锤头燕尾中，停锻锤头冷却后应力过大	①专配斜键，使斜度完全一致 ②燕尾回角半径适当加大，可加大到 15 mm，并将加工刀痕磨去 ③停锻后，尤其是长时间停锻时应将键打松 ④换配新锤头时，长度可加长一个燕尾高度，以便断裂后将坏燕尾刨去，重新开燕尾。如此，一个锤头可加工 3 次，第三次用过后，可刨去燕尾，用电渣焊接长一段再开燕尾
活塞脱落	活塞与锤杆装配不良	把锤杆尾部的锥度改用直杆效果校好。活塞内孔研磨，使之接触严密，约 550℃热装
上、下砧块表面不接触	上、下砧高度不够，活塞下降时卡在缸底上	换新砧头或将锤头中的斜套泣出，在下部加垫 30 ~ 50 mm 厚的垫套，可继续使用
上、下砧块错牙	①斜铁磨损或断裂 ②砧座移动	①更换斜铁或加垫片调整 ②检查砧座位置

14. 热模锻压力机的工作原理是怎样的？有何特点？

热模锻压力机是依据曲柄滑块机构原理而工作的模锻设备，如图 6－4 所示，曲柄滑块机构由曲轴、连杆和滑块组成，将曲轴的旋转运动转变为滑块的往复直线运动，曲轴的扭矩转变成滑块的压力。热模锻压力机常用于大批量模锻件的流水线生产中。

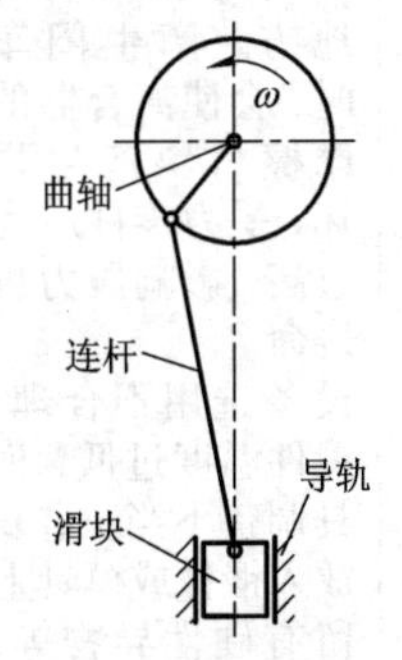

图 6－4　曲柄滑块机构

热模锻压力机具有工作时振动、噪声小，操作安全可靠的特点；可靠的导向、准确的行程以及上下顶出装置使得锻件精度大为提高，材料消耗（加工余量、模锻斜度等）显著降低；锻造动作规律有序，有利于实现机械化，甚至可以利用计算机进行整个生产线的全自动控制。

热模锻压力机的缺点是：设备价格比能力相当的模锻锤高；锻造过程中清除氧化皮比较困难；超负荷工作时容易使机器损坏；行程一定，每个变形工步只能压下一次，难于实现滚挤和拔长等多次连击的制坯工步，生产中需要与辊锻机、楔横轧机等其他制坯设备配套使用。

15. 热模锻压力机常见的故障、原因以及排除方法是怎样的？

热模锻压力机常见的故障、原因以及排除方法见表6－7。

表6－7 热模锻压力机常见的故障、原因以及排除方法

故障	原因	排除措施
闷车	压力机过载严重时，滑块不能越过下死点即被迫停止运动，此种过载现象称为闷车，是一种严重事故。闷车可能发生在下死点前几度的地方，也可能由于运动惯性，使连杆转过下死点5°范围内的地方。产生闷车时，会使离合器的摩擦材料产生损坏，受力零件应力过高，影响压力机寿命。 设备选用不合理，锻件温度过低，模具调整不当，重复放入锻件或模具上留有硬性异物等，都可能导致压力机过载	防止闷车过载的方法如下： (1)准确计算锻件工艺变形力，合理选择压力机。计算应留有余地，切不可冒险大意 (2)严格控制锻造温度，当锻件温度过低时，宁愿重新加热，绝对禁止凑可蛮干 (3)仔细调整模具，调整好以后，必须认真锁紧装模高度调整机构 (4)操作要小心，严防锻件重叠和硬物遗留在模具中 发生闷车时，要判断闷车发生在什么位置，再采取相应的办法解决，解脱闷车过载有如下方法可供选择： ①“打反车”，即将工作机构反转运动(在下死点前发生闷车时，开反车来消除；在下死点后发生闷车时，开正车来消除)。其方法是用专用空气压缩机，将离合器的进气气压提高一倍左右，即1～1.2 MPa。将电动机反转，并接通离合器，利用飞轮惯量，使滑块反向退回，从而消除闷车。解脱闷车时应用调整行程按钮操作压力机 ②锤击楔形工作台板，或用强力的调节装置，移动调节楔块，使工作台板下降 ③对采用液压螺母预紧机身的压力机，可以通过液压螺母使机身卸载，从而消除闷车状态 ④某些热模锻压力机的装模高度调节机构兼有预防过载和解脱闷车的作用，可以启动此种机构 ⑤当用现有方法均不能解脱时，只有切割模具

续表 6－7

故障	原因	排除措施
滑块向下行程缓慢	①制动器未完全脱开而离合器已接合 ②离合器的密封环损坏漏气	①检查气压是否正常，重新调节离合器摩擦片和制动器摩擦片的间隙 ②更换密封环
离合器和制动器联锁性不好	可能是空气分配阀或调节装置的问题 ①空气分配阀故障的原因是压缩空气中的水分在阀中积存、阀芯磨损、密封圈损坏等 ②调节装置故障的原因是旋转凸轮限位开关本身的寿命、限位开关滚子和滚子销之间的磨损、从曲轴到旋转凸轮开关的传动位置不正确等 ③在正常气压情况下，离合器或制动器衬片异常磨损或变形，也会造成联锁性不好	针对情况更换有关零件，或重新调整相配合的位置
滑块被卡住，移动不均匀	滑块与导轨间隙太小	调整滑块与导轨间隙
滑块导向性差	导轨磨损，滑块与导轨间隙大	调整滑块与导轨间隙
滑块导向面出现拉痕	导轨面进入氧化皮	清洗导轨，排除氧化皮，修磨拉痕
离合器打滑	①气压不足 ②摩擦片有油污、摩擦片磨损 ③密封圈损坏	①检查气压和管道是否漏气 ②更换摩擦片或摩擦块 ③更换密封圈
离合器严重发热	主动片与被动片未能脱开	①检查弹簧 ②重新调整活塞行程 ③检查压力盘是否变形，并消除其变形

续表 6－7

故障	原因	排除措施
离合器汽缸及接头漏气	密封圈严重磨损	更换密封圈
制动器打滑，压机不能停止	①摩擦片有油污、摩擦片磨损 ②制动器弹簧力不够	①更换摩擦片或摩擦块 ②调整弹簧力或更换弹簧
制动器发热严重	①制动器脱开行程不够 ②水冷却系统未接通或有阻塞	①调整活塞的行程 ②检查水冷却系统是否正常工作，各阀门是否打开
滑块不能停在下死点	①摩擦块磨损 ②制动角未调准	①更换摩擦块 ②调整凸轮开关装置
制动器不能脱开	操纵杆折断	检查更换操纵杆
曲轴轴瓦严重磨损	压机使用时间较长	更换新轴瓦
曲轴轴瓦温度超过80℃	轴瓦间隙过小，润滑不良	调整轴瓦间隙，检查供油情况
轴瓦磨损严重	轴瓦内进入杂质或异物	检查排除杂质、异物并清洗刮研轴瓦
压力机启动困难或启动不了	①润滑油箱缺油 ②润滑阻塞	①对润滑油箱充填润滑油 ②检查各润滑点，消除阻塞故障
润滑油泵及管道压力表上无压力指示	①润滑油泵电机损坏 ②润滑油泵的柱塞损坏 ③油箱无油或管子断裂	①检查、修复、更换电机 ②检查更换油泵柱塞 ③加油并检查管道系统

16. 什么是平锻机？平锻机怎样分类？

从运动原理上而言平锻机属于曲柄压力机，但是其工作部分是做水平往复运动的。同时平锻机具有热模锻压力机的特点，如：设备刚度大、行程固定，锻件在长度方向（被打击方向）的尺寸稳定性好；工作时依靠静压力成形锻件，振动小，不需要庞大的基础等。平锻机上锻造生产率比较高，是一种在大批量生产中得到广泛应用的通用性模锻设备。

按照凹模分模方式的不同，平锻机可以分为垂直分模平锻机和水平分模平锻机。垂直分模平锻机的凹模分模面处于垂直位置，一个锻件的几个模锻工步的模膛按垂直方向上下排列，操作条件较差，实现自动化生产比较困难；水平分模平锻机的凹模的分模面处于水平位置，模膛按水平方向排列，棒料在模膛间移动方便，容易实现自动化，同时机身受力也比较合理。因此近年来，水平分模平锻机得到较快的发展。

17. 平锻机常见的故障、原因以及排除方法是怎样的?

平锻机常见的故障、原因以及排除方法见表6－8。

表6－8　平锻机常见的故障、原因以及排除方法

故障	原因	排除措施
飞轮空运转和设备空行程时电流过大	①摩擦片调整不当，间隙过大或摩擦片歪斜 ②传动轴轴承或飞轮轴承缺油或加油过多 ③石棉铜摩擦片破碎掉块 ④曲轴轴瓦润滑不良，间隙太小而造成发热 ⑤导轨间隙小，润滑不良，造成锌轨拉毛 ⑥皮带过紧，拉力太大 ⑦机身内部有废料或其他杂物，卡撞运动零部件	①重调离合器 ②清洗轴承重新加油 ③更换新石棉铜片 ④调整间隙，加大油量 ⑤调整导轨间隙，修理润滑油路 ⑥放松皮带 ⑦清理机身导轨槽
离合器不结合	①开关阀失灵 ②脚踏板漏气严重 ③分配器弹簧或垫破碎卡住活塞 ④进气头卡住 ⑤主动片或活塞卡住 ⑥进气管路堵塞	①检查修理开关阀 ②修理脚踏板 ③换弹簧或换垫，清洗分配器 ④修理进气头 ⑤检修或调整 ⑥检修气道

续表 6－8

故障	原因	排除措施
离合器发热	①摩擦片间进油造成打滑 ②空气压力不足 ③皮碗损坏漏气，造成空气压力不足 ④进气头漏气，进气头皮碗磨损漏气 ⑤摩擦片间隙过大 ⑥摩擦片局部接触 ⑦离合器轴承缺油 ⑧飞轮运转不平衡，摆动大	①清洗摩擦片 ②调节空气压力 ③更换新皮碗 ④修理进气头，换新皮碗 ⑤拆离合器前盖调整间隙 ⑥重调离合器，更换螺杆和弹簧，车削摩擦片，使接触面积达到60%以上 ⑦清洗加油 ⑧平衡飞轮，消除轴向间隙
离合器打不开	①离合器石棉铜片脱落卡住 ②离合器不排气或排气不畅 ③分配器卡住 ④进气头卡住 ⑤离合器轴承损坏 ⑥制动器不起作用	①重铆石棉铜摩擦片 ②检查气路 ③修理分配器 ④检修进气头 ⑤换新轴承 ⑥修理制动器
闷车	①电动机达不到额定转数 ②空气压力不够 ③离合器皮碗漏气 ④皮带过松 ⑤摩擦保险机构打滑，或摩擦片磨薄老化失效 ⑥设备润滑不良，不工作即有负荷 ⑦毛坯加热温度不够 ⑧毛坯尺寸不合格，直径大，长度长 ⑨凸模与凹模不同心，阴模卡凸模；闭合尺寸小，特别是在后挡料时	①稳定电压，修理电机 ②保证压缩空气压力 ③换新皮碗 ④紧皮带 ⑤换新摩擦片，紧螺丝 ⑥修理运动零件拉毛表面，调整间隙，修理润滑油路 ⑦按规范操作 ⑧严格控制毛坯尺寸 ⑨调整模具

续表6-8

故障	原因	排除措施
夹紧保险机构工作不正常	①弹簧弹力不够 ②侧滑块和夹紧滑块间隙太小，缺油或导轨面拉毛 ③机构各轴孔、前滚轮、凸轮等过度磨损 ④凹模垫片太多 ⑤弹簧太硬，机构失去作用	①换新弹簧或加垫 ②修刮导轨面，放大间隙，调整油量 ③检修夹紧机构，更换磨损件 ④调整垫片 ⑤减少内圈小直径弹簧
制动达不到需要位置	①制动力小，弹簧折断 ②制动带磨损 ③制动带有油打滑 ④离合器工作不正常 ⑤制动缸太脏，活塞活动受限	①调整、换新弹簧 ②重铆石棉铜制动带 ③清洗制动带和制动轮 ④检修或重调离合器 ⑤清洗制动缸
夹不住料	①毛坯直径小 ②凹模磨损太多 ③夹紧机构力量不够 ④加热温度低	①控制毛坯直径 ②换新模或翻新 ③更换新弹簧或给弹簧加垫，更换保险装置的磨损件 ④按规范操作

18. 什么是螺旋压力机？其基本构造是怎样的？有何用途？

螺旋压力机是采用螺旋机构传递飞轮能量的锻压机器，是介于模锻锤和热模锻压力机之间的一种锻压设备。

螺旋压力机基本部分由飞轮、螺杆、螺母、滑块和机身组成。图6-5为螺旋压力机结构简图，飞轮1、螺杆2和滑块4组成压力机的运动部分，螺母3紧固在机身5的上横梁中。螺杆和螺母组成螺旋副。当外界传动机构驱使飞轮和螺杆在螺母中转动时，螺旋运动转换为滑块4沿着机身导轨7做上下往复直线运动。如在滑块底面和工作台上安装模具，便可进行模锻工作。外界传动机构驱使飞轮加速旋转时，能量传递给飞轮，当滑块上模接触锻件时，飞轮已经加速到一定的转速，积蓄了很大的能量，螺旋压力机就是利用预先积蓄于飞轮的能量来进行模锻，使锻件获得所需要的变形，直至模锻变形结束，飞轮所积蓄的能量全部释放，转速急剧减小直到停止转动。

螺旋压力机主要用于金属零件的模锻、校正、挤压、压印、切边和冲压等工序。由于其良好的力能特性，螺旋压力机被公认为进行叶片、齿轮等零件精密模锻的最佳锻压设备。同时，它也是粉末成型制件较理想的成型设备。

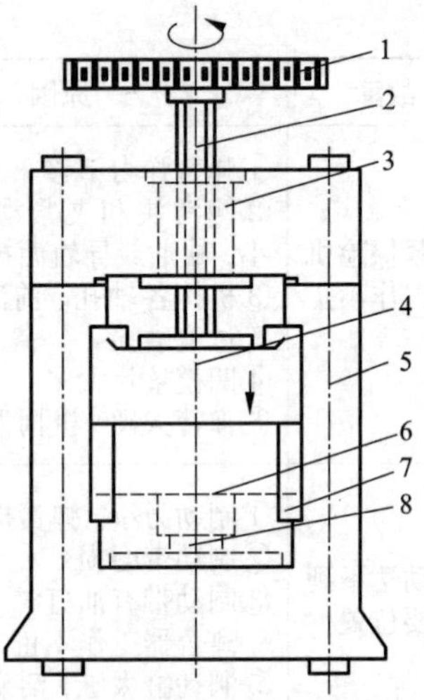

图 6－5　螺旋压力机结构简图

1—飞轮；2—螺杆；3—螺母；4—滑块；5—机身；6 上模；7—导轨；8—锻件

19. 摩擦传动螺旋压力机如何分类?

摩擦螺旋压力机采用了各种不同的摩擦机构和螺杆螺母的运动组合，形成了多种传动形式。按摩擦机构的类型摩擦螺旋压力机分为以下几种。

（1）双盘摩擦螺旋压力机

它有两个传动盘，传动盘的端面与飞轮的柱面接合，组成正交圆盘摩擦变速传动机构。两个传动盘由一根横轴带动定向旋转。由操纵系统控制不同的圆盘与飞轮接触实现行程方向控制。目前，双盘摩擦螺旋压力机是国内用得最多的，图 6－6 为双电机驱动双盘摩擦压力机结构图。

（2）三盘摩擦螺旋压力机

其传动机构与双盘机构类似，但回程时使用两个传动盘，它的主要特点是回程时先从第三个传动盘的小半径处与飞轮接合，因而飞轮与传动盘的线速度差较小，所以打滑损失小，传动效率高。三盘结构零件多，操纵系统复杂，不如双盘结构那样普及。

（3）双锥盘摩擦螺旋压力机

它的摩擦机构采用两个截锥形传动盘与截锥形的飞轮接合。它采用框形滑块，向上运动实现锻造，锻造力由框形滑块封闭。双锥盘传动用于小型压力机，常用来镦挤螺栓头和螺母等，习惯上叫做螺帽机。

(4)无盘摩擦螺旋压力机

它的摩擦传动机构实际上是一个组合盘式离合器。主动件为副飞轮，由一级皮带传动定向转动。工作飞轮(主飞轮)通过摩擦超载保险装置与螺杆花键连接。回程盘与螺母花键连接。工作时先往左边的缸中通入压缩空气将螺母制动到机身上，再往右边的缸通压缩空气，使副飞轮与工作飞轮接合实现向下行程。滑块接触锻件前右边的缸排气，靠工作飞轮已获得的动能实现定能量锻造。回程时左边的缸反向，回程盘与副飞轮接合，副飞轮带动螺母旋转，螺杆和滑块被提升。

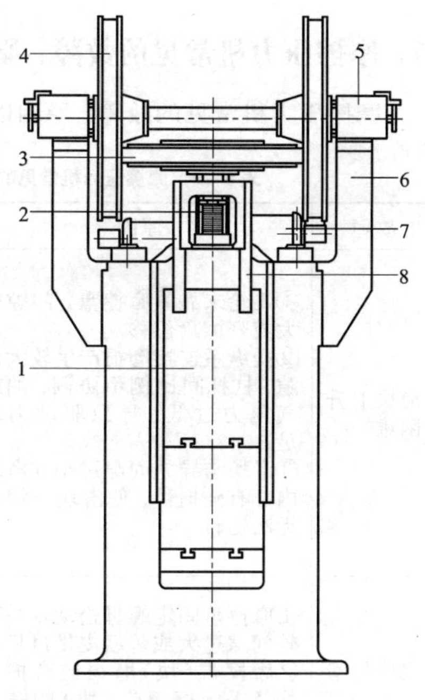

图6-6　双电机驱动双盘摩擦压力机结构图

1—滑块；2—螺杆；3—飞轮；4—传动盘；5—控制缸；6—机身；7—电动机；8—制动器

无盘摩擦螺旋压力机的传动特点是仅在向下行程时加速工作飞轮，回程时只须提升螺杆和滑块，提升重量较轻，因此节省大量回程能耗。

20. 摩擦压力机的操作过程应注意哪些事项?

由于传动结构形式的特点，摩擦压力机在操作过程中需注意以下几点：

①由于摩擦压力机工作速度较低，每分钟的行程次数较少，所以，要求确保工件的锻造温度。

②因为承受偏心载荷的能力差，不允许超出螺杆直径之外的偏合锻造。

③操作前，应先启动主电动机并正常运转后，再将油泵电动机启动。禁止带载荷启动主电动机，以防主电动机烧坏。

21. 摩擦压力机常见的故障、原因以及排除方法是怎样的?

摩擦压力机常见的故障、原因以及排除方法见表6-9。

表6-9 摩擦压力机常见的故障、原因以及排除方法

故障	原因	排除措施
滑块上升困难	①飞轮未靠紧摩擦盘，间隙较大或摩擦盘位移 ②操纵系连接磨损产生较大间隙，杠杆间比例不协调，油或气压力过低，导致驱动力不足； ③滑块与导轨间隙过小和滑块内部有破损件，使滑块与螺杆无法运转	①合理调整摩擦盘与飞轮的间隙，并紧固摩擦盘，避免产生位移； ②检修操纵系统，更换磨损件，消除间隙，调正杠杆保证动作协调一致。检查液压泵工作系统油量、油温及阀和管道的工作状况，使其工作达到正常要求； ③按要求调整导轨间隙，清除滑块内部杂物，更换破损件，使螺杆与锤头转动灵活
飞轮打滑和滑块打击无力	①摩擦盘固定螺母松动及与飞轮间隙过大或传动皮带过松； ②摩擦带(块)磨损或磨损不均及固定摩擦带(块)的螺栓松功，使摩擦力减小； ③滑块与导轨间隙过小或滑块内部零件损坏	①按要求调整间隙并固定摩擦盘螺栓； ②更换摩擦带(块)，进行调整和刨修摩擦带(块)，消除飞轮径向跳动和摩擦力不均现象，固定拧紧松动螺栓； ③合理调整导轨间隙，更换和清理滑块内部破损零件
操作机构的液压泵油压不稳及油温过高	由于油路系统受阻及环境温度影响，造成机构油压不稳和压力下降； ①油量不足，油位过低使液压泵吸油时进入空气，油箱与油质脏、有杂物而使阀不能正常工作； ②安全调整阀的压力过高，油箱靠近热源点使油温过高	①检修油箱、油管及溢流阀，清理杂物，或更换液压油，保持油量充足； ②合理调整安全阀，清理油箱附近的热锻件，采用与热隔离和油箱冷却办法，使油温降低，达到正常工作要求
主电动机烧坏	主要为设备长时间带载荷运行和有载荷的情况启动电动机，造成故障的产生	必须根据锻件类别、大小进行适当调整采取比较合理的方法，减轻其设备的工作载荷。启动主电动机前应达到飞轮处于无接触状态(与摩擦盘)和液压泵电动机处于关闭的情况下，方可启动

22. 液压机的典型结构有哪些类型?

水压机的本体结构形式可为以下几种。

(1) 三梁四柱式

图 6－7 为三梁四柱式液压机结构简图，三梁四柱式液压机是一种最常用的结构形式。

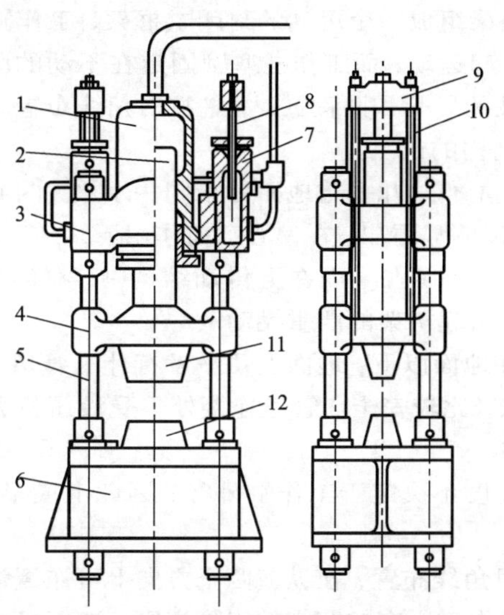

图 6－7　三梁四柱式液压机本体结构简图

1—工作缸；2—工作柱塞；3—上横梁；4—活动横梁；5—立柱；6—下横梁；7—回程缸；8—回程柱塞；9—回程横梁；10—拉杆；11—上砧；12—下砧

它由上横梁 3、下横梁 6、4 个立柱和 16 个内外螺母组成一个封闭框架，框架承受全部工作载荷。工作缸 1 固定在上横梁 3 上，工作缸内装有工作柱塞 2，与活动横梁 4 相连接。活动横梁以 4 根立柱为导向，在上、下横梁之间往复运动。活动横梁下面固定有上砧 11，而下砧 12 则固定于下横梁上的工作台上。当高压液体进入工作缸后，对柱塞产生很大的压力，推动柱塞、活动横梁及上砧向下运动，使锻件在上、下砧之间产生塑性变形。上横梁的两侧还固定有回程缸，当高压液体进入回程缸时，推动回程柱塞向上，通过顶部横梁及拉杆，带动活动横梁实现回程运动。

(2)双柱下拉式

在过去传统的三梁四柱式结构中，液压机本体的重心高出地面很多，稳定性较差。近年来，中、小型锻造液压机每分钟锻造次数已可达 80~100 次，如仍用上述结构快速锻造时，本体晃动很大。20 世纪 60 年代开始，出现下拉式(下传动)结构，如图 6-8 所示，它由两根立柱及上、下横梁组成一个可动的封闭式框架，工作缸安装在下横梁上，也随框架一起运动，而工作柱塞则固定在不动的固定梁上。固定梁上还装有立柱的导套和回程缸，立柱按对角线布置。

1)下拉式结构的优点。

①液压机重心低，几乎与地面处于同一水平，因此稳定性好。从图 10-10 中可以明显看出，在偏心载荷作用下，当下拉式结构机架变形很大时，重心仍在原位，而在上传动结构中，在偏载作用下，重心偏移很多，从而引起机架的严重晃动。

②工作缸在地面以下，地面上几乎没有什么管道，当油为工作介质时，不易着火，比较安全。管道连接处不受液压机晃动或机架变形的影响不易损坏。

③上横梁宽度不决定于工作缸外径，因此上横梁可设计得较窄，便于操作。

④立柱按对角线布置，在纵横两个方向上可布置活动工作台及横向移砧装置，操作工人有较宽广的工作视野，液压机辅助工具也有较大的工作空间。

⑤压机地面上高度小，可安装在高度较低的车间里。

2)下拉式结构的缺点。

①地坑深度大大加深，地下工程量较大。

②运动部分质量较大，惯性大。

由于下拉式结构具有较多的优点，因此得到迅速推广，中、小型锻造液压机中近年逐渐采用此种结构。

(3)框架式

框架式结构是液压机机身结构中又一种常用的结构形式，可分为组合框架式和整体框架式两大类。

组合框架式机身是由上横梁、下横梁和两个立柱所组成的，这几

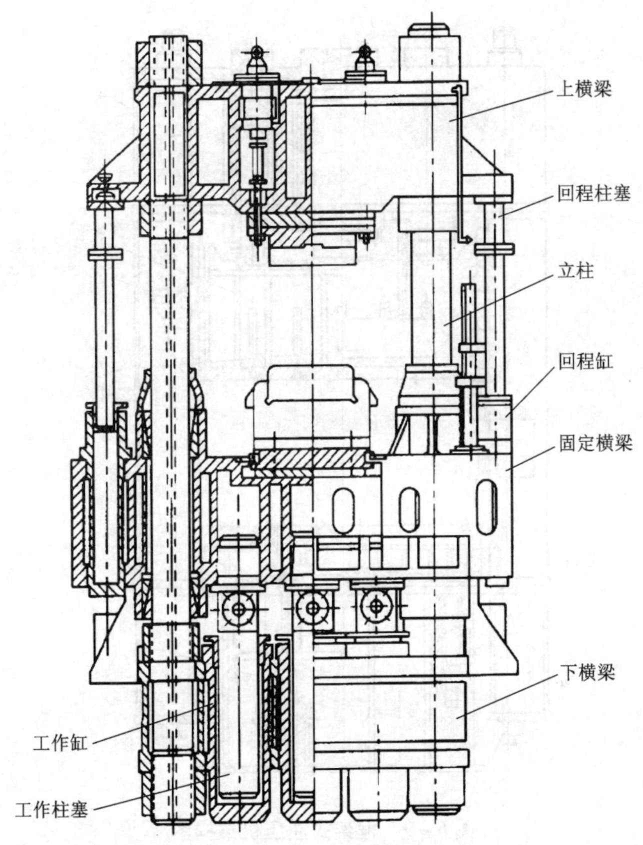

图6-8　双柱下拉式锻造液压机结构图

部分靠拉紧螺栓（一般是4根）连接和紧固，在横梁和立柱的接合面上用销或键定位，活动横梁靠安装在立柱内侧的导向装置进行导向，其横梁或立柱可以是铸钢件，也可以是钢板焊接件。这种机架的结构基本上与闭式机身的机械压力机的框架相似，如图6-9所示。

整体框架式机身则是将上、下横梁及两个立柱做成一个整体（铸造或焊接），为减轻质量，其截面一般做成空心箱形结构，这样可以保持较高的抗弯刚度，立柱部分多做成矩形截面，以便于安装导向装置。整体框架式的制造、运输、安装等都存在一定的难度（尤其对大、

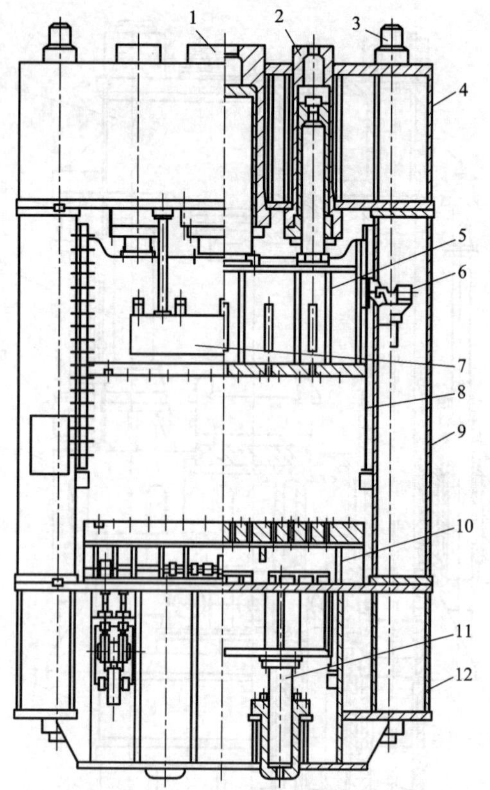

图6－9　框架式液压机结构图

1—缸；2—侧缸；3—拉紧螺栓；4—上横梁；
5—活动横梁；6—活动横梁保险装置；7—液压打料装置；8—导轨；
9—立柱；10—活动工作台；11—顶出装置；12—下横梁

中型液压机)，因此使用范围受到了一定的限制。

与梁柱式机身的液压机相比，框架式液压机具有如下特点。

1)机身刚度好。组合框架式液压机机身采用了预应力结构，且拉杆与立柱的横截面积之和较大，当承受工作载荷时，机身产生的变形量较小，另一方面，当活动横梁受到偏心载荷时，活动横梁偏转所引起的侧向推力均由立柱来承受，拉杆不受弯矩作用，由于立柱的横向尺寸较大，且多为箱形结构，其抗弯刚度很高。故横向推力不会使立柱产生大的弯曲变形。整体框架式液压机，由于将上、下横梁与立柱直接铸或焊为一个整体，取消了螺纹连接，彻底避免了长期载荷作用下螺母会松动的缺陷，同时在设计时一般均选用较小的许用应力以限制机身的变形，保证了机架具有较高的刚度。

2）导向精度高。梁柱式液压机采用的是导套导向，由于导套与立柱只是线接触，接触面积小，间隙不可（或不易）调整，承受侧向推力的能力差，而且当机器受偏载时立柱会产生弯曲变形，降低了导向精度。在框架式液压机中，活动横梁的运动是靠安装在机身上的平面可调导向装置进行导向，且间隙可以精确调整，大大提高了抗侧推力的能力，导向精度较高，同时框架式液压机的立柱抗弯能力大，受侧推力作用时的弯曲变形小，也有利于保持较高的导向精度。

3）立柱抗疲劳能力大大增强。这主要是指组合框架式而言。在梁柱式结构中，立柱在偏心载荷下将承受拉弯联合作用而处于复杂受力状态，其应力循环为脉动循环方式。而在组合框架结构中，将原来的立柱改为由高强材料制成的拉紧螺栓来承受拉力和由空心立柱来承受弯矩及轴向压力，大大改善了立柱的受力状况：对拉紧螺栓而言，虽然未承载时和承载状况下均有较高的应力，但应力波动小，且其截面形状无急剧变化，不会产生大的应力集中；对柱套而言主要承受压力和弯矩，抗弯刚度较大，且两者均处于平均应力较高但应力波动小的非对称应力循环状态，因此大大提高了机身的抗疲劳性能。

但框架式液压机也存在着制造成本较梁柱式高，使用操作不如梁柱式方便等缺点。由于框架式液压机具有上述特点，在薄板冲压、塑料制品、粉末冶金及金属挤压机中获得了广泛的应用。

（4）单臂式

单臂式结构主要应用于小型锻造液压机、冲压液压机和校正、压装液压机。单臂式液压机的机架一般是整体铸钢或钢板焊接结构，类似于开式机械压力机的机身。单臂式液压机结构较简单，造价也较低，工作时可以从 3 个方向接近模具区，具有较大的自由工作空间，装模、调整、操作及送料都较为方便，但整个机身的刚性较差，受力时会产生变形，且机身上无导轨，活动横梁的运动只能靠工作缸的导套进行导向，运动精度较差，有时为了保证机身有足够的强度和刚度，结构上做得比较笨重。

23. 最常见的锻造液压机的技术参数是怎样的?

单臂式锻造液压机基本参数见表6－10。表6－11是双柱下拉式自由锻液压机主要技术参数，表6－12为三梁四柱式自由锻液压机主要技术参数。

表6－10 单臂式锻造液压机基本参数

设备参数	量值		
公称压力/MN	3.15	5.0	8.0
液体压强/$\times 10^5$Pa	200或320		
最大行程 S/mm	700	800	1000
净空距 H/mm	1700	1800	2000
工作缸中心线到机架内壁颚距离 A/mm	800	800	1000
工作台面尺寸 $l \times b$/(mm×mm)	3350×1000	3600×1100	3800×1200
工作台行程 S_1/mm	1000	1400	1600
锻造次数/(次·min^{-1})	30～90	24～90	15～80

表6－11 双柱下拉式自由锻液压机主要技术参数

公称压力/MN	5	8	12.5	20	31.5
液体工作压力/MPa	32				
最大行程 S_{max}/mm	800	1000	1250	1600	2000
净空距 H/mm	1800	2200	2500	3150	4000
柱间净距/mm	1300	1500	1800	2300	2800
工作台尺寸 $l \times b$/(mm×mm)	1500×800	2000×1000	2500×1250	3200×1600	4000×1800
工作台行程/mm	2×700	2×800	2×900	2×1100	2×1200
锻造次数/(次·min^{-1})	35～90	35～80	30～80	25～70	15～60
移砧台工位	3				

表 6－12　三梁四柱式自由锻液压机主要技术参数

公称压力/MN		16	20	25	315	63	125
液体工作压力/MPa		32					
最大行程 S_{max}/mm		1400	1600	1800	2000	2600	3000
净空距 H/mm		2950	3400	3900	4050	6100	7000
立柱中心距/mm	L/mm	2400	2800	3400	3500	5200	6300
	B/mm	1200	1500	1600	1800	2300	3450
工作台尺寸 $l \times b$/mm × mm		4000 × 1500	5000 × 2000	5000 × 2000	6000 × 2000	9000 × 3400	10000 × 4000
工作台行程/mm		2 × 1500	2 × 2000	2 × 2000	2 × 2000	2 × 3000	2 × 3500
锻造次数/(次·min^{-1})		16 ~ 60	12 ~ 50	12 ~ 45	10 ~ 40	7 ~ 25	5 ~ 20

24. 锻造液压机常见的故障、原因以及排除方法是怎样的?

锻造液压机常见的故障、原因以及排除方法见表 6－13。

表 6－13　锻造液压机常见的故障、原因以及排除方法

故障	原因	排除措施
活动横梁运动速度太慢	通常活动横梁运动速度包括提升速度和空程下降速度。当手柄在“下降”和“提升”位置时，如运动速度缓慢，一般主要因为充水阀和提升阀未开启，压力及泄漏等原因也会引起速度太慢。 (1)提升速度缓慢 ①充水阀未全打开或根本未打开，因提升时工作缸内的水应快速排进上罐。如果充水阀打不开，就会直接影响工作缸的排水，会造成活动横梁提升缓慢 ②提升缸排水阀泄漏，如果在提升活动横梁时，提升缸的高压水泄漏，使部分高压水进入回水管，形成提升高压水不足，导致提升速度缓慢 ③系统内有积存空气或操作阀巾随动系统损坏 ④导套与立柱间配合间隙过小，则卡紧横梁，使速度减慢 (2)空程下降速度缓慢 ①充水压力过低 ②提升缸排水阀未完全打开	①检查充水阀及接力器，排除接力器杆动作受阻而顶不开充水阀的故障；检查修理提升缸排水阀的密封，保持完好无损 ②逐步检查油压或电气随动系统，查出故障并及时解决。采用多次上下运动行程的办法，并加压消除积存空气 ③正确测量立柱与套的间隙，进行调整或加油(二硫化钼)进行润滑，减小摩擦阻力 检查修理提升缸排水阀，并使充水罐内压力在正常范围内

续表 6－13

故障	原因	排除措施
锻压升压时间太长或压力不足	一般由于阀的内泄漏及阀的内部结构损坏等均会造成该现象的发生 ①传动机构是否失灵，操纵接力器密封或分配阀高压水泄漏 ②工作缸进水阀是否打开，以及排水阀未关严而使高压水泄漏	①逐节检查传动机构，修复密封排除泄漏 ②检查修理工作缸的进水阀和排水阀，更换密封，研配阀面并根据损坏程度及时更换阀体
工作缸回程缸漏水	一般因密封损坏或活动柱塞表面损坏，造成高压水泄漏 ①密封垫的材料使用中损坏或自然磨损，新换密封不符合要求 ②活动柱塞表面存在拉痕、碰毛、沟疤等缺陷，导致密封损坏 ③缸套与柱塞间隙过大，无法正常压紧密封，产生高压水泄漏	①更换损坏的同型号、规格的密封 ②修复柱塞表面损伤部位，采用镀硬铬和热处理(工频淬火、表面渗氮、表面焊接不锈钢材料)的方法来延长缸套与柱塞的使用寿命 ③及时修理或更换已磨损缸套，保持缸套与柱塞的正常间隙
活动横梁下降或回程控制失灵	①当手柄在停止(悬空停止)位置时，活动横梁停不住，仍慢慢下降；而当手柄在提升(回程)停止位置时，活动横梁仍徐徐上升 ②由于提升缸排水阀的泄漏，便造成高压水跑掉，而横梁因自重而慢慢下降；若提升时进水阀不严，继续往提升缸进入高压水，就会产生回程停止，则活动横梁控制失灵，活动横梁仍徐徐上升	针对泄漏原因，检查、修复、研配提升缸、排水阀及进水阀

25. 快锻液压机的组成是怎样的？

快锻液压机组组成如图 6－10 所示，主要包括以下几部分：

①压机本体（主机），是压制锻件的主要执行机械。

②液压系统，用于驱动主机。

③锻造操作机，是机组中最主要的辅机，用于夹持锻件，相当于机械手。

④电控系统。

⑤送料回转车，由加热炉到操作机前送料或使锻件调头。

⑥公用设施，包括通风、照明、冷却（加热）、锻件测温、排污、报

警、通信联络、起重、电视监控等配套设施。

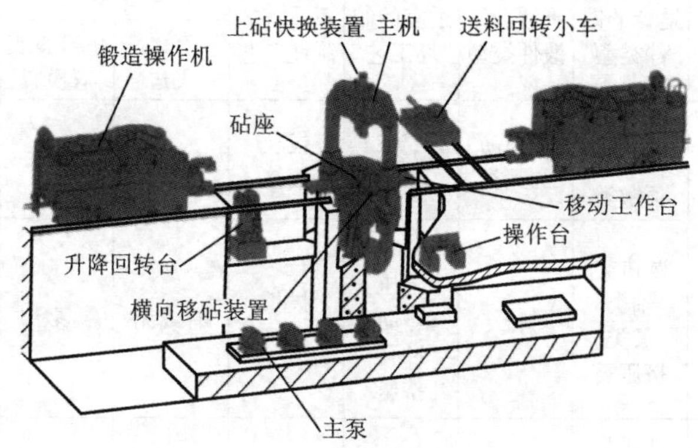

图6-10　快锻液压机组示意图

26. 怎样根据工艺适应性选择模锻设备？

工艺适应性是指某些锻件的生产与所选设备的适应程度，也就是说，我们应根据锻件的外形、所采取的工艺、锻模形式、批量的大小合理选择设备。常用模锻设备的工艺适应性见表6-14。

表6-14　常用模锻设备的工艺适应性

设备种类	适合的锻件类型	不适合的锻件类型	适宜的制坯工艺	不适宜的制坯工艺	锻模形式		生产批量
					有无飞边	单模膛或双模膛	
模锻锤	轴类 饼类 叉类	齿圈类 深孔类 顶镦类	镦粗 卡压 弯曲 滚挤 拔长	顶镦 聚料 挤压 冲孔	有	多	大批量
无砧座锤	大型锻件	齿圈类 深孔类 顶镦类	—	不适于制坯操作	有	单	大批量、小批量均可

续表 6-14

设备种类	适合的锻件类型	不适合的锻件类型	适宜的制坯工艺	不适宜的制坯工艺	锻模形式		生产批量
					有无飞边	单模膛或双模膛	
摩擦压力机	圆饼类 轴类 顶镦类	带高筋的叉类	镦粗 卡压 弯曲	拔长 滚挤	有或无	单	小批量
热模锻压力机	圆饼类 轴类 叉类 挤压类	—	镦粗 卡压 弯曲 冲孔 挤压	拔长 滚挤	有或无	多	大批量
液压机	圆饼类 轴类 叉类 挤压类	—	—	不适于制坯操作	有或无	单	大批量、小批量均可

27. 锻造设备能力的表示方法是怎样的?

锻造设备能力的表示方法如下：

①用公称压力（t、kN）表示。热模锻压力机、平锻机、液压机等用这种方法表示。

热模锻压力机、平锻机的公称压力，指在行程近终时所能产生的最大压力；液压机的公称压力在行程各位置都能够产生。

②用打击能量（t·m、kJ）表示。液气对击锤、液压模锻锤、高速锤等用这种方法表示。

③用落下部分重量（t）表示。对于蒸汽—空气锤等非对击锤，习惯用这种方法表示。

④螺旋压力机是介于锤和压力机之间的模锻设备，通常给出两方面的数据。例如，1000 t 摩擦压力机，同时还给出最大打击能量为 16 t·m。

28. 模锻件切边设备有哪些?

模锻件切边设备主要有切边压力机，此外，大型模锻件的热切边，还可以采用切边液压机(油压机)。

切边压力机是用来切除模锻件飞边的设备。切边压力机结构与工作原理与一般的曲柄压力机基本相同。切边压力机的结构形式一般分为开式和闭式两种，后者又分为闭式单点切边压力机和闭式双点切边压力机。

单点式切边压力机由一套曲柄连杆机构驱动滑块运动，用于一般锻件的切边；双点式切边压力机的滑块很宽，由两套曲柄连杆机构同步运转来驱动滑块运动，用于锻件水平面某一方向尺寸很大，切边模需要很宽工作台面的情况。

切边压力机的工作台板上开设有T形槽，切边凹模通过T形槽、压板、螺栓紧固在工作台上；滑块底面开设有燕尾槽和T形槽，可以对切边凸模采用燕尾—楔和压板—螺栓两种方式进行紧固。

切边压力机的外形如图6-11所示，由床身、曲柄—连杆机构、传动部分、离合器、平衡器和控制系统组成。

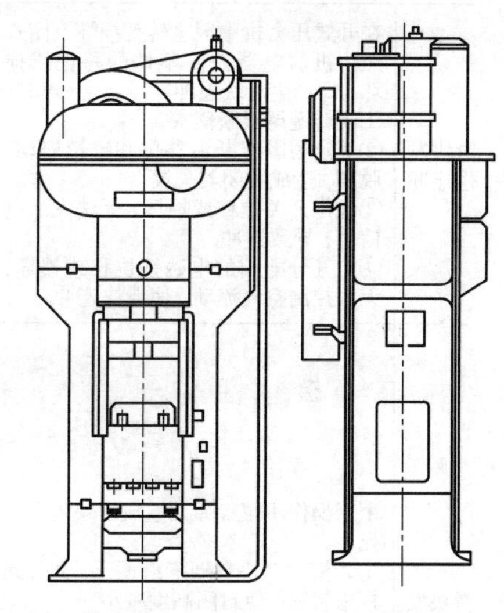

图6-11　切边压力机的外形图

切边液压机与一般的液压机基本相同，但是针对切边时有突然失载的负荷特点，设置了气液缓冲减振系统。

29. 切边和冲孔用曲柄压力机常见的故障、原因以及排除方法是怎样的?

切边和冲孔用曲柄压力机常见的故障、原因以及排除方法见表6-15。

表6-15 切边和冲孔用曲柄压力机常见的故障、原因以及排除方法

故障	原因	排除措施
飞轮在工作中减速或停转	由于冲切速度、冲压力过大和管道泄漏等造成压力机的飞轮减速或停转： ①离合器、制动器动作配合不协调，工作行程中制动器未完全脱开造成飞轮能量损耗过大。 ②管道、气阀和Ⅰ作缸泄漏，使气压不足，致使离合器和制动器无法正常工作。 ③工件所需冲压力大于设备最大压力，冲切速度过快使飞轮储备能量无法补充	①调整离合器和制动器，达到正常动作要求。特别要仔细检查制动器，确保工作时处于完全脱开状态 ②检修泄漏处，更换密封，保证离合器工作缸的正常气压 ③有条件时，调换大压力机，选择工作载荷最好在该机公称压力的70%~75%之间。无大压力机时，只能适当降低每分钟冲压次数
滑块发生连冲	在开式压力机中因主转键损坏及闭式压力机的电器控制零件的移位或损坏，即产生滑块连冲： ①因转键尾板断落 ②固定销因撞断后移位和锥销松动、脱离，造成关闭器失灵 ③限位开关位移或损坏，无法发出电信号，导致连冲 ④空气分配阀的电磁铁位移或损坏，无法控制空气流动，使滑块连冲	①更换尾板 ②更换或重新固定限位开关，确保控制板黄色指示灯通电工作 ③检修锥销位置及松动情况，修理恢复关闭器的作用 ④拆修或更换空气分配阀的电磁铁
滑块发生闷车、卡死	由于操作不慎等原因造成滑块闷车卡死： ①装模时滑块自动下滑顶死，调节螺杆未锁紧，使封闭高度减小 ②传动皮带过松或零件放歪、放偏和叠料 ③压缩空气管路泄漏或杂物引起阻力，使空气补偿不足 ④导轨、轴承咬合，紧急停车时受振动，电源被切断	1)适当调紧制动器，增加制动力、合理调整导轨间隙。旋紧修复锁紧机构，工作中按期检查 2)调整皮带，适当增加预紧力，细心操作，防止事故的发生 3)检查气压排除泄漏，检修气体元件、管道，清除杂物 4)修刮导轨，更换轴承，适当增加润滑油，拆修电器，防止松动断电 5)当工作中滑块接近下死点发生闷车卡死时，可及时采取下列措施排除： ①禁止开动闭合高度调节电动机，以防调节机构外壳破损。只要采取主电动机反接方法，达到飞轮反转，同时按“寸动”，但不能久按，即可排除故障 ②模具如有垫板时，先松开所有固定螺栓，涂上机油并进行撞击活动垫板，便于抽出即可解决 ③踩下踏板，使离合器制动器处于工作状态，用工具或桥式起重机钩迫使飞轮点动反转即可

30. 锻造铝合金时，怎样考虑选择锻造的设备类型及吨位？

锻造设备的合理选用，主要是由生产的实用性和经济性所决定的。应该根据工厂现有设备的实际情况灵活选用。一般来说，小型自由锻件选用自由锻锤；中大型锻件选用自由锻锤或液压机；大批量生产的模锻件宜选用热模锻压力机；中等批量模锻件、小型复杂锻件宜选用有砧座模锻锤；难变形材料的大、中型模锻件宜选用对击锤；对称型精密锻件宜选用螺旋压力机；大型轻金属模锻件宜选用液压机。

锻造铝合金目前我国有关工厂广泛采用锻锤和液压机及螺旋压力机。

选择铝合金锻锤的设备吨位可按下列公式确定：

$$G=\alpha\cdot\beta\cdot F$$

式中：G 为双动锤落下部分的重量，t；α 为考虑到锻件复杂程度的系数(形状复杂的取 0.1，中等复杂的形状取 0.09，形状简单的取 0.07)；β 为考虑到金属塑性变形抗力的系数，取 0.8；F 为锻件在分模面上的投影面积(不计毛边)，mm^2。

螺旋压力机兼有冲击和静压的作用，比锻锤更能适应铝合金的流动特性。试验证明，在模锻压力机上，铝合金的填充性比钢好，模锻铝合金所需压力机的吨位，可按下式计算：

$$P=Z\cdot M\cdot F\cdot K$$

式中：P 为所需压力，kg。

Z 为考虑到成型情况系数，可按下列情况确定：自由锻，Z 取 1.0，简单形状锻件的模锻取 1.5，复杂形状锻件的模锻取 1.8，非常复杂的模锻取 2.0；M 为考虑变形体积影响的系数，可查阅相关手册；F 为模锻件(不计飞边)的投影面积，cm^2；K 为相当于最终变形情况的单位压力，对于有薄而宽腹板的铝锻件取 5000 kg/cm^2，其他锻件取 3000 kg/cm^2。

31. 锻造生产主要辅助设备有哪些？

锻造生产主要辅助设备有加热、输送、锻造和后道工序的自动上下料、自动操作、工序间自动传送，以及自动检测和控制等。如加热炉，装料、出料装置，锻造操作机，有、无动力输送装置等。

32. 什么是锻造操作机？分为哪几类？各有何特点？

锻造操作机是锻锤和锻造液压机的主要辅助设备，是用来实现锻造生产机械化和自动化的重要附属设备。在大型锻造车间中广泛应用。锻造操作机主要配备在0.5 t以上各类自由锻锤和各种自由锻造水压机上，可以夹持坯料完成自由锻造的主要动作和锻造操作，也可以夹持工具做一些辅助工作，如夹持剁刀进行切断工序，夹持胎模进行胎模锻造。锻造操作机与液压机配套，采用集中程序控制，组成锻造自动化生产线。还可用于坯料的装出炉以及坯料或锻件的搬运和堆放。

(1)锻造操作机按驱动方式分类

可分为3类，即机械传动操作机、液压传动操作机、混合传动操作机。其中，混合传动操作机又可分为机械－气动和机械－液压式两种。

1)机械传动，电动机驱动所产生的各种动作是由机械传动获得的。由于机构部件的制造和安装精度要求虽不高，但其结构庞大复杂，维修极为困难。

2)液压传动，由液压马达产生的液体压力，通过管路各种阀的控制，由液压缸实现各种动作，结构简单、工作平稳、操作维修方便。而在冲击或超载荷条件下工作中，要求机件不易损坏，就必须采用高精度液压元件，

3)混合式传动，采用电动机驱动行走和回转机构而实现夹紧和升降的动作，是由汽缸或液压缸的液气传动来实现的。因此，操作机的特点是介于机械传动和液气传动之间。

(2)锻造操作机根据运动形式分类

分为有轨操作机、无轨操作机和快锻操作机。

1)有轨操作机，在锻造时车轮位于设置在地面上的轨道中进行运动，活动范围固定，操作方便，机构整体刚性好，制造吨位较大，故被广泛采用。

2)无轨操作机，车轮可在车间地面上任意行走，活动范围广，并可进行坯料进出炉运输等，工作范围较大。由于制造结构复杂，而且只能制造小吨位，同时受车间活动范围的限制。

3)快锻操作机，是快锻液压机机组中最主要的辅机，用于夹持锻件，相当于机械手。快锻操作机能否和主机有机地协调配合，对生产

效率的高低起着直接的作用，其结构形式与传动方式为有轨直移式全液压驱动。

33. 锻造操作机的使用规则是什么？

锻造操作机使用规则如下：

①操作者必须服从指挥，做到手势明确，动作清楚。

②大车行走和回转时应注意障碍物，防止人身和设备事故的发生。

③液压系统油温升高应及时停车，采取措施使其恢复正常，冬季必须预热钳口。

④工作中，操作机各机构若有异常现象和响声，须立即切断电源，停止操作。

⑤拒绝不合理的锻造操作，工作完毕时操作机应停在规定位置，并将钳体放置最低处，切断电源。

34. 锻造操作机包括哪些主要机构？可以实现哪些基本动作？

锻造操作机的主要机构有：大车行走机构、钳架侧移和摆动机构、升降机构、旋转机构和夹紧机构。

根据锻造工艺要求，锻造操作机可以实现以下 5 个基本动作：①钳口闭合；②钳杆旋转；③钳杆升降及倾斜；④台架旋转或摆移；⑤大车行走。

常用的有轨操作机的基本结构和动作说明如下：

①大车行走机构是由电动机或油马达驱动的。行走机构支承操作的支架及各种部件，并能在水平面内作直线进退运动。驱动形式分集中驱动和分别驱动两种，小型操作机由于路窄采用集中驱动，而大型操作机宜采用分别驱动。

②钳架侧移和摆动机构，可用于保证坯料、工件对正砧子的中心线和矫直锻件，机构采用前后两个双作用液压缸式机架，由两侧进油或排油来完成侧移和摆动的动作。

③升降机构是由前后两个独立升降系统组成，一般用电动机或液压驱动。

液压驱动钳杆的升降机构有平行四连杆式和摆动杠杆式等。由于四连杆式的钳口较低，刚性好，一般常采用平行四连杆为钳杆升降机构。

④旋转机构的作用是钳杆绕其轴线作任意方向的旋转，并能在任意角度上及时停住，达到锻造工艺要求。机构的驱动是用电动机或油马达两种方式进行的。

⑤夹紧机构由拉紧装置、钳口和钳臂组成。拉紧装置可分机械式、气动式和液压式3种。拉紧装置必须满足在锻造过程中钳口一直处于夹紧状态要求。

35. 锻造操作机的夹持力矩是指什么?

锻造操作机的夹持力矩 M(t · m)是指锻件重量与锻件重心到钳口中心间距离的乘积。

36. 锻压车间传送装置有哪些?

(1)毛坯加热过程中的传送装置

毛坯加热工序中需解决坯料送进加热炉和从炉中取出坯料的问题不同的加热炉，其加热装出料装置也不同。铝合金锻造常用的是推杆式加热炉的推进式推料装置。

该装置一般设在加热炉的进料口，采用机械或汽缸推料，它可以推进坯料盘并可将炉中坯料排空。

(2)锻造工艺过程中的传送装置

在锻造工艺过程中由传送装置将毛坯或半成品传送至工作区，并运输半成品或锻件至料箱。在模锻车间，一般根据锻件的形状与重量及生产批量等的不同来选取不同的固定的或可移动的输送装置。锻造工艺过程中传送装置分为无动力输送装置(如滑道和辊道)和有动力输送装置(如单轨，辊道式输送装置和链板式输送装置)。

1)滑道和单轨。滑道和单轨是铝合金锻造过程中常用的输送装置。滑道和单轨是常用于把坯料从料堆送到加热炉旁，或是把已加热的坯料从加热炉传送到锻压设备上，以及用于锻压设备之间的传送等。

滑道是最简单的无动力输送装置，是用槽钢或钢板焊成的斜槽，它适用于将长度与直径之比较小、重量小于 15 kg 的坯料或半成品在近距离之内输送，其坡度范围为 1:2 到 1:3。对于球形或圆形锻件可采用较小的坡度(1:10 到 1:15)。

单轨适于传送长径比较大，重量在 15 kg 以上的坯料或半成品，传送距离可达几十米。为传送方便和灵活，应使单轨具有 1∶200 ~ 1∶100 的坡度。

2）辊道式输送装置。辊道与滑道的作用相同，是由一组两端装有滚动轴承的辊子组成，适用于坡度较大的近距离间输送。可输送直径为 200 mm、长度为 230 ~ 1000 mm，重量为 250 kg 的坯料。

3）链板式输送装置。此类输送装置一般用在输送距离小于 10 m，坯料重量不大于 15 kg，倾斜度不大于 20°的场合。

4）带式输送装置。

5）刮板式输送装置。此类输送装置比较耐用，噪声小，其输送的最大升角可达 45°。此类输送装置应用范围与链板式输送带相同。

除了上述几种输送装置外，还有悬挂式输送链，悬链用于将坯料从仓库输送到锻压机组，或从锻压机组输送到热处理工段或堆放料堆。它既可以作为车间内一个跨度内的传送工具，也可只为某一个锻压机组服务。

6）工序间运输机。工序间运输机用于坯料在工序间的运输与传递。

（3）热模锻自动线中的传送装置

热模锻自动线工序间坯料与工件的自动传送主要有步进式自动传送装置、机械手和各种传送带。步进式自动传送装置多用于步进式加热炉、多工位热模锻压力机及水平分模平锻机。机械手既可用于模锻设备上工位间的传送，又可用于设备之间的工件传送。传送带则主要用于设备之间的工件传送以及坯料或成品的输送。

37. 辊锻机分哪些种类？有何特点？主要技术性能参数是怎样的？

辊锻机按送料方式分为卧式、立式和斜式辊锻机；按锻辊的结构形式分为悬臂式、双支承式和复合式辊锻机；按用途不同分为通用辊锻机及专用辊锻机。

（1）悬臂式辊锻机

悬臂式辊锻机的锻辊工作部分悬伸出机架外，便于拆装和更换锻模，特别适于环形模的拆装、更换。在相同锻辊直径条件下，比双支承辊锻机可以辊锻更长的工件。由于悬臂式辊锻机的刚性较差，故多用于制坯及模锻设备配套组成生产线。悬臂式辊锻机结构如图6－12所示。表6－16是悬臂式辊锻机技术参数。

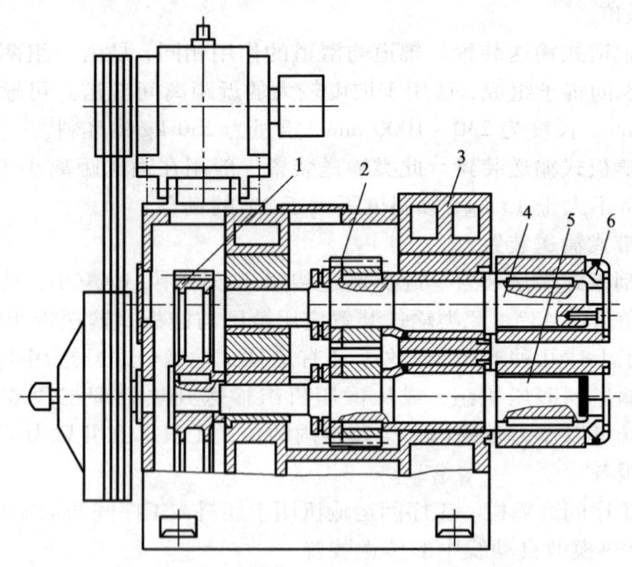

图6－12 悬臂式辊锻机结构图

1—传动；2—长齿调节机构；3—偏心套中心距调节机构；4—上锻辊；5—下锻辊；6—锻模固定及调节机构

表6－16 悬臂式辊锻机技术参数

锻模公称直径 D/mm	200	250	315	400	500
公称压力 F/kN	160	250	400	630	1000
锻辊直径 d/mm	110	140	180	220	280
锻辊可用长度 B/mm	200	250	315	400	500
锻辊转速 $n/(\text{r}\cdot\text{min}^{-1})$	125	100	80	63	50
锻辊中心距调节量 ΔA/mm	10	12	14	16	18
可锻方坯边长 H/min	32	45	63	90	125

（2）双支承辊锻机

锻辊的工作部分是通过轴承支持在两直立的机架之间，锻辊具有较大的刚度，可以用于成形辊锻或冷辊锻，有时也用于制坯。锻辊可用长度上可同时装4~6个模膛的锻模。通常将模具制成扇形，最大包角不超过180°。双支承辊锻机结构如图6-13所示。表6-17是双支承辊锻机技术参数。

表6-17　双支承辊锻机技术参数

锻模公称直径 D/mm		160	250	400	500	630	800	1000
公称压力 F/kN		125	320	800	1250	2000	3200	4000
锻辊直径 d/mm		105	170	260	330	430	540	630
锻辊可用长度 B/mm		160	250	400	500	630	800	1000
锻辊转速 n/(r·min^{-1})	Ⅰ	100	80	60	50	40	30	25
	Ⅱ	—	—	40	32	25	20	—
锻辊中心距调节量 ΔA 不小于/mm		8	10	12	14	16	18	20
可锻方坯边长 H/min		20	35	60	80	100	125	150

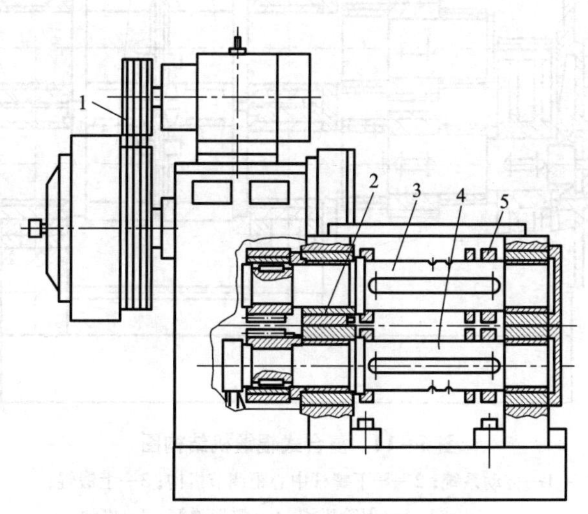

图6-13　双支承辊锻机结构图

1—传动系统；2—偏心套中心距调节机构；
3—上锻辊；4—下锻辊；5—锻模固定及轴向调节机构

(3)复合式辊锻机

复合式辊锻机兼有悬臂式辊锻机和双支承式辊锻机两者的特点、两者的性能和优越性，通用性较强。复合式锻辊机的锻辊由两部分组成，在双支承机架之间的锻辊工作部分称为内辊，悬伸在机架外的部分称为外辊。内、外辊由一套传动系统驱动。复合式辊锻机适用于大批量生产锻件，在一台机器上可同时进行制坯和成形工艺，复合式辊锻机结构紧凑，刚性好，可用于成形辊锻和冷精锻。复合式辊锻机结构如图 6－14 所示。表 6－18 是复合式辊锻机技术参数。

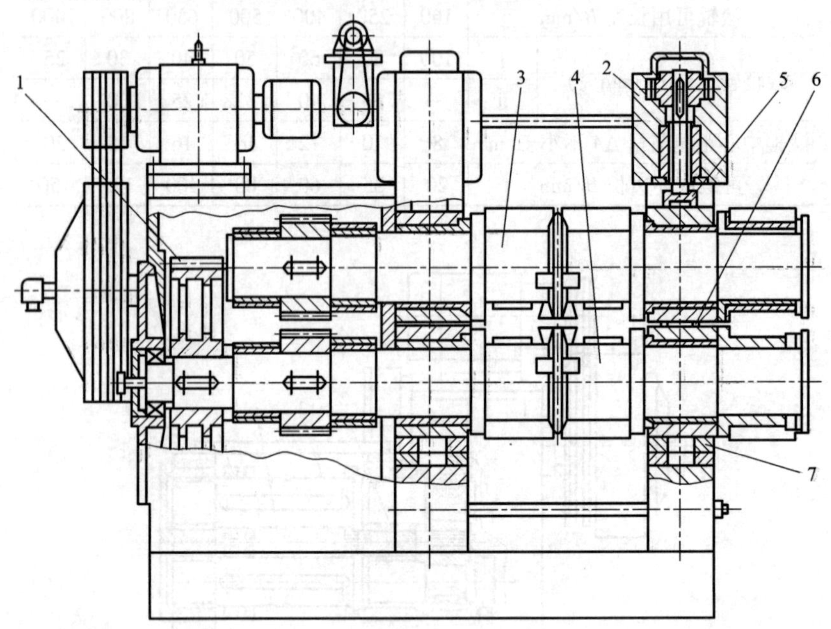

图 6－14 复合式辊锻机结构图

1—传动系统；2—压下螺杆中心距调节机构；3—上锻辊；4—下锻辊；5—保险机构；6—蝶形弹簧；7—楔块

表6－18　D43－630复合式辊锻机技术参数

锻模公称直径 D/mm	内、外辊	630
公称压力 F/kN	内、外辊	160/100
锻辊直径 d/mm	内、外辊	400/320
锻辊可用长度 B/mm	内、外辊	800/320
锻辊转速 n/(r·min^{-1})	内、外辊	40.30
锻辊中心距调节量 ΔA/mm	内、外辊	30
可锻方坯边长 H/min	外辊补偿量	±2
	内、外辊	80

38. 辊锻机的型号是怎样表示的？辊锻机和终锻设备在能力上怎样配套？

按照我国锻压机械统一分类方法，锻机类设备以字母D为代号，辊锻机属于锻机中的第4列，所以辊锻机的型号以"D4"开头，紧接在"D4"后面的一个数字表示辊锻机的结构形式，1表示悬臂式，2表示双支承式，3表示复合式，然后接一短横线，横线后的数字是锻辊公称直径的毫米数。例如：D43－630，表示锻辊公称直径为630 mm的复合式辊锻机，D41－315表示锻辊公称直径为315 mm的悬臂式辊锻机。

与辊锻机配用的模锻设备规格可参看表6－19。

表6－19　与辊锻机配用的模锻设备规格

辊锻机公称直径/mm	240	300	370	460	560	680	800
配套锻锤打击能量/(kg·m^{-1})	1000	1250	2500	4000	5000	8000	10000
配套模锻压机吨位/t	630	1000	2000	3000	3000～4000	5000～6000	6000～8000

39. 辗环机分哪些类型？

按机架的安装形式辗环机可分为立式、卧式两种。一般情况下，当零件辗环外径≤400 mm时，为操作方便，多采用立式辗环机或倾斜式辗环机。对于零件辗环外径＞400 mm的多采用卧式辗环机。

按辗压辊的形式辗环机可分为径向辗环机和轴向—径向辗环机

两种。

(1)径向辗环机可以是立式的，也可以是卧式的，径向辗环机还有一种是多工位径向辗环机，主要用来制造大批量的小型环件。

(2)轴向—径向辗环机多是卧式的。当今，作为主流的辗环机为卧式径向—轴向辗环机，其整体结构如图 6 – 15 所示。

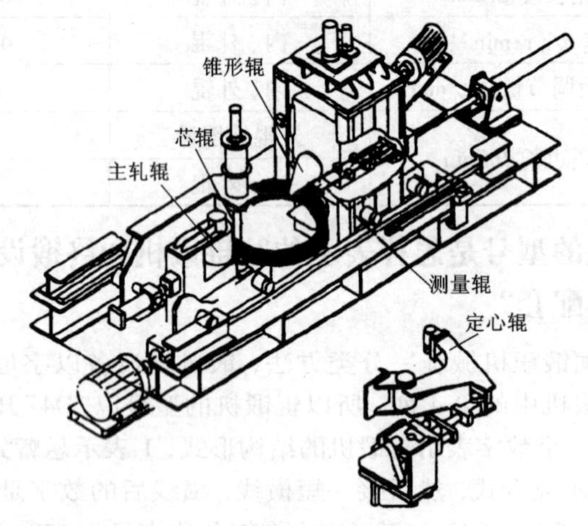

图 6 – 15 轴向—径向辗环机

表 6 – 20 是径向辗环机主要参数。表 6 – 21 是轴向—径向辗环机主要参数。

表 6 – 20 径向辗环机主要参数

参数 \ 型号		立式机			卧式机	
		D51W160	D51W250	D51W350	D52 – 630	D52 – 1000
径向轧制力/kN		60	98	155	560	800
轧环外径/mm		160	250	350	220 ~ 630	350 ~ 1000
轧环高度/mm		35	50	85	160	250
轧制线速度/(m·s⁻¹)		2 ~ 2.5	2.1	2.2	1.3	1.3
电动机功率/kW		18.5	37	75	110	200
外形尺寸	长/mm	2200	2890	4050	5230	7500
	宽/mm	1650	1900	1800	1900	2200
机器质量/kg		2800	6500	10000	28000	45000

表6-21 轴向—径向辗环机主要参数

参数 \ 型号		D53K-800	ZDS-052	D53K-2000	D53K-3000	D53K-3000A	D53K-3500
径向轧制力/kN		1250	2000	2000	2000	2000	2000
轴向轧制力/kN		1000	1250	1250	1250	1600	1600
轧环外径/mm		350~800	400~1800	400~2000	400~3000	400~3000	500~3500
轧环高度/mm		60~300	80~500	70~500	80~500	60~700	60~500
轧制线速度/($m\cdot s^{-1}$)		1.3	1.3	1.3	1.3	0.4~1.6	0.4~1.6
电动机功率	径向/kW	280	500	500	500	2×315	2×280
	轴向/kW	2×160	2×160	2×160	2×160	2×315	2×220
外形尺寸	长/mm	10000	12700	14600	15500	16200	15500
	宽/mm	2500	3600	3500	3600	3200	3600
机器质量/kg		9500	150000	165000	220000	235000	220000

第7章 铝合金锻造新工艺及信息化技术

1. 什么是精密模锻？精密模锻常用的方法有哪些？

精密模锻是一种少无切削加工的塑性变形工艺，是相对普通模锻方法而言的。通常将模锻件的精度达到精度级公差和余量标准规定的锻造方法，称为精密模锻。精密模锻件的一般精度为±(0.10~0.25) mm，较高精度为±(0.05~0.10) mm。

通常是指在锻锤、螺旋压力机、液压机及热模锻压力机等通用锻造设备上进行的精密模锻。精密模锻常用的方法有开式模锻、闭式模锻、挤压、多向模锻、等温模锻等。

2. 与普遍模锻相比，精密模锻有哪些特点？

与一般模锻相比，精密模锻有如下特点：

①材料利用率高，减少或没有切削加工；机械加工的成本低。

②可以大大提高锻件的尺寸精度和表面光洁度，表面粗糙度可达到 *Ra* 0.8~3.2 μm，尺寸精度一般可达±0.2 mm以上。普通模锻的 *Ra* 12.5，尺寸精度一般为±0.5。

③金属纤维流线连续、分布合理，模锻件的力学性能好。

④对于具有一定生产批量的产品采用精密模锻生产工艺，能显著提高产品生产率、降低生产成本及提高产品质量。尤其对于铝、钛、锆、钼、铌等难切削加工的贵重金属，采用精密模锻工艺生产效果更加显著。

⑤成形困难，对锻模要求高，对于同一零件，精密模锻件的形状比普通模锻件复杂，壁厚、筋宽等尺寸比普通模锻件小。因此，无论是采用镦粗、压入或挤压成形都将使变形抗力增大，对模具强度要求高，需要采用一些降低变形抗力的措施。

⑥工序复杂，由于精密模锻件的尺寸精度和表面质量要求高，有时在精锻成形后，还需要再增加精整工序。

3. 精密模锻工艺过程的主要内容有哪些？有何要求？

制定精密模锻工艺过程的主要内容如下：

①根据产品零件图绘制锻件图。

②确定模锻工序和辅助工序（包括切除飞边、清除毛刺等），确定工序间尺寸，确定加热方法和加热规范。

③确定清除坯料表面缺陷的方法。

④确定坯料尺寸、质量及其允许公差，选择下料方法。

⑤选择精密模锻设备。

⑥确定坯料润滑和模具润滑及模具的冷却方法。

⑦确定锻件冷却方法和规范，确定锻件热处理方法。

⑧提出锻件的技术要求和检验要求。

精密模锻的工艺要求有如下几点：

①坯料准备。精密模锻对坯料有较高的要求，要求坯料质量公差小，断面塌角小，端面平整且与坯料轴线垂直，坯料表面不应有麻点、裂纹、凹坑、较大的刮伤或碰伤；并且锻前必须经过表面清理（打磨、抛光、酸洗等），并要去除表面的油污、夹渣、碰伤、凹陷等。目前铝合金精密模锻多采用锯切和车切下料，其中带锯锯切下料更为常用。

②坯料加热。需采用无氧化、少氧化加热的方法，应将加热时产生的氧化皮减至最小的程度。

③精锻工序和压下量。精密模锻时，可利用曲轴锻压机和精锻机或其他不同的设备进行联合模锻。多次重复模锻，一般在普通模锻后再精锻2～3次，其精确度可达±0.2～±0.3 mm，表面粗糙度值在*Ra* 6.3以下。为了达到更高的精确尺寸，最后可在精压机上进行冷精压，其精确度可达±0.1 mm，表面粗糙度值可达*Ra* 0.80以下。

④工序间的清理。锻件生产的几道工序间必须进行检验、清理，只有将坯料表面缺陷打磨或抛光干净，才能进行下一道精密模锻工序。

⑤润滑。润滑可使变形均匀，增加金属的流动性。但是，过薄或过厚的润滑都会带来不良的后果，润滑一定要适度。

采用精密模锻工艺方法获得高精度的锻件，必须对下料、加热、模具、工艺因素控制等方面采取相应措施。

4. 精密模锻件如何分类?

精密模锻件的种类很多，其几何形状的复杂程度和相对尺寸的差别很大。目前比较一致的分类方法是按照模锻件形状并按照精密模锻时坯料的轴向方向来分类。精密模锻件的分类情况见表 7－1。

从表 7－1 可以看出，饼盘类、法兰突缘类、轴杆类和杯筒类锻件属于旋转体，而枝芽类和叉形类锻件属于非旋转体。

表 7－1 精密模锻的分类

锻件类别	特点
饼盘类锻件	其外形为圆形，高度较小。精密模锻时坯料轴线方向与模锻设备的作用力方向相同，金属沿高度和径向同时流动。对于结构简单的饼盘类锻件，一般只需要一个终锻工步即可。而对于结构复杂的锻件，无论采用开式还是闭式精密模锻，均需多火次模锻，而不能直接终锻成形
法兰突缘类锻件	其外形为回转体，带有圆形或长宽尺寸相差不大的法兰或突缘。闭式模锻时，一般只需一个终锻工步
轴杆类锻件	其杆部为圆形带有圆形或非圆形头部，或中间局部粗大的直长杆类。这类锻件中对于杯杆形阶梯轴可采用闭式镦粗与反挤复合成形工艺；其余轴杆类锻件一般采用闭式局部镦粗成形
杯筒类锻件	这类锻件多采用闭式反挤、正反复合挤压或锻粗冲孔复合成形
枝芽类锻件	包括单枝芽、多枝芽的实心和空心类锻件。这类锻件多采用可分凹模模锻或多向模锻
叉形类	包括带有空心或实心杆部、带有圆形或非圆形法兰等多种结构形式。这类锻件常常需要两个工步以上的可分凹模模锻，即预成形和终锻

5. 精密模锻对模具材料有什么要求? 怎样选择精锻模具材料?

精密模锻对模具材料提出了较高的要求，主要有以下几点：

①较高的热稳定性，较高的高温强度和一定的韧性，使模具在工作温度下(模具表面可达 600℃以上)不致软化变形，能抵抗冲击载

荷，防止发生裂纹和脆断。

②较高的耐热疲劳性，使模具表面不致在不断受热与冷却过程中产生热疲劳裂纹。

③较高的硬度与耐磨损性能。

④还必须有良好的工艺性，如淬透性和易切削性能等。

对于形状较简单，批量不大的铝合金模锻件，可选用5CrNiMo、5CrMnMo；对形状复杂精度要求高的模锻件需要选用高合金工具钢，如3Cr2W8V等。使用这几种材料时应做成镶块式模具镶嵌在模体上，这样既可节约贵重钢材，又可防止这些钢材在锻造过程中碎裂伤人。

6. 精密模锻用什么润滑剂?

热精密模锻中，常采用石墨润滑剂，并在其中加入胶黏剂和某些添加剂，以防止沉淀和利于锻件脱模。胶体石墨含灰量比鳞状石墨含灰量少，模膛中残值少，虽然水基、油基和软膏润滑剂均可使用，但一般多采用水基润滑剂。

目前应用最广泛的热锻润滑剂为石墨水悬浮液(即水剂石墨)。试验结果表明，这种热锻润滑剂润滑效果比较理想。精密模锻常用润滑剂见表7－2。

表7－2 精密模锻常用润滑剂

模锻类型	润滑剂	使用方法
温锻	二硫化钼、石墨、水基石墨	坯料预先经磷化处理
热锻	二硫化钼、油剂石墨、水基石墨、玻璃润滑剂	喷涂于模锻件和锻模表面上

同时要注意，由于石墨不易从铝合金锻件表面上除去，并且很容易集聚在模角和模具的深腔里，致使锻件填充不满和成形不好，因此，以水基石墨和二硫化钼为好。

7. 精密模锻模具的结构有哪些类型？各有何特点?

精密模锻模具按凹模结构形式可分为整体凹模、组合凹模和可分凹模。

1）整体凹模适用于精密模锻时单位压力不大的锻件。图7－1所示为锤上模锻用的整体凹模式锻模。

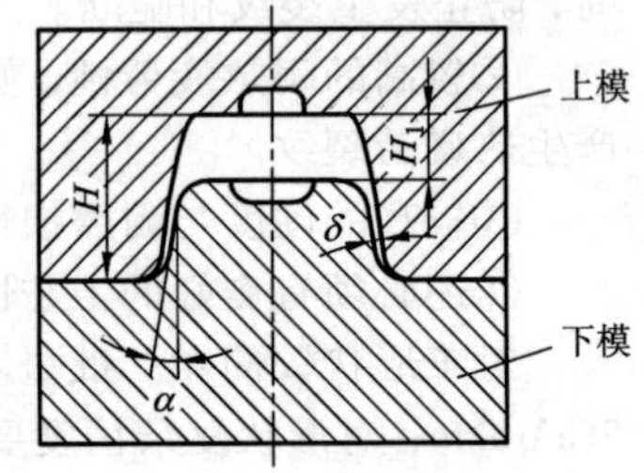

图7－1　锤上模锻用的整体凹模式锻模

2）组合凹模是精密模锻中常用的模具结构形式。组合凹模用于下述两种情况。

①凹模承受很大压力，整体凹模强度不够时，采用预应力圈对凹模施加预应力，以提高凹模的承载能力。

②模膛压力虽没有超过1000 MPa，但为了节约模具钢，仍可采用双层或3层组合凹模。

采用组合凹模，便于对模具热处理，便于采用循环水或压缩空气冷却模具。

3）可分凹模用于模锻形状复杂的锻件。复杂锻件的可分凹模模锻，其分模面的选择与开式模锻完全相同。根据锻件的形状和特点，分模面有3种基本形式，即水平分模、垂直分模和混合分模，如图7－2所示。带空穴或多孔零件，可采用多向闭式模锻，有多个分模面，其冲头的个数不止一个，凹模的分块也常在两块以上。

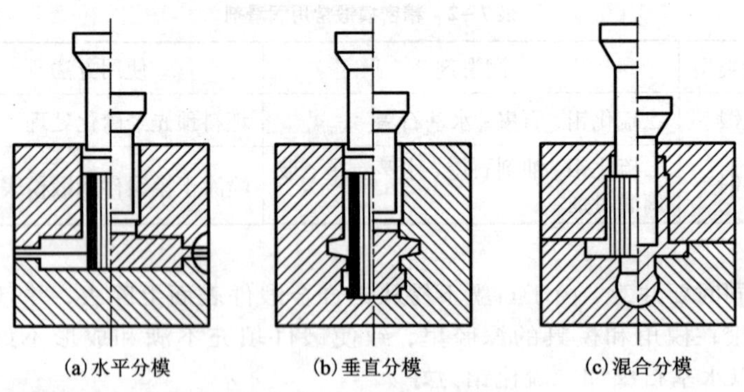

图7－2　可分凹模的基本形式

8. 精密模锻工艺对模锻设备有何要求?

由于精密模锻具有以上特点，在选择精密模锻设备时要遵循以下基本原则：

①机架应有足够的刚度，由于设备的弹性变形直接影响精密模锻件的尺寸公差，因此精密模锻设备要比普通模锻设备要求更高的刚度，以便能够得到具有很小尺寸公差的锻件。

②设备吨位要比普通模锻的设备高，精密模锻件的尺寸精度要求高，选择高吨位设备有利于金属充满模膛和上、下模具压靠。

③要有顶出装置，由于精密模锻件的拔模斜度很小，一般在 1°左右，甚至是0°，设置顶出装置有利于减小拔模斜度，提高模锻件精度，同时有利于模锻件快速脱模，减少热锻件与锻模的接触时间，提高锻模的使用寿命。

顶出装置一般有机械式、气动式和液压式 3 种，其中以液压式效果最好。

④应具有很好的抗偏心载荷的能力，以便在偏心载荷时仍能得到精密的锻件。

⑤滑块（或活动横梁）的导向结构应能保证所需的水平方向的尺寸精度。

⑥控制系统应能准确控制活动横梁的停位精度，以便保证垂直方向的尺寸精度。

⑦应有模具预热装置，以便将模具温度调节到较优的水平，并要能防止机架受热。

9. 什么是多向模锻？多向模锻的工序过程如何？

在具有多个分模面的封闭模腔内，用垂直和水平方向的模具或冲头在多个方向同时或依次对坯料进行加载，以获得形状复杂的精密空心锻件的一种锻造成形方法，称为多向模锻（又称多柱塞模锻）。多向模锻的实质是一种以挤压为主，综合了闭式模锻和挤压优点的一种成形工艺，是少、无切削的先进专用工艺之一。

多向模锻是在具有多个分模面的模膛内锻造成形。多向模锻工序过程如下：当坯料放入模膛后，上下或左右的可分凹模块闭合。使坯料初步成形，然后水平或垂直的压力工作缸上的冲头，从各个方向压入，冲出所需的孔，从而在压机的一次行程中获得多分枝、多空腔的无飞边锻件。在锻件成形结束后，退出冲头，分开模块，取出锻件，如图 7 – 3 所示。

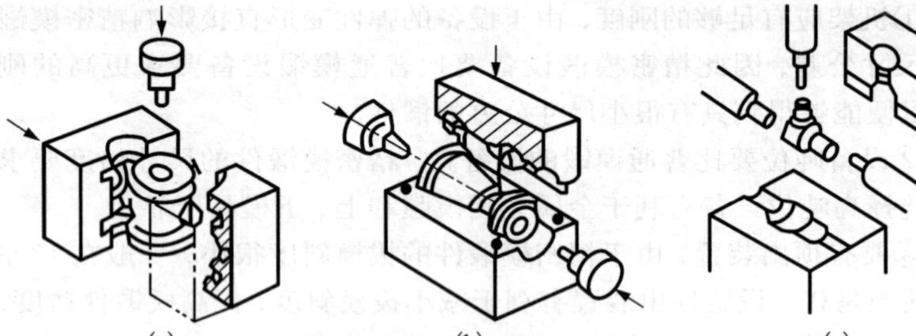

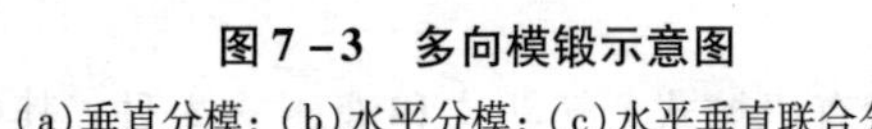

(a) (b) (c)

图 7 – 3 多向模锻示意图

(a)垂直分模；(b)水平分模；(c)水平垂直联合分模

10. 多向模锻有哪些工艺特点?

多向模锻综合了模锻和挤压的优点，利用多种分模形式封闭模具及多方向压力使锻件毛坯在压应力状态下形成外型复杂、中空且无飞边的锻件。其主要工艺特点如下：

①有多个分模面，因此可以锻出形状复杂、尺寸要求精确、无模锻斜度和无毛边的多向孔穴的锻件。所获得模锻件几何形状以最小的尺寸公差最大限度地接近成品零件几何形状。

②金属材料利用率高，多向模锻大多采用闭式模锻，节省了毛边材料，锻出了锻件上的多向孔穴，减少了加工余量，从而大大节省了金属材料，比普通模锻工艺节约金属约 50%，金属材料利用率高达 40% ~90%，同时减少了机械加工工时，降低了产品生产成本。模锻件可带空腔，尺寸公差小，无模锻斜度，表面质量高，而可以减少机加工时而显著降低制作零件的成本。模锻件的不加工表面比用普通模锻方法获得的锻件多得多。

③工艺塑性高，由于多向模锻时坯料在闭合的模具内成形，金属处于三向压应力状态下变形，塑性提高，因此适用于塑性较差的金属材料。

④生产效率高，多向模锻坯料只需一次加热便可使锻件模锻成形，因而提高了生产效率，节约了能耗，减少了金属材料的烧损。多向模锻可实现大变形，在生产中依靠减少工步数和取消去飞边工序来

提高劳动生产率。

⑤产品力学性能好，多向模锻属闭式模锻，金属流线沿锻件轮廓分布，从而避免了流线外露，同时加工余量小也减少了流线切断的概率，最大程度上符合了零件工作时的加载特点，因此提高了锻件的力学性能。

⑥为了满足精密模锻的要求，不仅要采用较大功率的多向模锻挤压液压机，而且坯料的质量要求较高。为保证模锻的高质量，在毛坯表面上必须没有划伤、氧化皮和连皮及其他缺陷。原始毛坯的体积必须严格。因为模腔要全部充满而多余的金属将导致排出的飞边增大，即增大金属和劳动的消耗。如原始毛坯金属不足，模具型腔充不满，在公差小的情况下几乎不可避免地导致出现废品。

11. 多向模锻锻模设计要点有哪些?

多向模锻锻模设计方法与普通锻模和热挤压模设计方法基本相同，其基本设计要点如下：

①多向模锻是分块式组合模具，要求分块设计合理，制造精度高，便于安装调整，确保分块模运动准确、可靠。

②在设计冲头时，要满足锻件形状的要求，又要有利于模锻成形和降低变形力。

③对深孔锻件，要考虑拔出冲头时锻件会变形的可能。如设计不当，甚至会使锻件因承剪面小而被冲头拔出模体之外。因此，锻件与型槽之间应有足够的承剪面。

④对于具有局部封闭型槽的锻件，锻件的填充和出模都有困难时，应在型槽底部设计通气孔。

⑤设备的水平压力缸的合模力一般是固定的，所以在张模力较大时，应另加锁紧装置。如可在凹模外侧增设套圈以箍紧凹模。凹模外圈与套圈代壁的配合面要有 2°～3°的斜度。

⑥力求张模力中心与压机的压力中心重合，以免造成局部张模而产生毛刺。

⑦水平压力工作缸的推杆要有足够的刚性。

⑧除了要求设备的导向性好之外，主要是分块模合拢时导向性要好。为了防止两半凹模产生错移，可采取导销或锁扣等措施防止错

移；在凹模中应设足够长的导孔，以保证冲头顺利进入凹模并与型槽保持同心；同时，凹模合拢时，应有可靠的定位。

⑨根据成形特点，对模具型槽的复杂部位易磨损处，可做成镶块，以节约模具材料。

⑩多向模锻以镦挤变形为主，模具的磨损比较严重，因此，冲头和凹模要选用红硬性好，耐磨损的模具材料，可参考采用铝合金挤压模具或铝合金压铸模具材料，如3Cr2W8V等。

12. 多向模锻应注意哪些主要问题?

多向模锻应注意的主要问题有：

①由于多向模锻是在三向压应力状态下工作，变形力很高，因而多向模锻设备的吨位较一般设备的吨位应取大一些。②多向模锻工作时，如果夹紧分模的夹紧力不够，就会沿分模面产生毛刺甚至不能成型，因此，多向模锻时，对夹紧分模必须具有足够的夹紧力。

③多向模锻是一种程序操作，由于各方冲头并不能严格同步，因而金属变形时各处温度是不均匀的，锻造坯料尺寸的计算应注意严格的分配，必要时，应增加预锻工序。

④多向模锻时要注意锻模的预热、冷却和润滑。锻造前，模具一般应预热至250～350℃。锻造过程中，模具要经常注意冷却，不能超过500～600℃。每次锻造，模具表面均应涂润滑剂，并用压缩空气吹刷均匀。

13. 如何设计多向模锻工艺?

多向模锻工艺设计原则如下：

①根据零件的形状，选择锻件的主变形方向和合模方向。计算变形力和合模力，然后确定分模方式。

②尽可能采用水平或垂直分模，特殊锻件可采用水平与垂直联合分模或特殊分模方式。

③除了模具分模面外，还有冲头进入部位的分模面，所以多向模锻有2～5个分模面。

④对多向模锻件的外表部分，可实现无斜度，而在内孔部分，根据孔的深度采用0°～3°模锻斜度，以利于模锻件成形和退出冲头。

⑤尽可能省去或简化制坯工步，可采取改变原材料的形状或调整制坯工步等方法，保证良好的表面质量。

⑥合模后冲头压入变形时，应采用镦挤结合的变形方式，避开纯挤压变形，这样有利于坯料的体积合理分配，调整和充满模膛。加热温度与普通模锻相同。

⑦计算的坯料形状和尺寸，要经试验后确定。下料时应严格控制公差。

14. 多向模锻常用的设备有哪些?

多向模锻所用的设备有通用设备和专用设备两种。

通用设备如螺旋压力机和普通的液压机，在设备或模具上增设 2 ~4 个侧向水平工作压力缸，形成多向模锻压力机，适合中小锻件、有色金属锻件。

专用设备主要是多向模锻水压机，见图 7 -4，设有两个或四个侧向水平工作压力缸，在上横梁或活动横梁的中心还装有穿孔缸，可进行较复杂的多向模锻，适合于大批量生产。

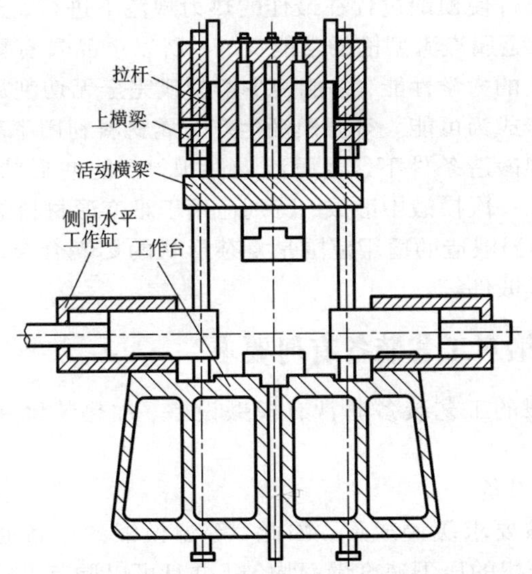

图 7 -4　多向模锻水压机示意图

15. 什么是等温模锻？与常规锻造相比等温锻造有何特点？

等温模锻是指在整个模锻成形过程中，将模具和坯料温度保持相同或相近的恒定值，并用较慢的成形速度来完成的成形方法。

等温模锻是一种新兴的模锻工艺，与常规锻造相比等温模锻具有以下特点：

①变形速度低，变形温度恒定，克服了模具激冷、局部过热和变形不均匀等不足，且动态再结晶进行充分，锻件的微观组织和综合性能具有良好的均匀性和一致性。

②显著提高了金属材料的塑性，毛坯的冷却速度或变形速度均降低，因而大大降低了材料的变形抗力，只相当于普通模锻的几分之一到几十分之一，所需的设备能量比普通模锻小得多（为模锻锤的1/5～1/10），适于以小吨位液压机锻出较大的锻件。

③由于减少或消除了模具激冷和材料应变硬化的影响，不仅锻造载荷小，设备吨位大大降低，而且还有助于简化成形过程。因此，可以锻造出形状复杂的大型结构件和精密锻件。

④等温条件使模锻过程在最佳的热力规范下进行，且加工参数可被精确控制，金属充满型槽的性能良好，所以产品具有均匀一致的微观组织和优良的力学性能，并能使少切削或完全无切削加工的优质复杂零件的生产成为可能。等温模锻生产金属材料利用率高。

⑤在等温锻造条件下，金属流动性很好，能使形状复杂、薄壁、高筋的锻件在一次模锻中锻成，特别适用于难变形材料的模锻。

因此，等温锻造的适用范围是复杂形状的铝镁合金、钛合金及其他高温合金模锻件等。

16. 等温模锻对工艺装备有何要求？

等温模锻的工艺装备通常有模锻设备、加热装置和模具3部分组成。

（1）模锻设备

等温模锻要求缓慢成形，因此，等温模锻的设备通常采用液压机。因为液压机的压下速度慢而均匀，并且可以调节。

1）液压机的吨位规格根据等温模锻的变形力选定。一般等温模锻的单位压力是普通模锻的1/5～1/10。

2)液压机的工作空间尺寸应满足模具及加热装置和隔热装置等安装的要求，还应保证工件进出方便。模锻设备的工作空间尺寸应能够可靠地安装模具装置，很方便地更换模具装置。

3)良好的绝热性能。为了提高等温模锻设备的稳定性和使用寿命，等温模锻设备的工作部分与加热至高温的模具之间具有可靠的绝热性能。为防止模具的高温热量传递给设备，故在模具与设备的工作台之间设置隔热板或水冷板，水冷板由循环水冷却。

(2)加热装置

等温模锻模具的加热方法主要有电阻式和感应式两种。

1)电阻式加热：以电阻元件加热模具，较为整洁可靠，容易调节控制温度。一般采用硅碳棒或电阻丝作为加热元件。硅碳棒的电阻率较大，加热速度快，但容易使得模具表面温度偏高；此外，若变形速度快或操作不慎，硅碳棒容易损坏。电阻丝加热投资少，制造简单，但是它传递热量效率较低，在连续使用中电阻丝容易烧损断裂，或与模壁接触而短路。电阻式加热模具的方式适用于中小型模具。

2)感应加热：感应电加热方式是当感应器输入交变电流时，模具由于交变磁场的作用，产生感应电流，达到自身加热的目的。感应电加热有中频电加热和工频电加热两种方式。

①中频电加热采用可控硅变频装置，获得1000 Hz以下的频率，作为加热装置。设备价格低，容易控制，占地小，是理想的加热装置。但由于“集肤效应”，所以适用于加热外径小于150～180 mm的较小模具。

②工频电加热采用工业频率(50 Hz)感应电加热设备较为复杂，价格高，占地面积大，适用于较大的模具。

(3)模具

等温模锻时，需要将模具加热到毛坯的锻造温度，并保持这一温度到模锻过程始终，这就对模具材料的高温性能提出了较严格的要求。铝镁合金的变形温度较低，用5CrNiMo、5CrMnMo等一般的模具钢作为模具材料就能满足要求。

与普通模锻相比，等温模锻的锻模还有以下特点。

1)模具采用精密铸造的方法制造时，要考虑模具材料的收缩率；

锻模加热会引起膨胀，设计模腔尺寸时，要考虑锻模与毛坯膨胀系数的差异。

2）等温模锻时，飞边温度保持不变，比普通模锻中飞边的阻力作用小。因此，飞边槽桥部高度应尽可能减小，以保证金属在模腔内充填良好。

3）等温状态下合金的流动性好，筋的高度、模锻斜度、圆角半径、腹板厚度等模具结构参数可大为减小。

4）由于锻模温度很高，在锻模和液压机上、下台面之间应采取隔热措施。

（4）润滑剂

等温模锻采用的润滑剂应该能使模具与毛坯间生成连续、均匀、致密的薄膜，起到分离作用；能减小摩擦系数和变形抗力；不使锻件和模具表面受到腐蚀；使锻件容易从模具内取出，润滑剂容易从模具和锻件表面清除。

17. 什么是液态模锻？液态模锻的工艺原理是怎样的？

先将金属熔化、精炼，并用定量浇勺将金属液浇入金属模腔内，随后在熔融或半熔融的状态下（即液、固两相共存时），利用锻造加压方式施加较高的压力进行模锻，使金属产生流动充满型槽，在较大的静压力下结晶、凝固并产生微量的塑性变形，最终获得与模具型腔形状、尺寸相对应的力学性能，接近纯锻造锻件而优于纯铸造件的液态模锻件的工艺方法，称为液态模锻。

液态模锻的工艺原理是将一定量液态合金直接注入涂有润滑剂的模腔内，然后施加机械载荷，使其凝固并产生一定塑性变形，从而获得高质量零件。

18. 液态模锻的工艺流程是怎样的？液态模锻工艺分为哪些种类？

液态模锻的工艺流程一般是：原材料配制→熔炼→浇注→合模并加压→热处理→冷却→卸模并顶出锻件→检验入库。图 7－5 为液态模锻工艺流程示意图。

按照加压的方式，液态模锻的工艺方法可以分为两种：平冲头加

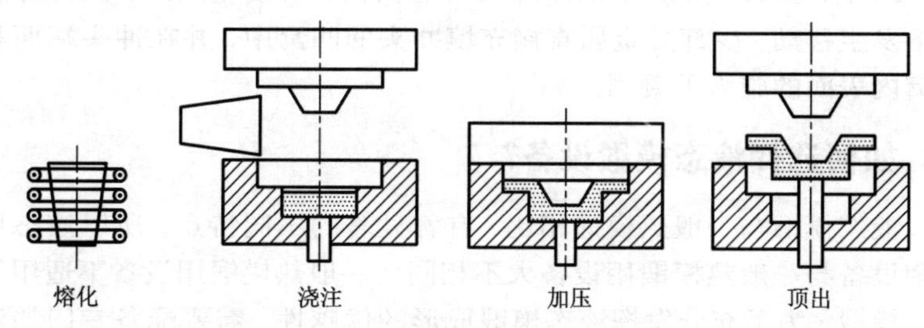

图 7－5 液态模锻工艺流程示意图

压法、异形冲头加压法。

(1)平冲头加压法，金属液注入凹模 3，平冲头 2 下行与凹模构成封闭型腔，加压力使液体凝固成形。平冲头加压又可分直接加压和间接加压两种。

1)直接加压，制件成形是在金属液注入凹模中实现的。冲头施压时，金属液不产生明显流动，仅使液态金属在压力下结晶凝固和补缩缩孔。它适于制造供压力加工用的毛坯和通孔类形状不太复杂的杯形厚壁件。

2)间接加压，制件是在合模后的模膛内成形。冲头仅将液态金属挤入模膛，并通过内浇道将压力传递到制件上。成形方式与压力铸造相似，差别在于内浇道比压力铸造的内浇道宽而短。液态金属是连续、低速挤入工作模膛的，提高了加压效果。这种工艺适用于产量较大、形状较复杂或小型零件的生产。

(2)异形冲头加压法：适用于轴对称、形状复杂的空心件，加压时，金属液略有反向流动。按冲头端面形状又分为凹形冲头、凸形冲头和复合形冲头 3 种情况。

1)凸式冲头加压，制件成形是在合模施压后实现的。在成形过程中，金属液要沿着下模壁和上模端面作向上、径向流动来填充模膛，冲头直接加压于制件上端面和内表面上，加压效果较好。适用于壁薄且形状较复杂的制件成形。

2)凹式冲头加压合模施压后，液态金属沿着凹模内壁和冲头内凹面作反向流动，以填充模膛。适用于复杂件成形。

3)复合式冲头加压，加压冲头带有内窝，合模施压时，大部分金属不发生移动，少部分金属直接充填冲头的凹窝中，并在冲头端面和凹窝内表面的施力下凝固。

19. 如何选择液态模锻设备?

液态模锻与一般热模锻相比，有着显著的不同特点，所以液态模锻用设备与一般热模锻用设备大不相同。一般热模锻用设备不适用于液态模锻，为了充分发挥液态模锻成形的优越性，需要配备专门的液态模锻设备。

对液态模锻设备的要求如下：

①液态模锻时要求设备有足够大的压力，并持续作用一定时间(即保压时间)，这一特点决定了液态模锻设备属于液压机类型，液压机的压力和加压速度能够准确控制，并能够在任意位置可靠地实现保压，适合液态模锻的工艺需要。而锤、曲柄压力机、螺旋压力机等不适用于液态模锻。

②液态模锻要求尽量缩短液态金属浇注后的开始加压时间，故要求加压设备有足够的空程速度和一定的加压速度。

③需要有模具的开闭装置。一般来说，有上下两个压缩缸就可以达到这一要求。上缸用来施加压力并拉出上模，下缸可用来顶出成形件。

④如果要在垂直分模面的模具中压制成形件，而模具本身又没有锁紧结构或没有足够的位移可以退出制件时，则压力机就需要有两个互相垂直的压缩缸，以使水平方向上能拉出半模，退出制件。

⑤金属收缩时，会把上模的模芯紧紧地“咬住”，为了能使上模从制件中拔出，垂直缸应有足够的提升力量。水平缸也应有足够的压力，以便在上模施压于金属时，能使模具保持闭紧状态，不使金属液挤出。

⑥液压机结构和辅助装置，必须适应批量生产的要求。

常用液态模锻设备主要有以下几类：通用液压机、普通型液态模锻专用液压机、万能型液态模锻专用液压机、全自动液态模锻液压机。

20. 液态模锻的主要工艺参数有哪些?

液态模锻件的质量与工艺参数有着直接关系，影响工件质量的工艺参数主要有浇注温度、模具温度、比压、加压开始时间、加压速度、保压时间、润滑剂等。

(1)浇注温度(℃)

为使金属内部气体排出，浇注温度应低些。但浇注温度过低，由于金属凝固快会使所需比压增大。若浇注温度过高，所需比压也大，因为缩孔在制件厚度最大处生成，比压小不易使之消除。浇注温度可参考铸造浇注温度确定，但应偏低一些，以便金属内部的气体排出。

(2)模具温度(℃)

模具温度过低会出现冷隔和表面裂纹等缺陷，温度过高容易产生粘模现象，而且脱模困难。一般模具预热温度应在 200 ~ 400℃之间。形状简单的铝合金锻件，模具温度应为 200 ~ 300℃。

(3)比压(MPa)

压力因素是液态模锻的关键，常用比压值来衡量。一定的比压可使金属液在静压作用下去除气体，以避免产生气孔、缩孔、疏松等铸状缺陷，从而提高产品力学性能。比压过小达不到组织密实的效果；但是比压过大，对锻件性能的改善并不明显。

比压大小与加压速度、锻件大小及复杂程度、浇注温度等因素有关。

(4)加压开始时间(s)

液态金属注入模膛至加压开始的时间间隔为加压开始时间。加压开始时间对锻件质量有较大影响。从理论上讲，液态金属注入模膛后，过热度丧失殆尽，到"零流动性温度"加压为宜。按材料不同，可在熔融或半熔融状态下加压。

加压开始时间应以金属冷却到不低于固相线温度为准，主要与合金熔点和特性有关。

具体加压时机还与金属的浇注温度、液相—固相线温度、模具预热温度等有关。一般来说，金属呈熔融状态时开始加压效果较好。

(5)加压速度(m/s)

加压速度指加压开始时，液压机的行程速度。加压速度与金属种类、浇注泥度、零件大小和形状有关。加压速度不应太慢，以便及时将压力作用于金属上，促使结晶、塑性变形和最终成形，避免发生自由结壳太厚，会降低加压效果。但也不宜过快，以免在上模下方的金属产生涡流，甚至金属液易产生飞溅，上、下模之间金属流失过多，或卷入气体。加压速度主要与制件尺寸有关。一般情况下小件加压速度为0.2～0.4 m/s，大工件为0.1 m/s。

(6)保压时间(s)

液态模锻时，金属结晶与流动成形都需一定时间，因此为使锻件流动成形和结晶凝固，必须保压一段时间。但保压时间过长会降低模具使用寿命和生产率。保压时间与锻件厚度有关。当铝件直径小于50 mm时，保压时间取为0.5 s/mm；直径大于100 mm时，取为1～1.5 s/mm。

(7)润滑剂

液态模锻与普通模锻一样，必须采用合适的润滑剂。润滑剂不但可以减少模具磨损和使脱模容易，而且可以隔热，保护模具减少侵蚀。因此，要求润滑剂能耐高温高压，并且有良好的黏附作用。润滑剂种类很多，可根据不同材料和工件选用，并在实践中检验使用效果。

21. 设计液态模锻模有哪些要求？如何选择模具材料？

设计液态模锻模具的基本要求如下：

①所生产的制件，应保证产品图样所规定的尺寸和各项技术要求，减少机加工部位和加工余量。

②能适应液态模锻工艺要求。

③在保证制件质量和安全生产的前提下，应采用合理、先进、简单的结构，动作准确可靠，易损件拆换方便，便于维修。

④模具上各种零件应满足机械加工工艺和热处理工艺要求，选材适当，配合精度合理，达到各种技术要求。

⑤在条件许可时，模具应尽可能实现通用化，以缩短设计和制造周期，降低成本。

液态模锻模具材料要能承受一定的温度和交变应力。对于铝合金锻件，模具材料可选用3Cr2W8、4W2CrSiV、3W4Cr2V钢。

22. 液态模锻模具设计要点有哪些？

(1)对零件图进行工艺性分析

首先应根据零件选用的合金种类、零件的形状结构、精度及各种技术要求进行成形性分析，并与压力铸造、热模锻工艺进行对比，同时考虑经济性和可能性(实现工艺的具体条件，如设备等)。

(2)绘制锻件图

锻件图是设计模具的依据。制订锻件图时，应考虑下列问题。

①分模面选择，除了考虑一般模锻件图的设计原则，使模膛具有最小深度以便工件脱模外，还要考虑加压部位。分模面可能有一个或多个，具体取决于锻件的复杂程度。

②加工余量，在非配合面上，可不设加工余量。对于配合的加工面，加工表面的余量为3~6 mm，它与加工处的尺寸大小和精度有关。为了便于压实，某些太薄的部位可加放工艺余量。容易存积浮渣的部位也应加大余量。

另外，在缺陷较多，特别容易形成裂纹的部位，包括形成冷隔部位，也要求加大余量，即工艺余量。

一般情况下铝合金加工余量应大于1 mm。

③模锻斜度，凡影响脱模的部位均应考虑模锻斜度。模锻斜度应考虑锻件脱模方式。如果脱模是采用下顶出器进行，那么锻件可以不留模锻斜度，有时考虑到排气可选取0.5°~1°。因为模锻斜度大锻件容易被上模带出，给脱模带来困难。如果脱模是靠安装在上横梁的卸料板进行，那么应考虑留有一定模锻斜度大约为1°~3°。必须注意：由于锻件常采用一个以上分模面，模锻斜度不仅设置于主要受力的方向上，而且根据情况也要设置在垂直于主要受力的方向上。

④圆角半径，根据模具机械加工、热处理和金属液流动、气体排除的需要，上模大部分转角处都必须设置圆角半径，锻件圆角半径可取3~10 mm，具体由锻件大小、转角的部位而定。

⑤冷却收缩率，影响制件收缩率的因素很多，如合金材料性质、制件大小及形状复杂程度、有无模芯阻碍、施加压力大小和模具温度等。对于形状简单的锻件，收缩率可由合金材料性质、成形温度和模具材料确定；对于形状复杂的锻件还要考虑收缩不均匀问题。对于一些关键尺寸，应根据具体情况进行修正，设计时要留有修正余地。对于铝合金，有模芯阻碍者取0.8%，无模芯阻碍者取1%。

⑥最小孔径，锻件上的最小成形孔径由锻件大小，孔的位置而定，有色金属常取25~35 mm。

⑦其他要求，在锻件图上应标出推出元件的位置和尺寸，确定液态模锻件各项技术指标，注明锻件的合金牌号及技术要求。

(3)对模具结构进行初步分析。在绘制锻件图、确定加压方式的基础上，就要确定模具结构的总体布置方案：

①确定凸、凹模结构，考虑其配合间隙。

②确定顶料的方式和位置。

③设置排气孔和溢流槽。

④考虑和确定凸、凹模的固定结构。

⑤确定模具预热和冷却装置。

⑥确定模具材料及加工要求等。

(4)进行有关计算：

①凸凹模尺寸的选择和校验。

②计算比压值的大小，并选择相应的加压设备，确定模具的封闭高度。

③确定顶出杆尺寸。

(5)绘制模具总图，列出模具零件明细表和标准件清单，并绘制模具零件图，提出各种技术要求。

23. 液态模锻时模具润滑剂有何作用？应如何选择？

液态模锻时，模具经常处于高温高压下，工作条件比一般模锻恶劣，因此必须对模具进行良好的润滑。润滑剂的作用主要是：

(1)防止模腔表面被高温液体烧伤；

(2)使工件表面光滑；

(3)使工件容易出模；

(4)防止工件过快冷却，同时也可以冷却模具，避免模温在工作时升得太高。

模具润滑剂的选择要根据工件的材料、形状和大小确定。一般常用的有石墨润滑剂(如胶体石墨)、二硫化钼润滑剂、氧化锌粉和水玻璃混合涂料等。

24. 什么是辊锻？辊锻变形原理是什么？

辊锻是使坯料在一对装有扇形模块的旋转转向相反的轧辊中通过时，借助模块上的型槽对金属的压力，使坯料产生塑性变形，从而获得所需的锻坯或锻件的一种成形工艺，是介于锻造与轧制之间的一种工艺方法。辊锻工艺适用于长轴类和扁平类锻件。

图7-6为辊锻变形原理示意图，从图7-6中可以看出，坯料在高度方向经辊锻模压缩后，除一小部分金属横向流动外，大部分被压缩的金属沿坯料的长度方向流动。因此，辊锻变形的实质是坯料的延伸变形过程。坯料上凡是经过辊锻的部位，其截面积就减小，坯料的宽度路有增加，长度增加很大。故辊锻适用于减少坯料截面的锻造过程，如杆件的拔长、板坯的辗片以及沿杆件轴向分配金属体积的变形过程。

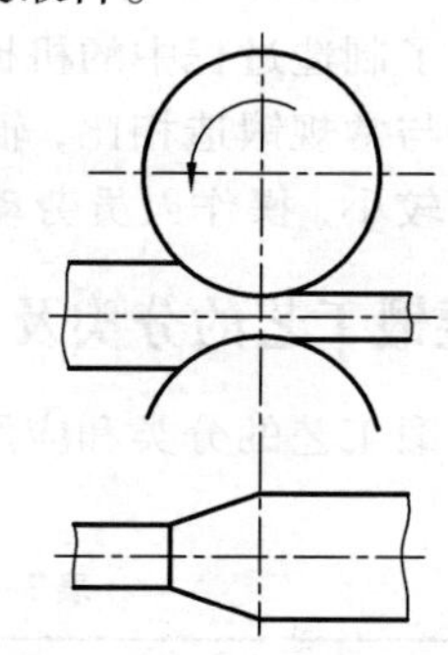

图7-6　辊锻变形原理示意图

25. 辊锻变形有什么特点?

辊锻变形过程是一个连续的静压轧制过程，没有冲击和震动。它以连续局部塑性变形代替坯料整体变形，主要变形是坯料的延伸。辊锻工艺兼有锻和轧的特点，与一般锻造方法相比具有以下特点：

①所需设备吨位小。由于辊锻变形是局部连续的变形过程，在变形的瞬间模具只与坯料的部分接触，所以所需的变形力较小。

②辊锻机结构简单，容易制造，对厂房和地基要求低，初期投资少。

③劳动生产率高，辊锻工艺基本上是连续生产，间隙时间短，生产效率高，一般为锤上模锻的2~5倍。

④锻件精度高，质量高，表面光洁度好。如辊锻叶片的叶型精度一般要比普通模锻的精度提高一个等级。辊锻变形过程中，金属连续变形，使金属纤维方向按锻件的轮廓分布，并与锻件工作时的主应力方向一致，因此提高了锻件的力学性能。如叶片、连杆类锻件辊锻后，金属流线与受力方向一致。另外，精密辊锻后无须加工，避免出现了流线切断或流线外露等缺陷。

⑤辊锻变形过程是静压过程，对模具材料要求不高，模具的寿命长。辊锻变形过程中金属与模具接触时间短，相对滑动较少，因而模具的磨损小，使用寿命长，辊锻模寿命可比锻模寿命长5~10倍。对

形状简单的锻件可采用球墨铸铁来制造模具，从而节约了模具钢费用并减少了制造过程中的机械加工量及工时。

⑦与常规锻造相比，辊锻工艺过程简单，产生的冲击、震动和噪音相对较小，操作人员劳动条件较好，易于实现机械化、自动化。

26. 辊锻工艺的分类及其应用

辊锻工艺的分类和应用见表7－3。

表7－3 辊锻工艺的分类和应用

分类		应用	变形过程特点
制坯辊锻	单型槽辊锻	用于拔细毛坯端部或为模锻前的制坯工序。例如梅花扳手杆部延伸（模锻前制坯）	采用开式型槽一次或多次辊锻，或用闭式型槽一次辊锻
	多型槽辊锻	主要用于模锻前的制坯工序（代替锤上模锻的拔长及滚挤工序），亦可用于拔细毛坯端部。例如汽车连杆的制坯辊锻	在开式型槽中辊锻或在闭式与开式的组合型槽中辊锻
成形辊锻	完全成形辊锻	适于小型锻件及叶片类锻件的直接辊锻成形。例如医用镊冷辊锻，以及各类叶片的冷热精辊工艺	在辊锻机上完成锻件的成形过程。可采用开式、闭式或开式与闭式的组合型槽中辊锻
	初成形辊锻	适于辊制截面差异较大，形状较为复杂的锻件，如柴油机汽油机连杆、拖拉机履带节的辊锻	锻件在辊锻机上基本成形，即完成相当于模锻工艺预锻或超过预锻的成形程度。在辊锻后需用较小吨位压床整形，进行单道次或多道次辊锻
	部分成形辊锻	适于辊制具有长杆形或板片形形状的锻件。如锄头、犁刀、汽车变速操纵杆、剪刀股等锻件	锻件的一部分形状在辊锻机上成形，而另一部分采用模锻或其他工艺成形

27. 什么是型槽系列？辊锻机常用的型槽系列有哪些？

对于一个形状比较复杂的锻坯，需要多道次辊轧才能得到。这时，在锻辊轴向上安装有多个型槽，如图7－7所示。操作时可将毛坯由一侧至另一侧依次送入各型槽中辊轧，于是截面积逐渐减小，毛坯截面形状逐渐接近所需的形状。这并列开设的型槽叫作型槽系列。

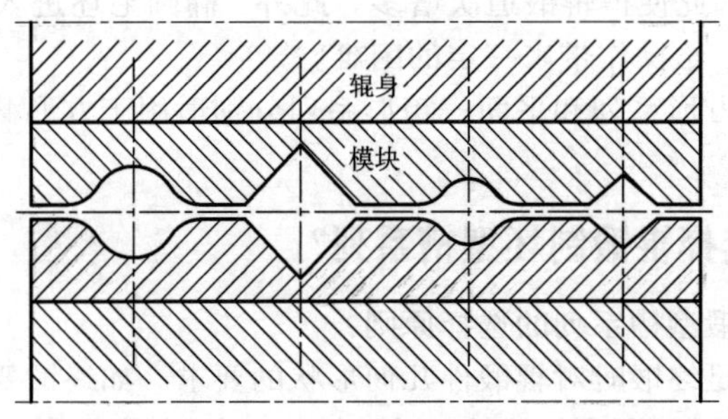

图7-7　型槽系列

常用的型槽系列如图7-8所示。

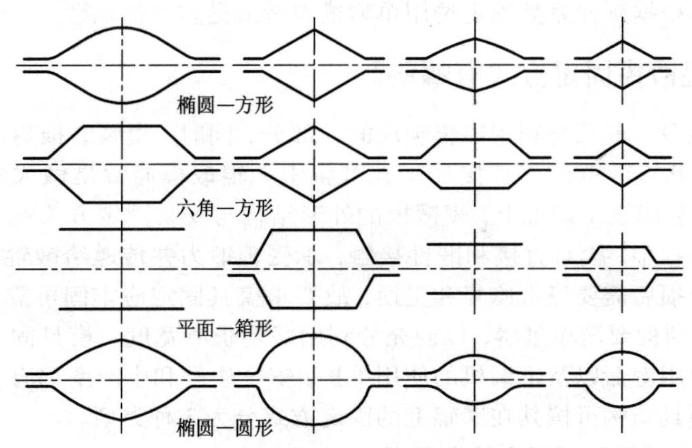

图7-8　常用的型槽系列

椭圆—方形型槽系是常用的型槽系，最大特点是毛坯在型槽系中连续变形时，金属四面均被压缩，有利于改善金属的组织和性能。此种槽系的延伸系数 A 最大达到1.8～2.0，因此可以获得大的变形量，从而有利于减少辊锻道次，提高劳动生产率。此外，毛坯在槽内稳定性好，操作方便。

椭圆—圆形型槽系适于圆形、方形或矩形截面的棒料轧制成直径较小的圆形截面毛坯。该型槽系允许的延伸系数较小，一般不超过

1.4~1.5，因此使得辊锻道次增多。此外，椭圆毛坯进入圆形型槽时稳定性不好，给操作带来一定的困难。

六角—方形系列和平面—箱形系列分别适用于方形截面和矩形截面毛坯。

28. 如何选择辊锻制坯型槽系列?

制坯辊锻型槽系列的选择原则:

①要满足终锻时对辊锻件几何形状的要求。如终锻要求辊锻毛坯应具有椭圆形截面，则在制坯辊锻时应选用“椭圆—圆系”型槽。

②要考虑可提供的原始毛坯截面形状。因为原始毛坯截面形状(圆形或方形)与选用的型槽系有一定的匹配关系，因此在选择型槽系时，一定要注意到所使用的原始毛坯的几何形状。

③根据延伸系数确定选用单型槽辊锻或是多型槽辊锻。

29. 辊锻模固定方式有哪些?

辊锻一般只是利用锻辊圆周的一部分，同时，模膛磨损后需要修复，因此辊锻模膛不直接加工在锻辊上。辊锻模通常是做成扇形模块，安装固定于锻辊上，辊锻模的外形结构与安装固定方法有关。在辊锻过程中，模具直接和锻件接触，承受辊锻力并传递给锻辊，此外模具磨损后需要经常修复和更换，故要求模具固定应牢固可靠，易于拆装，结构要简单紧凑，以便充分利用锻辊辊身宽度。模具固定好坏对其使用寿命以及辊锻机的使用维护，安全生产和生产率都有一定影响。模具结构可按其在锻辊上的固定方式分为3种类型。

(1)采用压环固定的扇形模块

此种模具侧面制成带有凸环和凹槽，和固定模具用的压环相配合。扇形模块装在锻辊上，圆周方向由平键定位，模具左侧靠在定位环上，右侧靠在压紧环上，拧紧螺钉，压环即把模具固紧。定位环用锁紧螺母锁紧，故模具固定可靠。

压环固定的结构适用于固定多副模具。根据要装模具的数量，将挡环移至锻辊上的适当位置即可。移动挡环前应先取出定位销子。这种固定模具的方式具有结构简单、固定可靠及拆装方便等优点，故在实际中使用较多。但当辊锻的轴向力太大时不宜采用。

(2)用压块固定的扇形模具

此种模具的侧面制成 15°～30°的斜度，结构简单易于制造。用压块固定扇形模具的锻辊结构和固定方法见图 7－9。扇形模在锻辊上由平键作圆周定位，锻辊两端有凸肩，模具一侧紧贴凸肩，另一侧靠着压块，压块用螺钉拧紧在锻辊上，将模具固定。压块做成楔形，楔角一般为 15°～30°。压块不做成整块的，因为整块的压块与模具侧面的接触不好，常把压块做成数块。

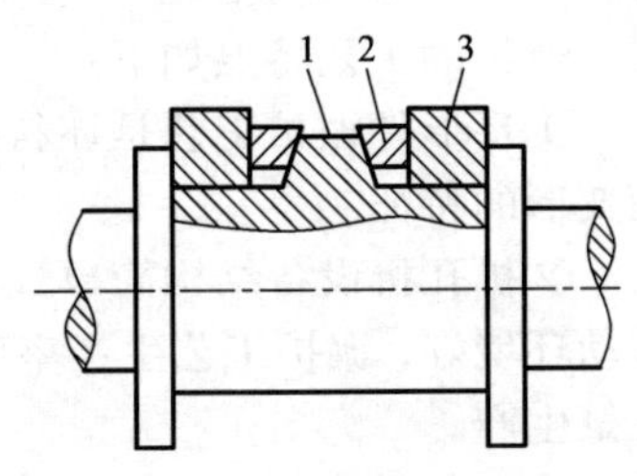

图 7－9　扇形模具用压块固定

1—楔形台阶；2—压块；3—模具

这种结构可以固定一副模具也可以固定多副模具。采用压块固定的模具能承受较大的轴向力。缺点是拆装模具不方便，同时要在锻辊上钻出固定压块的螺孔，削弱了锻辊强度。此外压块在辊身上占有一定的位置，使锻辊可用宽度减少。

(3)平底扇形模块

此种模具结构简单，是一外圆平底的扇形，模块较厚，不易断裂。但此种模具的固定方式要求在锻辊上切出一个平面，因而削弱锻辊的强度。此种模块结构形式应用不多。

30. 如何选择辊锻模具材料?

由于辊锻是旋转而连续的静压变形，因此辊锻模具的材料可以比锤上锻模差一些。一般情况下，45 号钢就能满足要求。热处理硬度，模膛表面 45～50HRC，其余部位 34～38HRC。此外，还可采用球墨铸铁作为模具材料。当毛坯变形抗力较大时，为了提高模具寿命，可采 5CrMnMo 或 3Cr2W8。

31. 什么是辗扩? 辗扩的工艺特点是什么?

辗扩是环形件成形的一种方法，又称为辗环或环轧扩孔，是将环形毛坯在专门扩孔机上用旋转的模具进行轧制，使环形坯料的壁厚减薄，同时使坯料的内径和外径同时扩大，而获得所要求的环形锻件的一种锻造工艺。在扩孔机上辗扩的环形锻件的内、外表面，可以具有各种环形凸缘和沟槽。

辗扩的工艺特点如下：

①环形件辗扩工艺是坯料旋转、连续变形和压下量小，并且有表面变形的特征。

②扩孔机设备结构简单，造价低，生产费用低，震动小、噪音低，劳动环境好，辗扩工艺生产率可比自由锻提高30%左右，适宜于各种批量生产。

③辗扩锻件精度比自由锻高。锻件表面粗糙度小，壁厚误差小、圆度误差小、尺寸精度高，直径公差仅为自由锻件的1/3～1/2。辗扩圆环的形状可接近于零件截面的形状，可辗扩各种环形的凸筋和沟槽，加工余量小，使锻件截面形状更接近于零件形状，减少了加工余量和公差，有利于改善锻件的金属组织和性能。锻件变形均匀，金属流线沿圆周方向分布，避免了在车削加工时金属纤维被切断等问题，环壁切向的力学性能好。与自由锻工艺相比，材料利用率可提高10%～20%，机械加工时间可减少15%～25%。

④辗扩变形工艺适应性强，辗扩件可以作为成品锻件，也可以为其他模锻件提供坯料。

⑤辗扩变形时工人劳动条件好，可减轻体力劳动强度，便于实现生产的机械化，自动化。

⑥辗扩法生产的环形锻件的尺寸范围很宽，环件尺寸几乎不受限制，直径可以达10 m。

⑦辗扩机需与制坯设备（锻锤、液压机及压力机等）配套使用。一般情况下，坯料需经过加热、镦粗、冲孔等制坯工序之后，才能进行辗扩。

32. 辗扩工艺有哪些方式?

辗扩工艺可按以下几种方法分类。

(1)按辗扩过程中环形件受压变形方向不同可分为径向辗扩与径向—轴向辗扩两种方式，如图7－10所示。

1)径向辗扩。在辗扩过程中，环壁径向受压缩，金属沿切线方向延伸。而轴向即使不受轧辊限制，环壁的宽展量仍然很小。径向辗扩工艺主要适用于矩形截面、沟槽形截面、十字形截面环件，这种工艺所用的设备简单。由于金属变形具有表面变形的特点，因此，在环形锻件端面上有凹坑出现。

2)径向—轴向辗扩。径向—轴向辗扩是在径向辗扩的基础上，加端面轧辊，使其产生轴向变形的环轧工艺。它用一对径向轧辊和一对轴向轧辊来分别轧制环的壁厚和环的高度，轧制的圆环具有平直的端面，模具更换的次数少，因此大大节省了模具。这种工艺主要适用于壁厚较大或截面较复杂的环件。

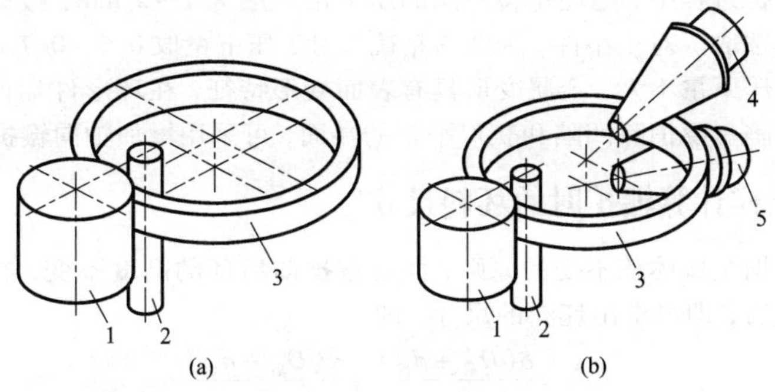

图7－10　辗扩示意图

(a)径向辗扩；(b)径向—轴向辗扩

1—驱动辊；2—心轴；3—环坯；4—端面辊；5—信号辊

(2)根据扩孔机上型槽形式不同，辗扩工艺可分为开式辗扩和闭式辗扩两种。

1)开式辗扩。开式辗扩采用平辊，主要用于大型矩形断面的环形件扩孔。其优点是用同一对轧辊可辗扩不同尺寸的圆环。为了避免由不均匀变形引起的增宽，可在扩孔机上增加两对自由转动的锥形锻，使坯料在高度上获得精确的尺寸，此种情况也可称为半开式辗扩。

2)闭式辗扩。闭式辗扩轧辊型槽按工件断面形状要求设计，可用于各种断面的环形件扩孔成形。

(3)按所使用的辗扩设备不同可分为立式辗扩和卧式辗扩。

33. 辗扩有哪些主要工艺参数?

辗扩工艺主要工艺参数如下。

(1)辗扩比 K：指毛坯和锻件截面积之比

$$K=\frac{F_{坯}}{F_{锻}}$$

式中：$F_{坯}$为毛坯的截面积，mm^2；$F_{锻}$为锻件的截面积，mm^2。

辗扩比说明辗扩变形扩大的程度，一般取 $K=1.5\sim3.0$。当锻件外径小时 K 取小值，反之取大值。

(2)压下量

辗扩过程中，毛坯每转一圈的压下量一般为 1 ~5 mm，按锻件尺寸大小选取。对于小件，为获得精确尺寸，压下量取 0.5 ~0.7 mm。

因压下量不大，金属变形具有表面变形特征，在环形件端面中部形成凹陷。要消除凹陷和获得平整的端面，可采用增加轴向辗扩。

34. 怎样计算辗扩时的坯料尺寸？

根据金属体积不变的原则，假定辗扩前后环的高度不变，在给定锻造比后，即可求出坯料的尺寸，即

$$D_{坯}^{前}=\frac{\delta(D_{后}+d_{后})}{2y}+\frac{y(D_{后}-d_{后})}{2}$$

式中：$D_{坯}^{前}$为扩孔前毛坯的外径，mm；δ 为烧损系数，铝合金一般无烧损，δ 取为 1；y 为锻造比。

假定扩孔前后锻件的高度不变，则：

$$y=\frac{(D_{坯}-d_{坯})}{(D_{后}-d_{后})}$$

式中：$D_{后}$ 为扩孔后成品环的外径，mm；$d_{后}$ 为扩孔后成品环的内径，mm。

$$d_{坯}^{前}=\frac{\delta(D_{后}+d_{后})}{2y}-\frac{y(D_{后}-d_{后})}{2}$$

式中：$d_{坯}^{前}$为扩孔前毛坯的内径，mm。

采用一般开式模膛和闭式模膛进行辗扩时，对于大型锻件，y 值可选取 1.3 ~1.6；对于小型锻件，y 值可选取 1.25 ~1.35。

注意：锻件的外径 $D_{后}$和内径 $d_{后}$应加上正公差计算。

参考文献

[1] 轻金属材料加工手册编委会. 轻金属材料加工手册[M]. 北京: 冶金工业出版社, 1980.
[2] 王祝堂, 田荣璋. 铝合金及其加工手册[M]. 第3版. 长沙: 中南大学出版社, 2005.
[3] 肖亚庆, 谢水生, 刘静安, 等. 铝加工实用技术手册[M]. 北京: 冶金工业出版社, 2005.
[4] 张海渠. 锻造技术问答[M]. 北京市: 化学工业出版社, 2009.
[5] 张宏伟, 吕新宇, 武红林. 铝合金锻造生产[M]. 长沙市: 中南大学出版社, 2011.
[6] 刘静安, 张宏伟, 谢水生. 铝合金锻造技术[M]. 北京市: 冶金工业出版社, 2012.
[7] 程里, 程方. 锻工速成与提高[M]. 北京市: 机械工业出版社, 2008.
[8] 程里. 锻工操作质量保证指南[M]. 北京市: 机械工业出版社, 2011.
[9] 江志邦, 刘少洲. 铝加工材质量检查技术手册[M]. 东北轻合金加工厂(内部资料), 1997.
[10] 程杰. 锻工操作技术解疑[M]. 石家庄市: 河北科学技术出版社, 1999.
[11] 程里. 模锻实用技术[M]. 北京: 机械工业出版社出版. 2010.
[12] 中国锻压协会. 特种锻造[M]. 北京市: 国防工业出版社, 2011.
[13] 张海渠. 模锻工艺与模具设计[M]. 北京: 化学工业出版社. 2009.
[14] 刘静安, 单长智等. 铝合金材料主要缺陷与质量控制技术[M]. 北京市: 冶金工业出版社, 2012.
[15] 王乐安. 模锻工艺及其设备使用特性[M]. 北京市: 国防工业出版社, 2011.
[16] 周杰主. 锻造工艺模拟[M]. 北京市: 国防工业出版社, 2009.
[17] 张应龙. 锻造加工技术[M]. 北京市: 化学工业出版社, 2008.
[18] 中国机械工程学会设备与维修工程分会,《机械设备维修问答丛书》编委会. 锻压设备维修问答[M]. 北京市: 机械工业出版社, 2007.
[19] 中国机械工程学会塑性工程学会. 锻压手册第一卷锻造[M]. 第三版. 北京: 机械工业出版社, 2007.
[20] 锻压技术手册编委会. 锻压技术手册[M]. 北京: 国防工业出版社, 1989.
[21] 谢懿等. 实用锻压技术手册[M]. 北京: 机械工业出版社, 2003.
[22] 中国锻压协会. 特种合金及其锻造[M]. 北京: 国防工业出版社. 2009.
[23] 中国锻压协会. 锻造模具与润滑[M]. 北京市: 国防工业出版社, 2010.
[24] 中国锻压协会. 自由锻及辗环锻造[M]. 北京市: 中国锻压协会, 2009.
[25] 王乐安. 难变形合金锻件生产技术[M]. 北京市: 国防工业出版社, 2005.
[26] 王祝堂. 变形铝合金热处理工艺[M]. 长沙: 中南大学出版社, 2011.
[27] 李念奎. 铝合金材料及其热处理技术[M]. 北京市: 冶金工业出版社, 2012.
[28] 张彦敏. 锻造工工作手册[M]. 北京市: 化学工业出版社, 2009.
[29] 机械工业职业技能鉴定指导中心. 高级锻造工技术[M]. 北京市: 机械工业出版

社, 2004.
[30] 中国锻压协会. 锻造加热与热处理及节能环保[M]. 北京市: 国防工业出版社, 2010.
[31] 郝滨海. 锻造模具简明设计手册[M]. 北京市: 化学工业出版社;工业装备与信息工程出版中心, 2005.
[32] 吕炎. 锻模设计手册[M]. 北京: 机械工业出版社出版, 2006.
[33] 刘静安, 谢水生. 铝加工缺陷与对策[M]. 北京市: 化学工业出版社, 2012.
[34] 李集仁. 锻工简明实用手册[M]. 南京市: 江苏科学技术出版社, 2009.
[35] 李集仁, 杨良伟. 锻工实用技术手册[M]. 南京市: 江苏科学技术出版社, 2002.
[36] 傅耆寿. 锻压技术问答[M]. 北京市: 机械工业出版社, 1993.
[36] 吕炎. 锻件缺陷分析与对策[M]. 北京: 机械工业出版社. 1999.
[37] 王以华. 锻模设计技术及实例[M]. 北京市: 机械工业出版社, 2009.
[38] 洪慎章. 特种成形实用技术[M]. 北京: 机械工业出版社. 2008.
[39] 谢水生, 刘静安, 黄国杰. 铝加工生产技术 500 问[M]. 北京: 化学工业出版社, 材料科学与工程出版中心, 2006.
[40] 洪慎章. 锻造实用数据速查手册[M]. 北京: 机械工业出版社, 2007.
[41] 许宏斌, 谭险峰. 金属体积成形工艺及模具[M]. 北京: 化学工业出版社, 2007.
[42] 胡亚民, 华林. 锻造工艺过程及模具制造[M]. 北京: 中国林业出版社, 北京大学出版社, 2006.
[43] 姚泽坤. 锻造工艺学[M]. 西安: 西北工业大学出版社, 1998.
[44] 龙玉华, 葛正大. 热加工操作禁忌实例[M]. 北京: 中国劳动社会保障出版社, 2003.
[45] 辛宗仁. 胎模锻工艺[M]. 北京市: 机械工业出版社, 1977.
[46] 王允禧. 锻造与冲压工艺学[M]. 北京: 冶金工业出版社, 1994.
[47] 马家骏, 温嘉兴. 锻工问答[M]. 太原市: 山西人民出版社 , 1981.
[48] (苏)别洛夫(А. Ф. Белов). 水压机模锻[M]. 靳辅安译. 北京市: 国防工业出版社, 1981.
[49] 许发樾. 实用模具设计与制造手册[M]. 北京: 机械工业出版社, 2000.
[50] 金州重型机器厂锻压车间. 锻造操作机与装出料机[M]. 北京市: 机械工业出版社, 1974.
[51] 江西机械工程学会锻压专业委员会. 锻造冲压工人技术问答[M]. 南昌市: 江西人民出版社, 1983.
[52] 林钢, 林慧国, 赵玉涛. 铝合金应用手册[M]. 北京: 机械工业出版社, 2006.
[53] 郭鸿镇. 合金钢与有色合金锻造[M]. 西安: 西北工业大学出版社, 1999.
[54] 上海交通大学锻压教研组. 胎模锻技术[M]. 北京: 国防工业出版社. 1979.
[55] 樊东黎, 潘健生, 徐跃明, 佟晓辉. 中国材料工程大典材料热处理工程[M]. 北京: 化学工业出版社, 2006.
[56] 张所留. 锻工技术问答[M]. 济南市: 山东人民出版社, 1977.
[57] 别诺夫 АФ, 科瓦索夫 ФН. 铝合金半成品生产[M]. 刘静安译. 北京: 冶金工业出版社, 1965.
[58] 刘静安. 铝合金锻压生产技术及锻件的应用开发[J]. 轻合金加工技术, 2010(1), 38.